普通高等教育“十三五”规划教材

单片机原理与应用技术

《单片机原理与应用技术》编写组　编写

中国铁道出版社有限公司
CHINA RAILWAY PUBLISHING HOUSE CO., LTD.

内容简介

本书以MCS－51系列单片机为例介绍单片机的工作原理、基本应用及开发技术。主要内容包括：单片机基础知识、MCS－51单片机硬件系统、单片机并行I/O端口应用及C51语言编程、单片机显示和输入模块、单片机中断系统与定时器/计数器、单片机的数－模与模－数转换、单片机串行接口及通信、串行总线技术、单片机应用系统设计等。

本书体系结构严谨、内容系统全面、通俗易懂、图文并茂、易教易学。全书以C51编程语言作为贯穿全书各章节的主线，并将单片机仿真软件Proteus和C51编译软件Keil的用法与之紧密衔接。

本书适合作为普通高等院校电子、通信、自动化、计算机等信息工程类相关专业的教材，也可供具有C语言基础的单片机初学者，以及从事单片机技术应用与研究的专业技术人员使用。

图书在版编目（CIP）数据

单片机原理与应用技术/《单片机原理与应用技术》编写组编写.—北京：中国铁道出版社，2017.2(2024.1重印)
普通高等教育“十三五”规划教材
ISBN 978-7-113-22712-8

Ⅰ.①单…　Ⅱ.①单…　Ⅲ.①单片微型计算机－高等学校－教材　Ⅳ.①TP368.1

中国版本图书馆CIP数据核字（2017）第012309号

书　　名： 单片机原理与应用技术
作　　者：《单片机原理与应用技术》编写组　编写

策划编辑： 周海燕　李露露　　　**编辑部电话：**（010）63549501
责任编辑： 周海燕
编辑助理： 绳　超
封面设计： 刘　颖
封面制作： 白　雪
责任校对： 张玉华
责任印制： 樊启鹏

出版发行： 中国铁道出版社有限公司（100054，北京市西城区右安门西街8号）
网　　址： http://www.tdpress.com/51eds/
印　　刷： 河北宝昌佳彩印刷有限公司
版　　次： 2017年2月第1版　　2024年1月第5次印刷
开　　本： 787 mm×1 092 mm　1/16　**印张：** 13　**字数：** 310千
书　　号： ISBN 978-7-113-22712-8
定　　价： 36.00元

前言

党的二十大报告提出："推动战略性新兴产业融合集群发展，构建新一代信息技术、人工智能、生物技术、新能源、新材料、高端装备、绿色环保等一批新的增长引擎。"电子及电子信息技术作为新一代信息技术核心组成部分，具有战略性、基础性和先导性等特点。单片机技术以其实用性强、应用领域广和简单易学等特点，几乎成为每个电子及电子信息工程师都必须掌握的一种技术。另外，从学科发展角度来看，单片机原理与应用是一门比较基础的应用型课程，是软、硬件相结合的一个初级平台，同时也是学习嵌入式及 DSP（数字信号处理）等高起点课程的基础。

本书主要针对有 C 语言基础的单片机初学者，从解决基本问题着手，重基础、重实践，具有内容系统全面、通俗易懂、图文并茂、易教易学的特点。本书从最基本的应用开始，通过实例并结合仿真调试软件的使用逐步引导，使读者能够真正掌握单片机基本硬件电路的设计、C51 程序的设计以及编译与仿真软件（书中由 Proteus 软件绘制的电路图形符号与国家标准符号不一致，二者对照关系详见附录 A）的使用等基础知识和技能，从而为以后的提高打下良好的基础。

本书由 9 章组成，每章的内容概要如下：

第 1 章介绍了单片机的发展史、单片机的分类、MCS－51 单片机的型号、单片机常用封装、单片机的命名规则、单片机的应用领域。同时强调单片机的学习方法和学习单片机必备的基础知识，并详细介绍了单片机系统开发的软件环境和仿真平台的搭建过程。

第 2 章介绍了 MCS－51 单片机最小系统的组成，包括单片机的外部引脚功能、内部结构、时钟电路和复位电路。详细阐述了单片机的程序存储器和数据存储器的地址分配、特殊功能寄存器的功能及头文件的使用。

第 3 章介绍了在学习标准 C 语言时常被忽视而在单片机编程中又经常使用的一些基本知识，对单片机的并行 I/O 端口技术进行了介绍，并介绍了单片机控制 LED 闪烁的编程方法。

第 4 章介绍了以最常用的外围设备扩展单片机 I/O 端口的应用方法，介绍了 LED 数码管、LED 点阵屏、LCD 液晶等显示模块，还介绍了键盘输入设备的电路设计。

第 5 章介绍了中断的基本概念，单片机中断系统的硬件结构和工作原理、相关寄存器的应用及外部中断的应用。此外，还介绍了单片机片内的定时器/计数器的结构和工作方式及定时器/计数器的应用。

第 6 章介绍了 D/A 转换器和 A/D 转换器的工作原理，并以 DAC0832 和 ADC0809 芯片为例介绍了单片机如何控制 D/A 转换器或者 A/D 转换器进行模拟量和数字量之间的转换。

第 7 章介绍了异步通信、同步通信、波特率和电平等串行通信的基本概念，以及 51 单片机中串行接口的相关寄存器和程序编写的流程，还介绍了单片机双机通信、单片机与 PC 通信、蓝牙通信和 Wi-Fi 通信等串行接口的应用实例。

第 8 章介绍了 I^2C 总线技术、SPI 总线技术和单总线技术等串行总线技术，并以简单的示例介绍了通过串行接口对单片机进行外围扩展的方法。

第 9 章介绍了单片机应用系统的构成、设计步骤、设计方法，并详细介绍了交通灯的模拟控制设计、简易波形发生器设计、温度的测量与报警系统设计等设计实例。

本书由厦门大学嘉庚学院《单片机原理与应用技术》编写组编写，编写组成员均为多年从事大学单片机课程教学的教师，具有丰富的教学及单片机系统研发实践经验。书中很多编写素材均来自教学或研发项目，具有很强的实用性。各章的编写分工如下：第1、2章由刘萍编写，第3章由张思民编写，第4章由纪艺娟编写，第5章由任欢编写，第6、8章由陈炳飞编写，第7章由高凤强编写，第9章由周朝霞编写，全书由张思民负责最后统稿。

本书例题源程序可以在中国铁道出版社网站（http://www.51eds.com）或编者网站空间（http://1140793510.qzone.qq.com/2）下载。

由于时间仓促，加之编者水平有限，疏漏与不妥之处在所难免，恳请专家和读者批评指正。

《单片机原理与应用技术》编写组

2023年7月

目录

第1章 单片机基础知识

为了能对单片机有宏观的认识，并能快速上手，需要了解单片机的发展史、常用型号、常见应用领域等；需要掌握一套学习单片机的方法；需要掌握单片机软件开发流程。

1.1 初识单片机

单片机是单片微型计算机的简称，英文缩写为 MCU（Micro Controller Unit），是一种超大规模集成电路芯片。它集成了微型计算机中的 CPU、ROM、RAM、I/O、定时/计数等功能，是芯片级的完整的数字式计算机。

1.1.1 单片机的发展历程

美国 Intel 公司在 1971 年推出了 4 位单片机 4004；1972 年推出了 8 位单片机 8008。特别是在 1976 年推出 MCS－48 单片机以后，其发展速度大约每三四年更新一代、集成度增加一倍、功能翻一番。以 8 位单片机的推出为起点，单片机的发展大致可分为 4 个阶段。

1. 单片机初级阶段（1976 年—1978 年）

这个阶段以 Intel 公司 MCS－48 为代表，单片机内部集成了 8 位 CPU、I/O 接口、8 位定时器/计数器，寻址范围不大于 4 KB，有简单的中断功能，但无串行接口。

2. 单片机完善阶段（1978 年—1982 年）

这个阶段的单片机普遍带有串行 I/O 接口、有多级中断处理系统、16 位定时器/计数器，片内集成的 RAM、ROM 容量加大，寻址范围可达 64 KB。单片机片内还集成了 A/D（模－数）转换接口。典型代表有 Intel 公司的 MCS－51、Motorola 公司的 6801 和 Zilog 公司的 Z8 等。

3. 单片机发展阶段（1982 年—1992 年）

许多半导体公司和生产厂以 MCS－51 的 8051 为内核，推出了满足各种嵌入式应用的多种类型和型号的单片机。这个阶段的单片机普遍集成了 ADC（模－数转换器）、PWM（脉冲宽度调制）、WDT（把关定时器，俗称“看门狗”）、EPROM（可擦可编程只读存储器）、EEPROM（电可擦可编程只读存储器）、串行接口等。一些公司面向更高层次的应用，推出了 16 位的单片机，比较典型的有 Intel 公司的 MCS－96 系列单片机。

4. 单片机百花齐放阶段（1992 年至今）

这个阶段单片机发展的显著特点是通过更先进的技术创新来提高单片机的综合品质，如提高 I/O 口的驱动能力、增加抗静电和抗干扰措施、宽（低）电压低功耗等。同时，面对不同的应用对象，不断推出适合不同领域要求的单片机系列，如开发更多的专用型单片机，以满足低成本、资源利用率高、系统外围电路少、可靠性高等需求。

1.1.2 单片机的分类

1. 按用途分类

按用途分，单片机可分为通用型和专用型两大类。通用型单片机就是其内部可开发的资源（如存储器、I/O 等各种外围功能部件等）可以全部提供给用户，本书介绍的对象就是通用型单片机 MCS－51；专用型单片机是针对一类产品甚至是某一个产品设计生产的，例如为了满足电子体温计的要求，在片内集成 ADC 接口等功能的温度测量、控制电路。

2. 按字长分类

字长是指 CPU 并行处理数据的位数，主要分为 4 位、8 位、16 位和 32 位单片机。4 位单片机结构简单，价格便宜，适合用于控制单一的小型电子类产品，如 PC（个人计算机）用的鼠标；8 位单片机是目前品种最为丰富、应用最为广泛的单片机，具体又分为 51 系列和非 51 系列，本书将详细介绍 MCS－51 系列单片机的使用；16 位单片机操作速度及数据吞吐能力在性能上比 8 位单片机有较大提高，比较典型的有 TI 的 MSP430 系列、凌阳的 SPCE061A 系列、Motorola 的 68HC16 系列、Intel 的 MCS－96/196 系列等；32 位单片机运行速度和功能与 51 单片机相比，有了更大的提高，随着技术的发展和价格的下降，32 位单片机将会与 8 位单片机并驾齐驱。

1.1.3 MCS－51 系列单片机

MCS－51 系列单片机有很多型号的产品，表 1.1 列出 Intel 公司、Philips 公司、Atmel 公司、SST 公司、Cygnal 公司、STC 公司生产的 MCS－51 系列单片机产品，供读者参考。因为这些企业生产的都是 51 内核的单片机，它们的结构、引脚和封装基本相同，主要的差别体现在存储器的配置上，所以只要学会了其中一款，其他单片机的操作可以举一反三。

表 1.1 MCS－51 系列单片机产品

公　司	产　品
Intel	80(C)51、87(C)51、80(C)52、87(C)52 等
Philips	P87LPC762、P87LPC764、P87LPC767、P87LPC768 等
Atmel	AT89C51、AT89C52、AT89C53、AT89C55、AT89S51 等
SST	SST89C54、SST89C58、SST89E554、SST89E564 等
Cygnal	C8051F005、C8051F020、C8051F022、C8051F024 等
STC	STC12C5A08S2、STC12C5A16S2、STC12C5A60S2 等

1. 单片机的封装

了解单片机的外形，首先需要掌握其封装情况。图 1.1 所示为常用单片机的封装形式：PDIP（直插封装）形式、TQFP（贴片，引脚向外侧伸展）形式、PLCC（贴片，引脚向内折起）形式等。

2. 单片机的命名规则

比较单片机性能或选用单片机型号时，需要了解单片机的命名规则。不同厂商的单片机的命名规则略有不同，但在每款单片机的数据手册中都可以查到，可以通过网络查找各单片机的数据手册。下面以 STC 单片机 STC12C5A60S2－35C－PDIP40 为例，阐述各参数的意义。

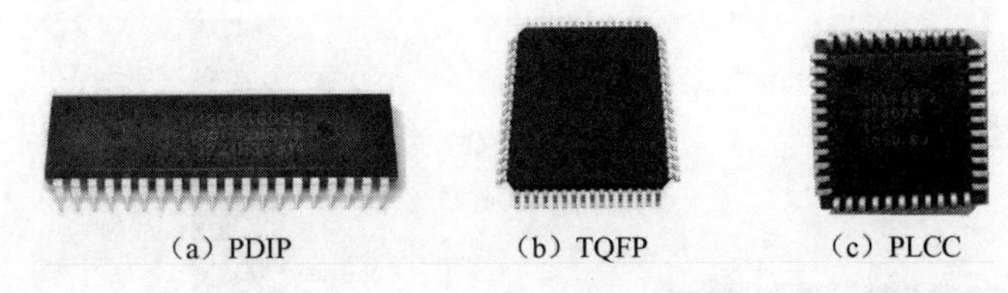

（a）PDIP （b）TQFP （c）PLCC

图1.1 常用单片机的封装形式

（1）STC：指的是产品的公司名。

（2）12：表示产品的系列。STC单片机有89、90、10、11、12、15这几个大系列，每个系列都有自己的特点。89系列是老旧而传统的单片机，可以和AT89系列完全兼容；90系列是基于89系列的改进型产品系列；10系列和11系列是有着便宜价格的1T单片机；12系列是增强型功能的1T单片机，同样工作频率下，速度是普通8051的8～12倍，目前12系列是主流产品；15系列是STC公司最新推出的产品。

（3）C：这个位置一般是用来表示单片机工作电压的。如果是C则表示单片机的工作电压是3.3～5.5 V；如果是LE则表示单片机的工作电压是2.2～3.6 V。

（4）5A：表示RAM是1 280 B。

（5）60：表示程序空间的大小。08是8 KB，16是16 KB，20是20 KB，32是32 KB，40是40 KB，48是48 KB，52是52 KB，60是60 KB，62是62 KB。

（6）S2：此处S2字样，表示有第二串口，有A/D转换，有PWM，有内部EEPROM；此处若是AD字样，表示无第二串口，有A/D转换，有PWM，有内部EEPROM；此处若是PWM字样，表示无第二串口，无A/D转换，有PWM，有内部EEPROM。

（7）35：表示工作频率可达35 MHz。

（8）C：表示工作温度范围。I表示工作温度为工业级，-40～+85℃；C表示工作温度范围为商业级，0～70℃。

（9）PDIP：表示单片机的封装类型。

（10）40：表示单片机的引脚数。

1.1.4 单片机的应用领域

在日常生活中可以随处看到单片机的应用产品，简单的玩具、小家电；复杂的工业控制系统、智能仪表、电器控制机器人、个人通信的信息终端、机顶盒等，下面从四方面进行简单阐述。

1. 智能仪表

仪表结合不同类型的传感器，可实现诸如电压、电流、功率、频率等物理量的测量，如图1.2所示的电压、频率测量仪表。采用单片机控制使得仪器仪表数字化、智能化、微型化。

2. 工业控制

用单片机可以构成形式多样的控制系统、数据采集系统，如图1.3所示的电梯智能化控制系统，又如各种液位、压力、温度等报警系统。

3. 家用电器

现在的智能家电大都采用了单片机控制，如图1.4所示的空调装置，又如电饭煲、洗衣机、电冰箱、电视机、电子秤等各种产品，包罗万象。

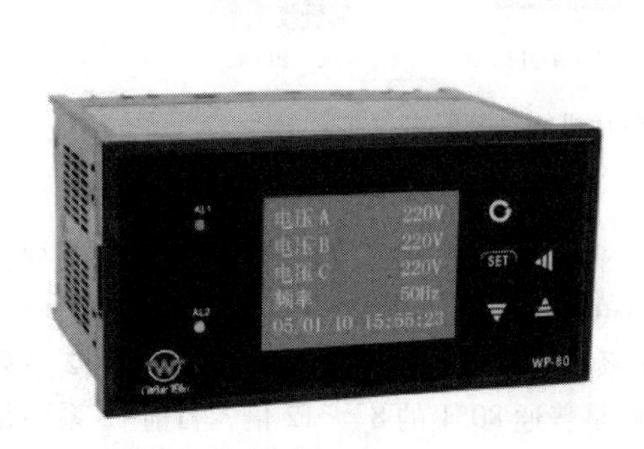

图 1.2 电压、频率测量仪表

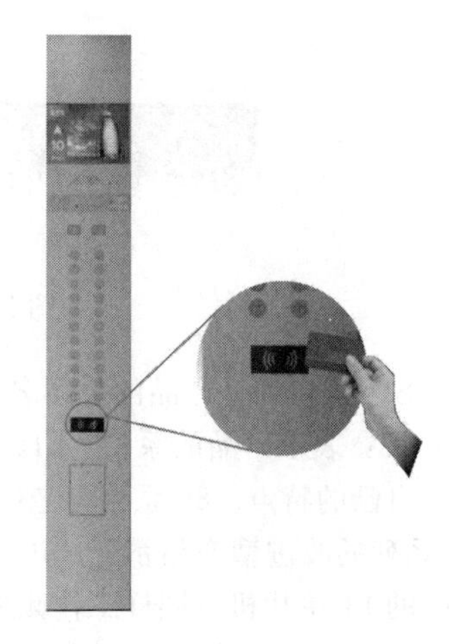

图 1.3 电梯智能化控制系统

4. 计算机网络和通信领域

具备通信接口的单片机可以很方便地与计算机进行数据通信，为此单片机在通信领域得到了广泛应用，如图 1.5 所示的对讲机。又如，手机、电话机、小型程控交换机、列车无线通信系统、楼宇自动通信呼叫系统等。

图 1.4 空调装置

图 1.5 对讲机

1.2 如何学好单片机及单片机系统开发

单片机是一门实用技术，要学好它，没有捷径可以走，只能通过不断地实践，才会熟能生巧。建议读者在学习书上的相关知识点后，立即去实践验证，验证的方式可以通过硬件操作也可以通过软件模拟。验证之后，再结合实践的结果，理解书上的内容。在实践过程中，遇到不懂的问题，需要随时翻阅书本或在网络上查找资料或求助老师和同学，直到解决问题为止。

1.2.1 学习单片机前的必备知识

读者如在学习单片机前已掌握“C 语言程序设计”和“数字电路基础”的相关知识点，那么，学习单片机就会显得很轻松。

1. 熟练掌握一门语言

所有的单片机开发软件都支持汇编语言编程，但是目前人们更喜欢 C 语言编程，主要是因为C语言功能强大，可以缩短开发时间。本书使用C语言阐述单片机的实现过程，在后续章节将详细介绍。读者在学习过程中，特别要注意区分C语言在单片机中的使用与ANSI标准的C语言的不同之处。

2. 熟练掌握数制和码制

单片机处理的一切信息如数据、指令、字符都是数字信号，均用二进制表示，因此，与二进制相关的各种进制的转换规律需要熟练掌握，常见进制的比较如表1.2所示。

表1.2 常见进制的比较

进制名称	基　数	使用符号	位　权	进位方法	字母标志
十进制	10	0～9	10^i	逢十进一	D
二进制	2	0、1	2^i	逢二进一	B
八进制	8	0～7	8^i	逢八进一	O
十六进制	16	0～9，A～F	16^i	逢十六进一	H

单片机中的有符号数一律以补码表示，因此要掌握补码、原码、反码之间的转换：正数（包括符号位）的原码、反码、补码相同；负数的反码是数值位逐位取反（符号位与原码相同），负数的补码是反码加1（符号位与原码相同）。单片机中常采用的编码方式是BCD（8421）码和ASCII码，因此读者需要熟练掌握编码规则。

1.2.2 单片机系统开发的软件环境搭建

开发单片机系统，除必备的硬件之外，还需要两个软件作为支撑：一个是编程软件，一个是下载软件。MCS-51系列单片机的编程软件可以选用Keil C51，它兼容C语言软件开发系统，可以完成程序的编辑、编译、连接、调试、仿真等流程；下载软件可以选用STC-ISP，它是一款单片机下载编程烧录软件，可下载STC89系列、12C2052系列和12C5410系列的STC单片机。下面将按步骤详述Keil C51和STC-ISP的使用。

1. Keil C51的使用

（1）双击桌面图标，打开Keil C51 μVision4编辑软件，主界面如图1.6所示。

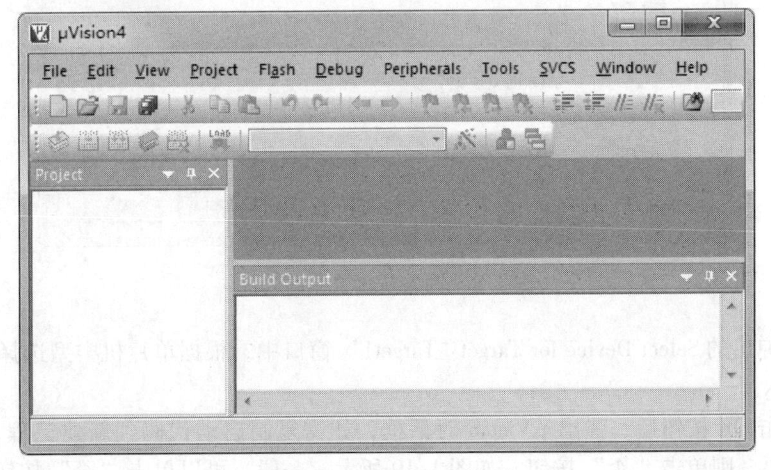

图1.6 Keil C51主界面

（2）选择 Project → New μVision Project 命令，新建工程，如图 1.7 所示。

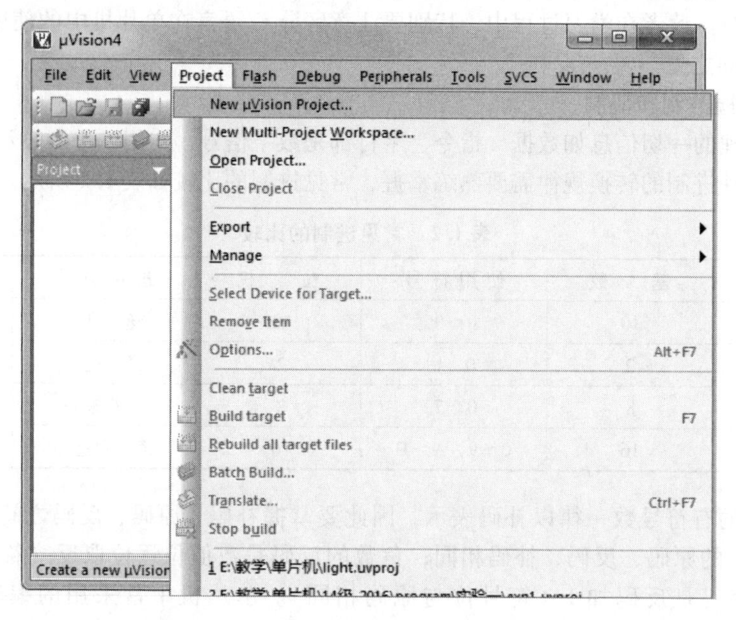

图 1.7　新建工程

（3）在弹出的 Creat New Project 窗口中输入新建工程的名称，并选择保存的位置，如图 1.8 所示。

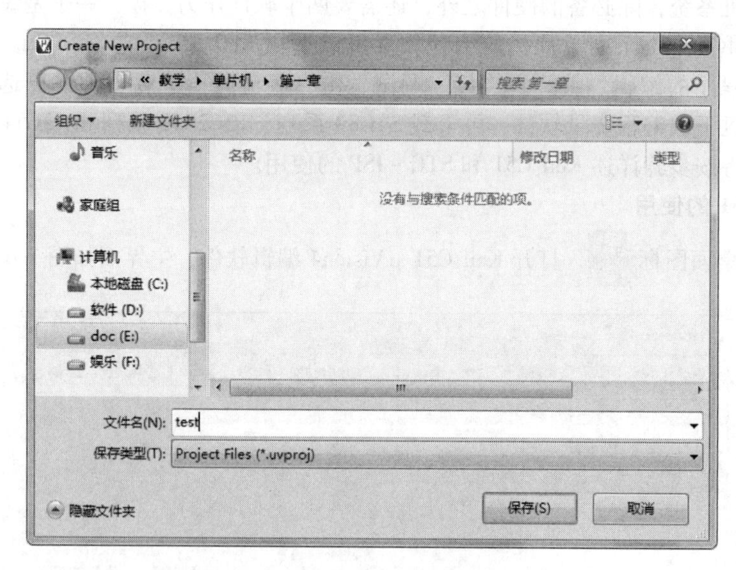

图 1.8　输入新建工程的名称

（4）在弹出的 Select Device for Target ‘Target1’ 窗口中，根据单片机类型选择相应的 CPU，如图 1.9 所示。

（5）单击 OK 按钮后，弹出 μVision 对话框，如需复制启动代码到新建工程，单击“是”按钮；不需要，则单击“否”按钮，如图 1.10 所示。一般，可以单击“否”按钮。

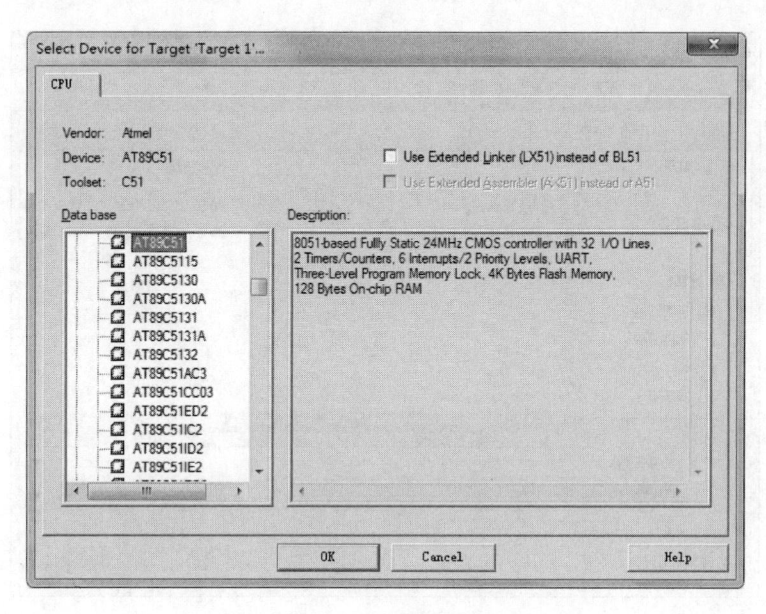

图 1.9　选择 CPU 型号

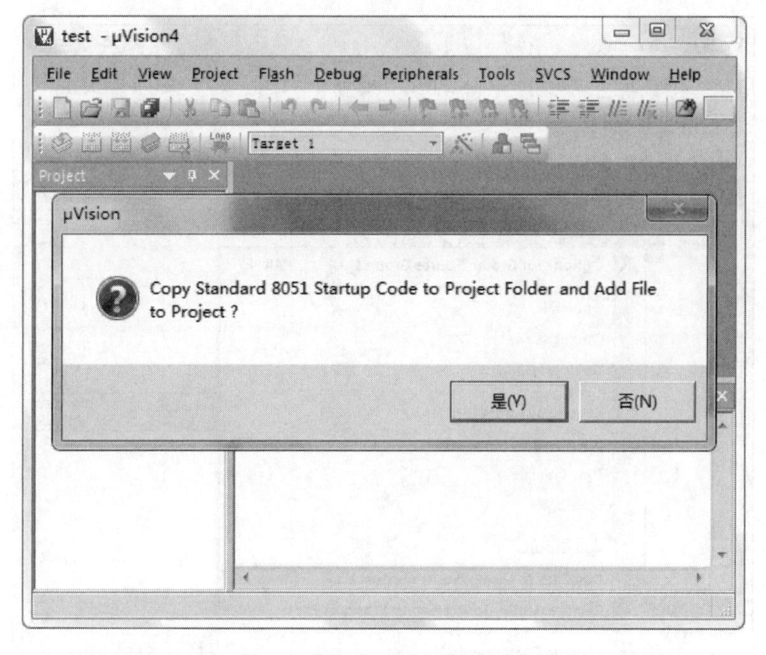

图 1.10　是否需要启动代码到新建工程

（6）选择 File → New 命令，用户可以在编辑窗口内编写程序源代码。编写完成后，选择 File → Save 命令，保存文件。如使用 C 语言编程，则文件应命名为 ∗.c，如图 1.11 所示。

（7）在工程窗口中，右击 Source Group 1，选择 Add Files to Group ‘Source Group 1’命令，在弹出的窗口中，选择要添加的文件，如图 1.12 所示。

（8）如已完成文件的添加，则在工程窗口中可看到已添加的文件名，如图 1.13 所示。

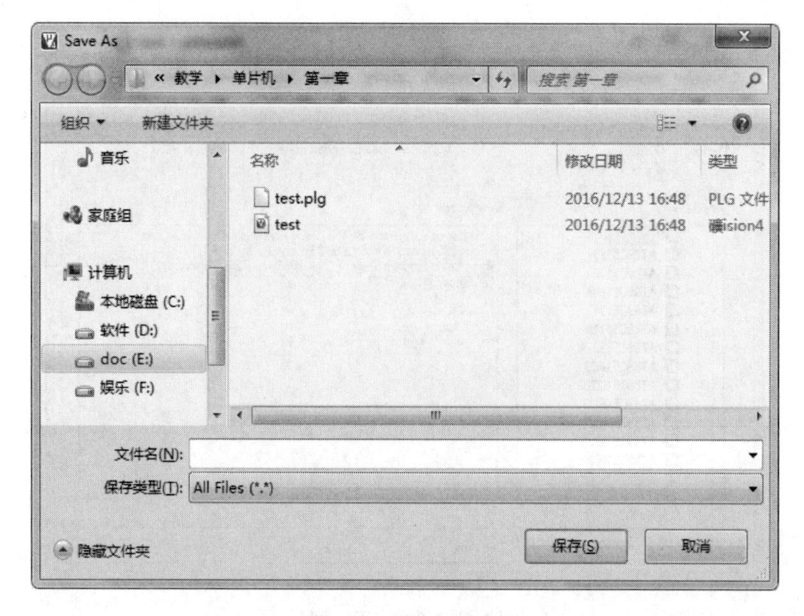

图 1.11 保存程序

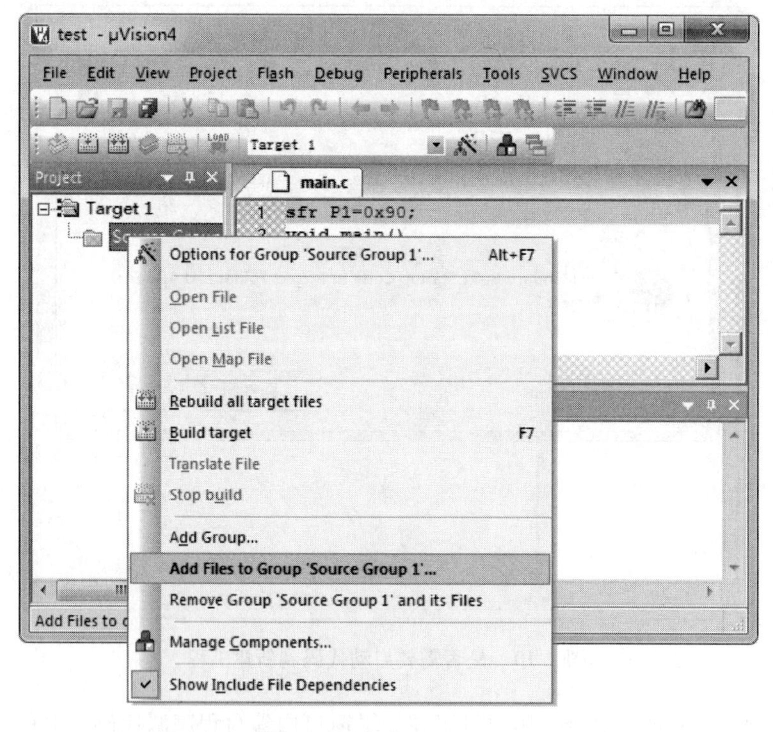

图 1.12 添加文件到 Group ‘Source Group 1’

(9) 如已完成所有必备文件的添加，则需对工程进行编译。在编译之前，需要确保能生成可供烧写的 .HEX 文件，其实现过程如图 1.14 所示。右击工程窗口中的 Target 1，选择 Options for Target ‘Target 1’ 命令，在弹出的窗口中，选择 Output 选项卡，选中 Create HEX File 前面的复选框。

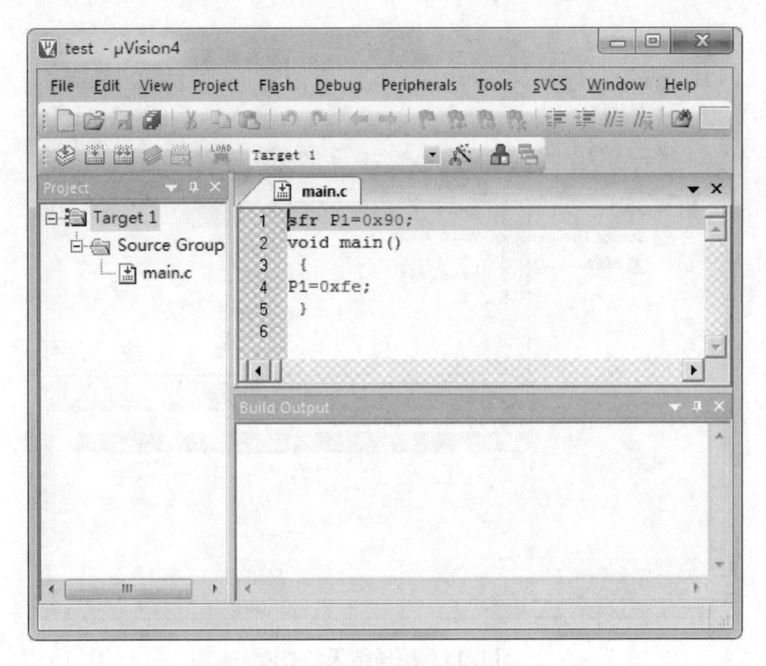

图 1.13 工程窗口显示添加的文件名

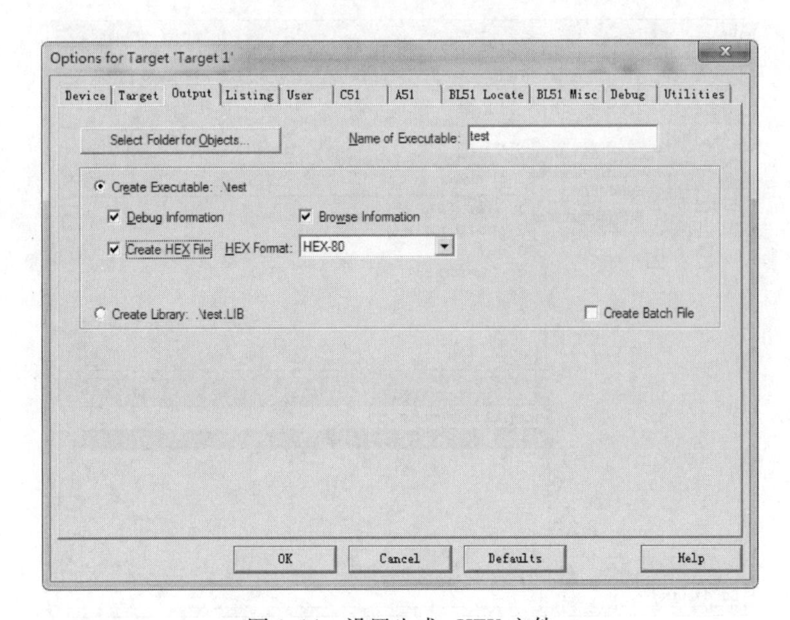

图 1.14 设置生成.HEX 文件

(10) 单击工具栏中的 Translate 按钮(【Ctrl + F7】)完成编译过程。如图 1.15 所示，观察下方的 Build Output 窗口，是否有显示错误，如有错误，则需要修改，修改后重新编译，直到无错误提示为止。

(11) 用 Build 或 Rebuild 连接整个工程，如图 1.16 所示。观察下方的 Build Output 窗口，是否有显示错误，如有错误，则需要修改，修改后重新编译，直到无错误提示为止。

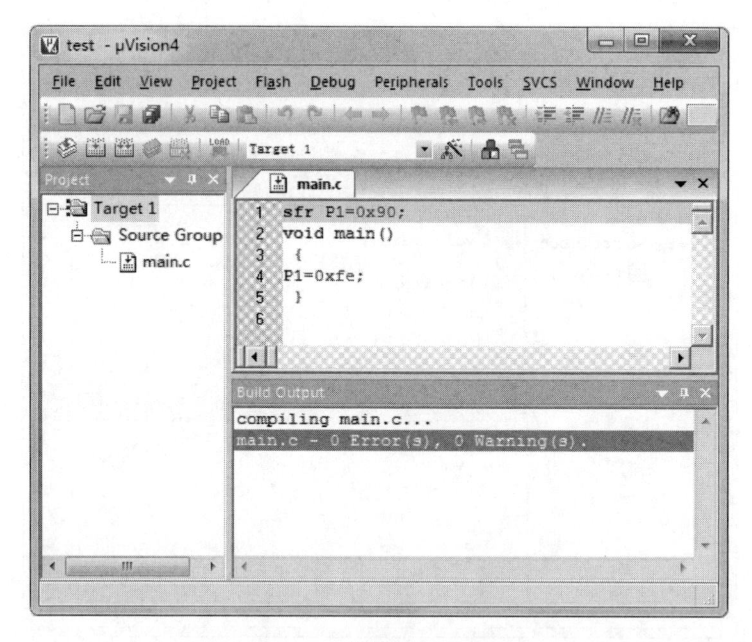

图 1.15 编译结果的查看

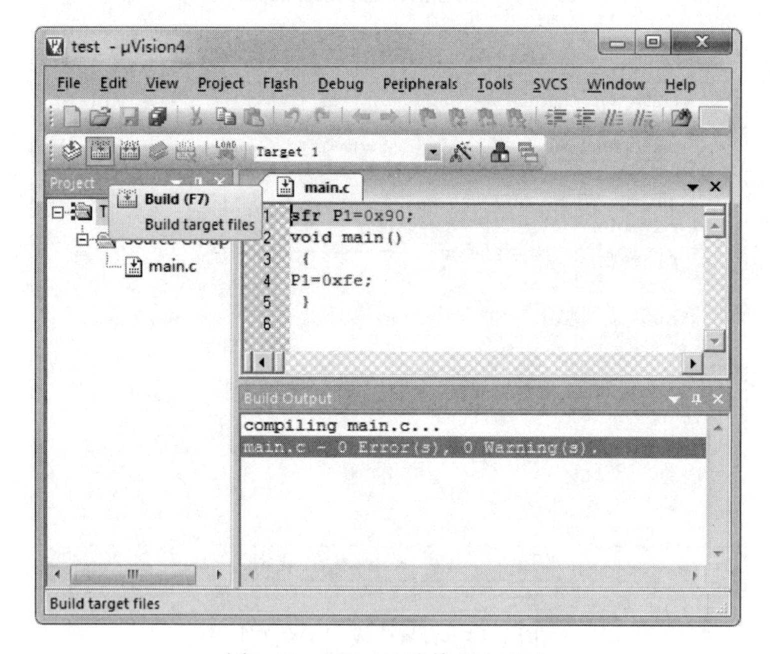

图 1.16 用 Build 连接整个工程

（12）编译无误后，可选择 Debug→Start /Stop Debug Session 命令查找逻辑错误或查看程序运行状态，如图 1.17 所示，也可用 Reset CPU、Run、Step、Step Over 等多种调试方式。

（13）程序调试完成后，退出调试功能。在程序烧写到单片机之前，需要进行如图 1.18 所示的设置。

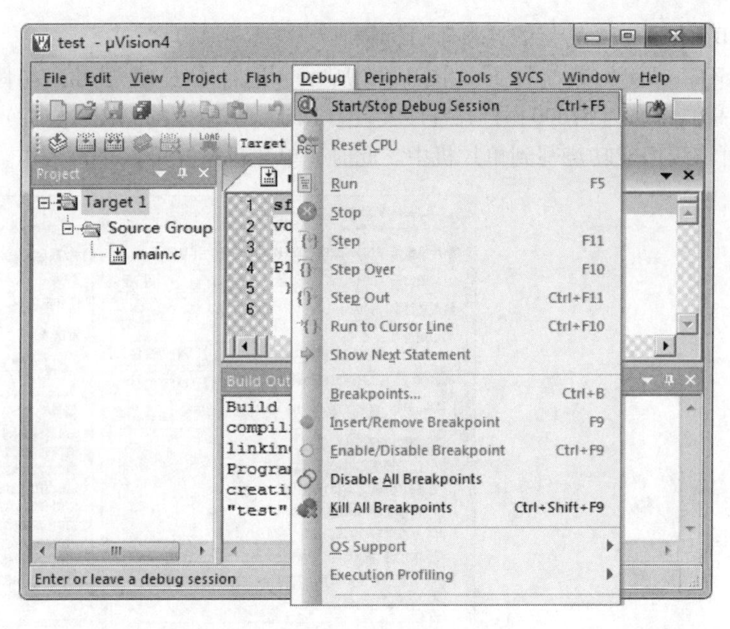

图 1.17　程序调试

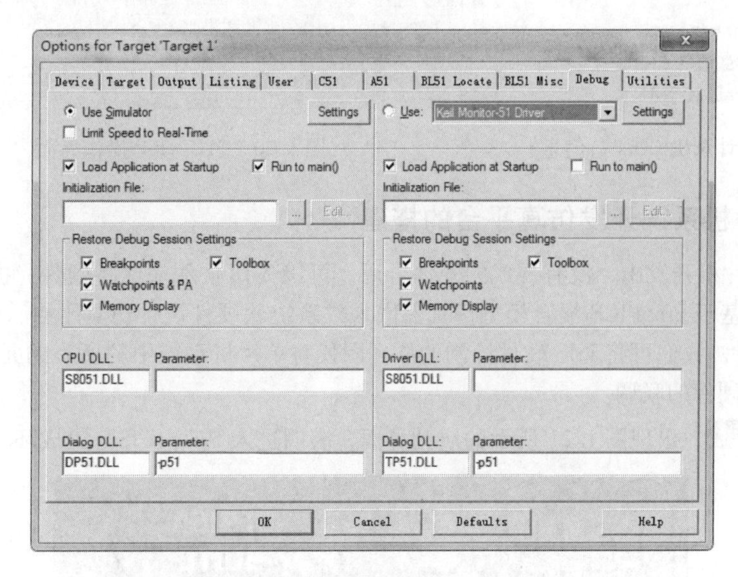

图 1.18　程序烧写到单片机之前的设置

完成以上 13 个步骤后，可以使用下载软件，将生成的 . HEX 文件烧写到单片机中。

2. STC – ISP 下载软件的使用

要完成硬件的联调，需要将编程软件 Keil C51 调试成功的程序 . HEX 文件烧写到单片机中（称为编程或下载）。编程有 3 种方式：并行口编程、串行口编程和 USB 编程，读者可以根据自己计算机的配置选择。本书以 USB 编程，采用 STC – ISP（V6. 82E）下载软件为例阐述编程过程。

（1）使用 USB 编程时，须使用 USB – RS – 232 转接线，并安装 USB 驱动程序，如果安装成功，通过查看计算机的设备管理器的端口可以看到如图 1. 19 所示的信息。

（2）将 USB－RS－232 转接线连接于目标板。

（3）打开 STC－ISP，操作界面如图 1.20 所示，选择单片机型号，如图 1.19 所示的 COM4，设置最高波特率为 57600；打开程序文件（Keil C51 生成的 .HEX 文件）；下载，加电。如操作无误，可将程序成功烧写到单片机中。此时，单片机系统可以正常工作。

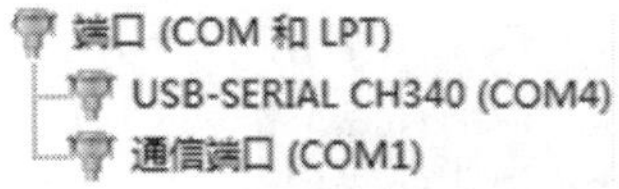

端口 (COM 和 LPT)
USB-SERIAL CH340 (COM4)
通信端口 (COM1)

图 1.19　计算机 COM 口信息

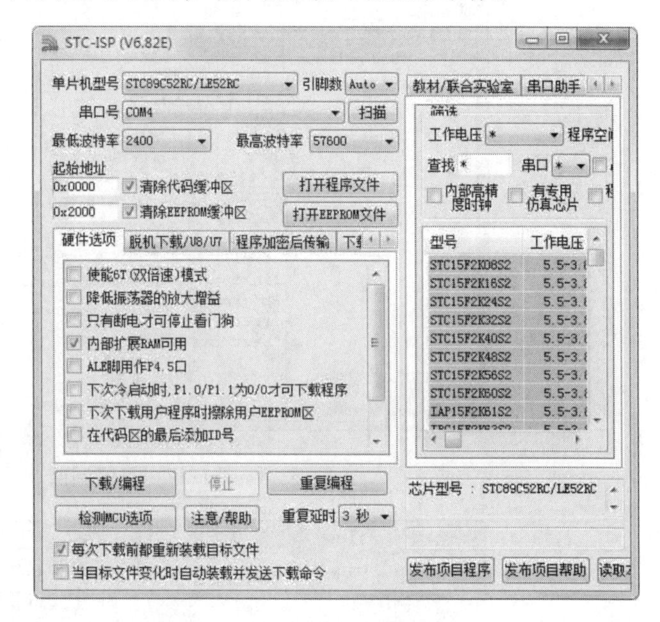

图 1.20　STC－ISP 操作界面

1.2.3　单片机系统开发仿真平台的搭建

有时在单片机开发中，没有现成的硬件可用，可以先用软件来代替硬件，提高开发效率。Proteus 是一个基于 ProSPICE 混合模型仿真器嵌入式系统软硬件设计仿真平台，它包含 ISIS 和 ARES 应用软件。我们可将 ISIS 软件绘制的原理图代替单片机系统中的所有的元器件，实现程序（软件）和硬件的联调。

双击图标 ISIS，出现图 1.21 所示的启动界面，表明进入 Proteus ISIS 集成环境。

图 1.21　Proteus ISIS 的启动界面

Proteus ISIS 的工作界面是一种标准的 Windows 界面，如图 1.22 所示。用户可以很方便地在原理图编辑窗口编辑原理图。

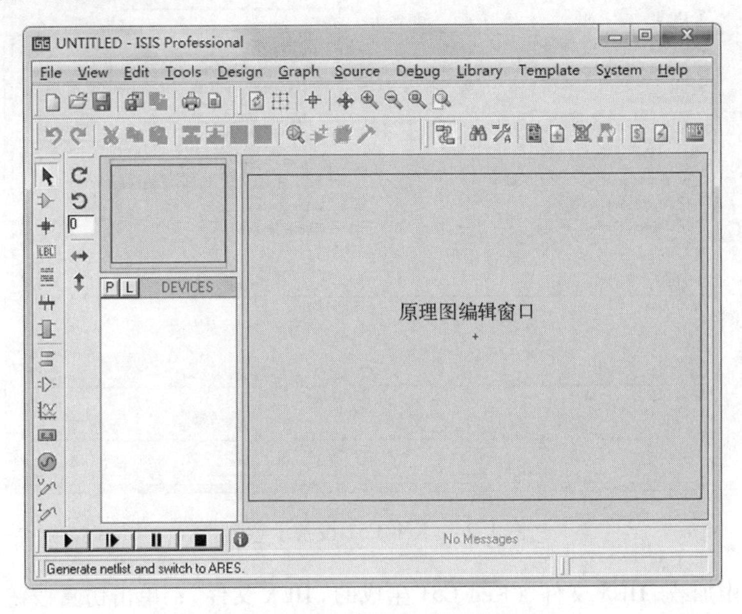

图 1.22 Proteus ISIS 的工作界面

Proteus ISIS 要实现和 Keil 联调，需要在 Keil 的基础上安装 Proteus 的 Keil 驱动程序 vdmagdi. exe。另外，还需要对 Proteus ISIS 和 Keil 软件进行图 1.23、图 1.24 所示的设置。

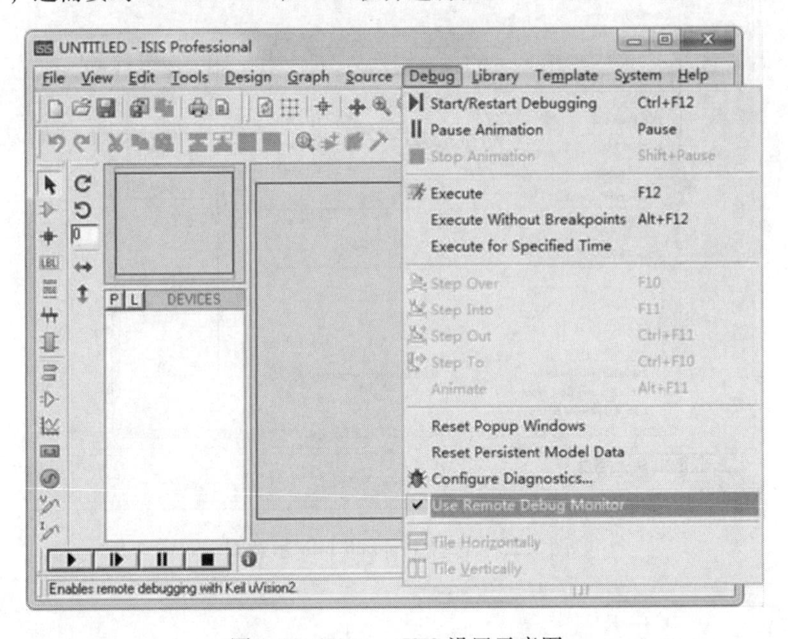

图 1.23 Proteus ISIS 设置示意图

Proteus ISIS 和 Keil 软件设置完成后，在 Keil C51 中建立工程、编写程序、编译、调试完成后，生成 . HEX 文件；双击 Proteus ISIS 原理图中的单片机器件，出现图 1.25 所示的窗口，在

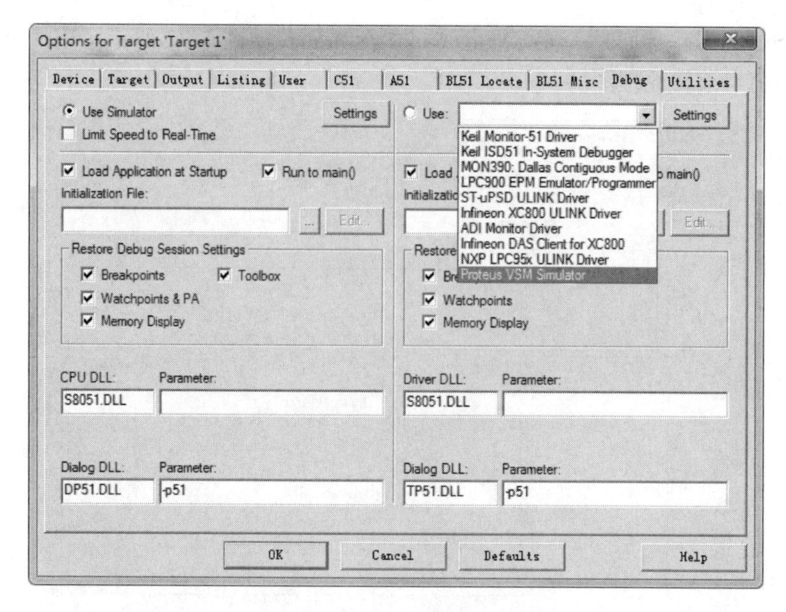

图 1.24　Keil C51 设备示意图

Program File 项中加载 . HEX 文件（Keil C51 生成的 . HEX 文件）；单击仿真按钮（左下角的▶符号），可以在 Proteus ISIS 的原理图界面上看到犹如实体硬件的运行效果。

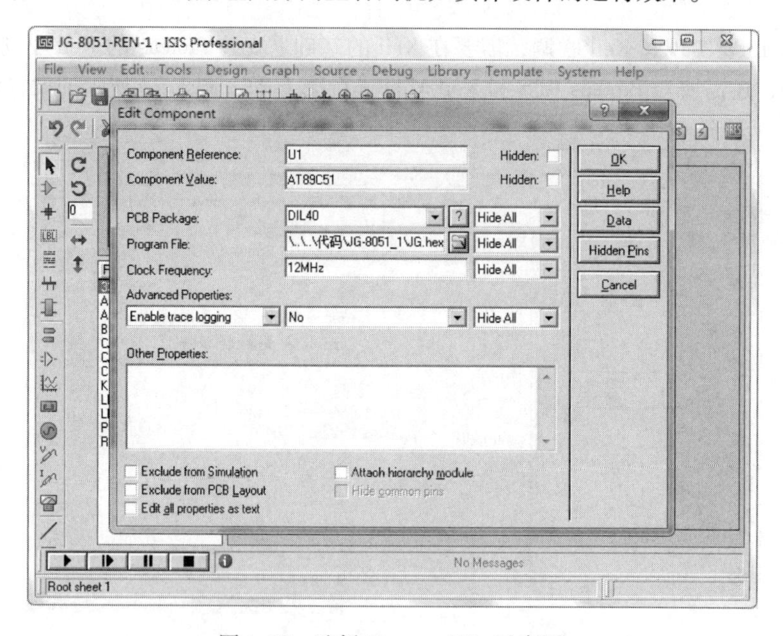

图 1.25　选择 Program File 示意图

小　结

本章用概括性的语言介绍了目前单片机的发展史；从用途和字长（重要的单片机指标）

的角度对单片机进行分类；介绍了不同厂商、不同型号的 MCS－51 系列单片机，同时介绍了单片机常用的封装形式和命名规则；简述了单片机的应用领域；强调单片机的学习方法和学习单片机必备的基础知识；详细阐述一类单片机系统开发的软件环境和仿真平台的搭建过程。

习　题

1. 简述单片机与计算机的关系。

2. 指出型号为 STC12LE5A16S2－35C－PDIP40 单片机的引脚数、工作电压值和有无 PWM 功能？

3. 求十进制数－35、35、－260、260 的原码和补码。（要求用十六进制数表示）

4. 写出十进制数 20、300 的 BCD 码。

5. 安装并初步掌握 Keil、STC－ISP、Proteus ISIS 三款软件的使用。

第2章 MCS-51单片机硬件系统

本章主要介绍MCS－51单片机的外围引脚、内部结构，以及实现单片机工作的基本条件。通过对本章的学习，可以使读者对单片机的硬件结构有较为全面的了解，有助于理解单片机的工作原理，为后续进行单片机系统设计、程序设计打下良好的基础。

下面从最简单的单片机系统（最小系统）开始进行学习。

2.1　MCS－51单片机的最小系统

单片机的最小系统，又称单片机最小应用系统，是指用最少的元器件组成单片机可以工作的系统，MCS－51单片机最小系统电路如图2.1所示（Proteus绘制）。图2.1表明该最小系统由3部分组成：单片机（外加电源）、时钟电路、复位电路。

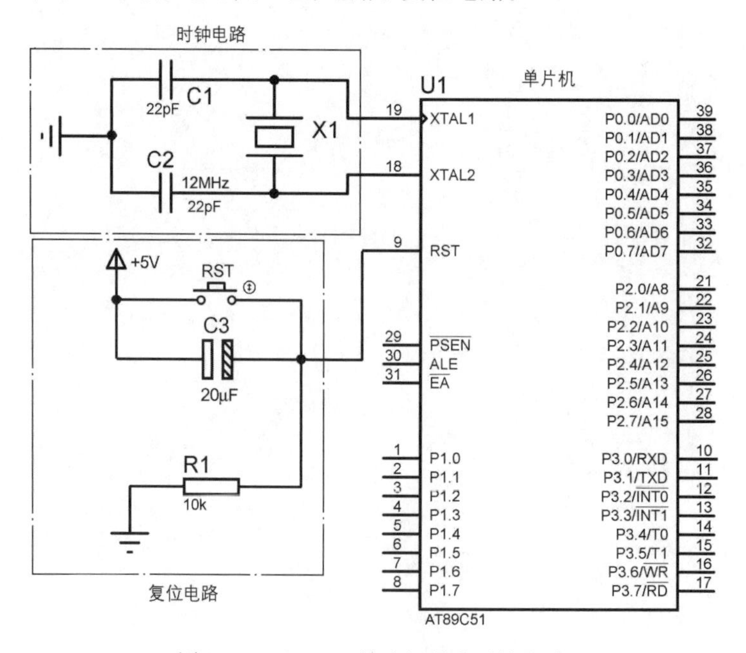

图2.1　MCS－51单片机最小系统电路

2.1.1　MCS－51单片机外围引脚及内部结构

1. MCS－51单片机外围引脚

MCS－51单片机有多种引脚和多种封装形式，其中最常见的是采用40Pin的双列直插式的

PDIP 封装形式，其引脚分布如图 2. 2 所示。引脚的排列顺序为从靠芯片缺口的左边的那列引脚逆时针数起，依次为 1，2，3，4，…，40，其中芯片引脚的 1 脚有个凹点。图 2. 2 与图 2. 1 中的单片机引脚对比，可以发现有两点不同：

（1）引脚顺序不同。图 2. 1 中的单片机是原理图，其引脚位置的设置是出于使用的方便，可以随意放置，但是每个引脚上有一个数字标号，这个数字标号代表的是单片机真正的引脚位置。

（2）引脚个数不同。图 2. 1 中的单片机缺省了 20 引脚和 40 引脚。

如图 2. 2 所示，单片机的 40 个引脚按功能大致可分为 4 类：电源、时钟、控制和 I/O 引脚。

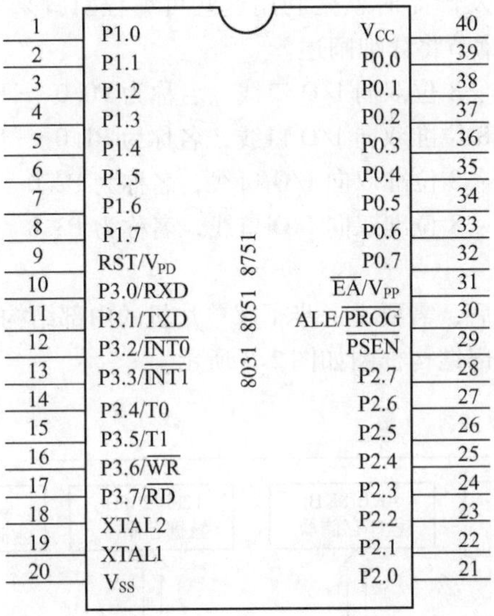

图 2. 2　MCS－51 单片机引脚分布

① 电源引脚（2 个）：

a. V_{CC}（Pin40）：芯片电源引脚，接 +5 V 电源，在图 2. 1 中未体现。

b. V_{SS}（Pin20）：芯片接地引脚，在图 2. 1 中未体现。

② 时钟引脚（2 个）：

a. XTAL1（Pin19）：接外部晶体的一个引脚，同时也是 CHMOS 单片机的时钟信号输入引脚。

b. XTAL2（Pin18）：接外部晶体的一个引脚，同时也是 HMOS 单片机的时钟信号输入引脚。

③ 控制引脚（4 个）：

a. RST/V_{PD}（Pin9）：复位引脚。引脚上出现 5 ms 以上的高电平将使单片机复位；同时该引脚可接备用电源，低功耗条件下保持内部 RAM 中的数据。

b. ALE/$\overline{PROG}$（Pin30）：地址锁存允许引脚。当单片机访问存储器时，该引脚输出地址信号，并使外部锁存器锁存低 8 位地址。若单片机不访问外部存储器，该引脚仍会周期性地输出正脉冲信号，频率为振荡频率的 1/6，可以用作系统中其他电路的时钟。同时，该引脚可作为编程脉冲的输入引脚。

c. $\overline{PSEN}$（Pin29）：程序存储器允许引脚。输出读外部程序存储器的选通信号。

d. $\overline{EA}/V_{PP}$（Pin31）：内外 ROM 选择引脚。当$\overline{EA}$为低电平时，只能访问外部程序存储器，不论内部是否有程序存储器，对于 8031/8032 芯片而言，由于内部没有程序存储器，所以$\overline{EA}$必须为低电平；当$\overline{EA}$为高电平时，单片机访问内部程序存储器。对内部有程序存储器的 51 单片机，此引脚应为高电平，若程序地址超过内部程序存储器的地址，单片机将自动访问外部程序存储器。

④ I/O 引脚（32 个）。MCS－51 单片机有 4 组 8 位的可编程 I/O 口，分别位 P0 口、P1 口、P2 口、P3 口，每个口有 8 位（8 个引脚），共 32 个。每个引脚都可编程，比如用来控制电动机、交通灯、霓虹灯等，开发产品时就是利用这些可编程引脚来实现想要的功能的。各编程 I/O 口简单介绍如下，后续章节将详细阐述。

P0 口（Pin39 ～ Pin32）：8 位双向 I/O 口线，名称为 P0.0 ～ P0.7。

P1 口（Pin1 ～ Pin8）：8 位准双向 I/O 口线，名称为 P1.0 ～ P1.7。

P2 口（Pin21 ～ Pin28）：8 位准双向 I/O 口线，名称为 P2.0 ～ P2.7。

P3 口（Pin10 ～ Pin17）：8 位准双向 I/O 口线，名称为 P3.0 ～ P3.7。

2. 单片机内部结构

在了解单片机外围引脚后，需要进一步了解单片机的内部结构，才能深入掌握每个引脚的功能。MCS－51 单片机的内部结构框图如图 2.3 所示。

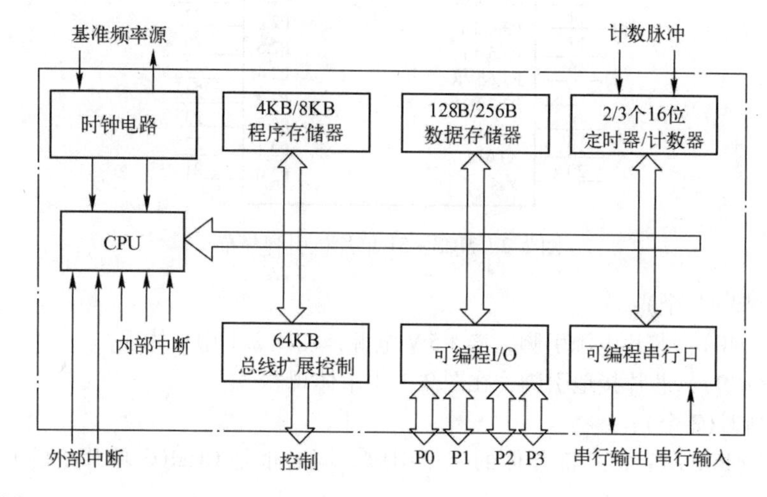

图 2.3　MCS－51 单片机的内部结构框图（“/”两边分别为基本型和增强型）

因为单片机有特定的应用方式，所以它的内部结构和普通计算机相比有很大的差别。MCS－51 单片机内部由内部总线将 CPU、程序存储器（ROM）、数据存储器（RAM）、定时器/计数器、串并行接口、中断系统等连接在一起，构成了一个功能齐全的计算机硬件系统。CPU 是单片机的核心部件，主要由运算器、控制器等部件构成。运算器用来完成算术运算和逻辑运算功能；控制器是单片机内部按一定时序协调工作的控制核心，是分析和执行指令的部件。用户如使用 C 语言对单片机编程，则不需要花太多时间去学习 CPU 如何读取指令、如何运算，只需要认真学习单片机中 C 语言的编程语法即可。

由图 2.3 可知，MCS－51 单片机有四大功能模块：I/O 口模块、中断模块、定时器模块和串口通信模块，这些模块将在后续章节详细阐述，也是单片机的核心模块。本章仅对时钟电路、复位电路和存储器做详细说明。

2.1.2 时钟电路

时钟电路为单片机系统提供基准时钟信号，类似于我们训练时喊口令的人，单片机内部的工作都是以这个时钟信号为步调基准的。

1. 振荡方式及实现

MCS－51单片机的时钟信号通常由两种电路形式得到：内部振荡方式和外部振荡方式。

（1）内部振荡方式。图2.4所示为内部振荡方式的电路接线图。在引脚XTAL1和XTAL2外接晶体振荡器（简称“晶振”），晶振通常选用6 MHz、12 MHz或24 MHz。由于单片机内部有一个高增益反相放大器，当外接晶振后，就构成了自激振荡器，产生时钟脉冲。电容器C1、C2起稳定频率、快速起振的作用，电容值一般为5～30 pF。采用内部振荡方式所得的时钟信号比较稳定，实际电路使用较多。

（2）外部振荡方式。外部振荡方式就是把外部已有的时钟信号引入单片机内，电路接线图如图2.5所示。采用外部振荡方式适宜用来使单片机的时钟频率与外部信号频率保持一致的场合。

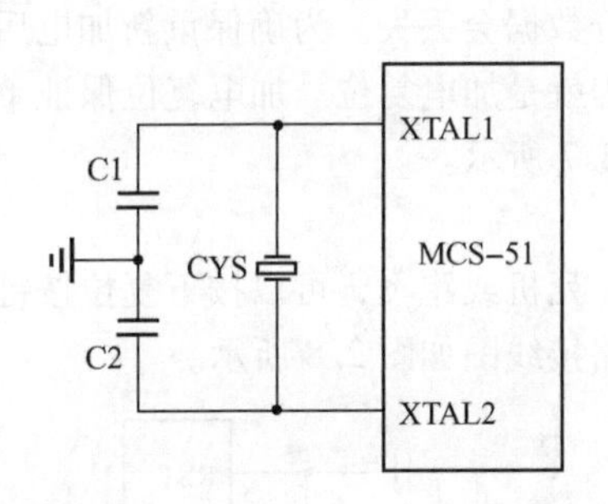

图2.4　内部振荡方式的电路接线图

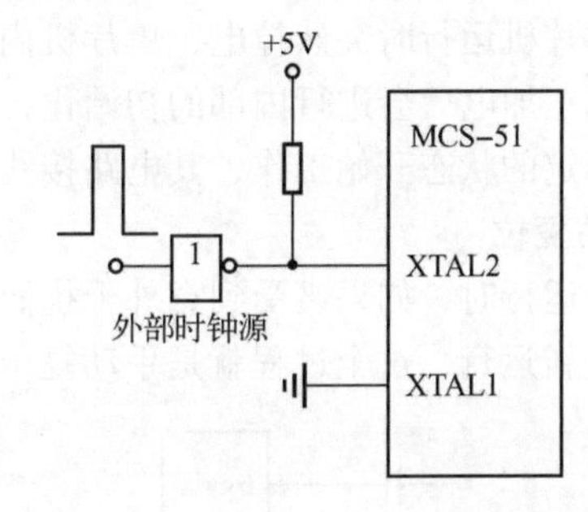

图2.5　外部振荡方式的电路接线图

2. 单片机的时序单位

时序就是CPU执行指令时所需要的控制信号的时间顺序。时序中使用的定时单位有大有小，MCS－51单片机的时序定时单位有4个，分别是节拍、状态、机器周期和指令周期，如图2.6所示。掌握时序单位，对后期的编程处理非常有帮助。

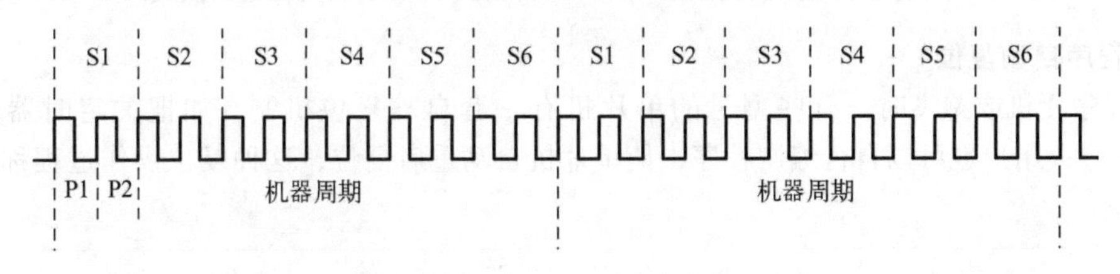

图2.6　MCS－51单片机的时序单位

（1）节拍：一个振荡周期（时钟周期）就是一个节拍，其值为外接晶振的频率或外部输入的时钟频率的倒数。

（2）状态：经过内部二分频触发器对振荡频率分频产生连续两个节拍，这两个节拍称为一个状态（状态周期）。一个状态的前半周期称为P1，后半周期称为P2。

（3）机器周期：一个机器周期包括6个状态，依次可以记为S1～S6。每个状态包括2个节拍，一个节拍是一个振荡周期，因此每个机器周期等于 12 个振荡周期。

(4) 指令周期：执行一条指令所需的时间称为指令周期。根据指令不同，MCS－51 单片机的指令周期等于 1 ～4 个机器周期。

若 MCS－51 单片机外接晶振频率为 12 MHz 时，则单片机的 4 个时序定时单位的具体值为

节拍（振荡周期）＝1/12 MHz＝1/12 μs＝0.083 3 μs。

状态周期＝1/6 μs＝0.167 μs。

机器周期＝1 μs。

指令周期＝1 ～4 μs。

2.1.3 复位电路

复位操作完成单片机内部电路的初始化，使得单片机能从一种确定的状态开始运行。当复位引脚 RST 出现 5 ms 以上的高电平时，单片机就完成复位操作，如果 RST 持续为高电平，单片机就处于循环复位状态，无法执行程序，因此，要求单片机复位后能脱离复位操作。

复位操作通常有 3 种基本形式：加电复位、手动复位、程序自动复位。

1. 加电复位

假如单片机运行时突然掉电，单片机内部的部分数据会丢失。为确保重新加电后能正常工作，单片机在加电后会进行内部的初始化，这个过程就是加电复位。加电复位保证单片机每次都从一个固定的状态开始工作，其电路接线图如图 2.7 所示。

2. 手动复位

当程序运行时，如果遭受到意外干扰而导致程序死机或跑飞，可以按下复位按键，让程序初始化并重新运行，这个过程就是手动复位，其电路接线图如图 2.8 所示。

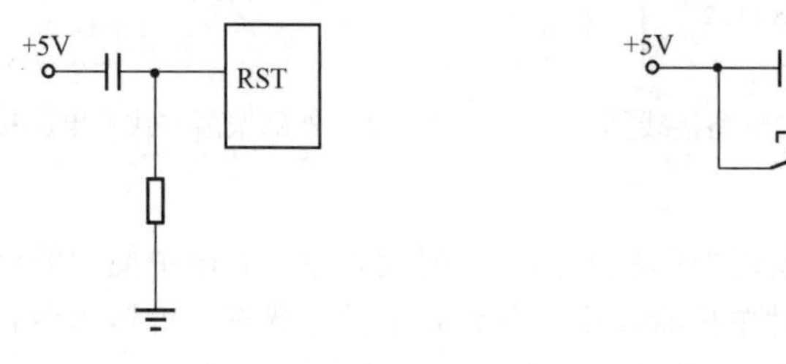

图 2.7 加电复位电路接线图　　图 2.8 手动复位电路接线图

3. 程序自动复位

当程序死机或跑飞时，有些型号的单片机有一套自动复位机制，如把关定时器（俗称“看门狗”）；用户也可以自行编制程序，使单片机自动重启复位，这种复位操作过程称为程序自动复位。

2.2 点亮二极管实例

认识单片机最小系统后，用户就可以从点亮二极管这样的一个小的任务开始学习编写单片机程序。

单片机加电复位后，I/O 口输出为高电平。为点亮图 2.9 所示（Proteus 绘制）的二极管 D2，需要将单片机的 P1.0 引脚设置为低电平。在 Keil C 中编写程序如下：

```
/*************************************
点亮二极管
*************************************/
sfr P1 =0x90;
void main()
{
  P1 =0xfe;
}
```

按照第1章中的1.2.2节和1.2.3节所述的操作步骤，可在Proteus ISIS中看到D2被点亮，系统正常工作。

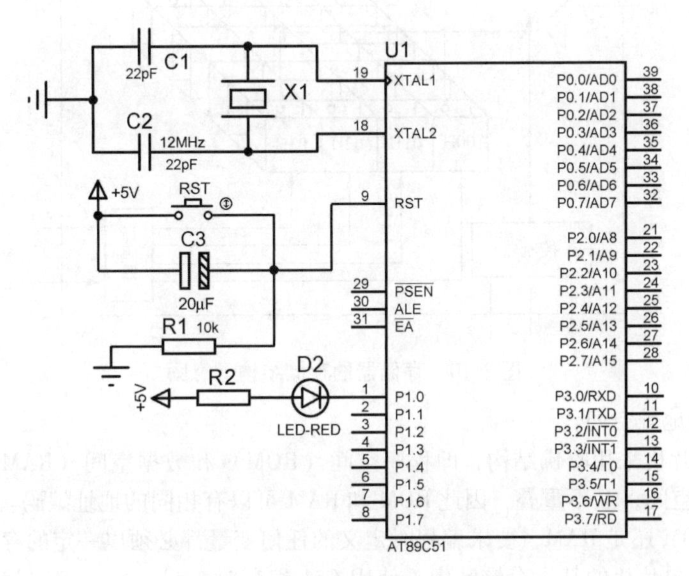

图2.9　点亮二极管硬件电路图

在本实例中，让初学者最困惑的是程序如何能识别单片机的P1.0引脚。为解决这个问题，需要进一步学习单片机的存储器和C语言的相关知识。

2.2.1　存储器

如第1章提到STC12C5A60S2单片机，它有1280 B的RAM和60 KB的ROM。这里的RAM和ROM就是单片机存储器（记忆设备）的两个组成部分：ROM存放程序、表格和始终要保留的常数，相当于计算机系统的C盘；RAM存放数据（常量或变量）或运算的结果，相当于计算机的内存。有了存储器，单片机才有记忆功能，才能保证正常工作。为了能让读者更容易掌握存储器的知识，这里对常用概念进行简要说明。

1. 位和字节

存储器由大量的存储单元构成，每个存储单元都有0和1两种状态，因此一个存储单元可以存放1位二进制数据，即1 bit（位）数据，位是存储器中最小的存储单位。存储器中的最基本的存储单位是字节（B），1字节由8个二进制位（bit）组成。

2. 存储器地址

存储器的存储结构示意图如图2.10所示。它就像药店里的一个个带有8个小格的抽屉。

一个抽屉用来存放 1 B 数据，每个小格用来存放 1 bit 数据。为实现每个小格内的数据变化（0、1 变化），需要为每个小格增加控制线。但当单片机有 65 536 个格子时，就需要 65 536 根控制线，如此多的控制线不可能引到单片机的引脚上。为解决这个问题，在存储器内部一般都带有译码器。n 输入的译码器有 2^n 个输出，所以要实现 65 536 个格子的状态控制，只需要将译码器的 16 条输入线引到单片机的引脚上即可。译码器的 n 条输入线称为地址线，地址线的组合值作为各存储单元的标识编号，这个编号称为该存储单元的地址。

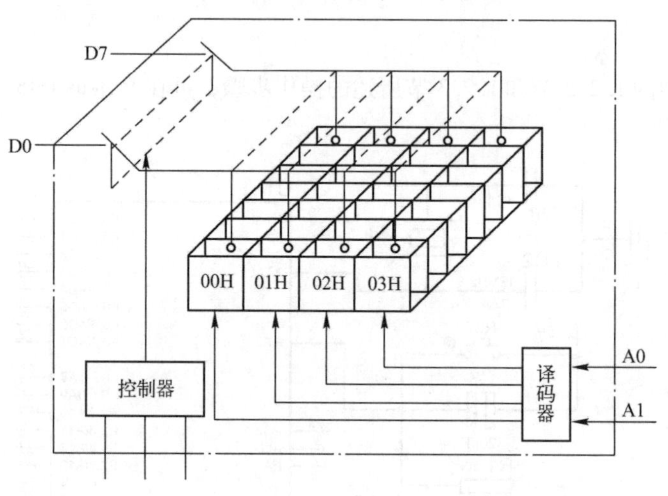

图 2.10　存储器的存储结构示意图

3. 存储器的地址空间

MCS－51 单片机采用哈佛结构，即程序空间（ROM）和数据空间（RAM）分开编址，它们有各自的地址空间，互不重叠，因此 ROM 和 RAM 可以有相同的地址编码。为区分同一地址的变量是来自 ROM 还是 RAM，要求编程时定义的任何变量都必须以一定的存储器类型的方式定位在 MCS－51 单片机的某一存储区中。使用 C51 编程时，只需用关键字就可定义变量的存储器类型，C51 变量的存储器类型见表 2.1 所示。

表 2.1　C51 变量的存储器类型

存储器类型	描　　述
data	定义变量于内部数据存储区，直接寻址
bdata	定义变量于内部数据存储区，允许位与字节混合访问
idata	定义变量于内部数据存储区，间接寻址
xdata	定义变量于外部数据存储区
code	定义变量于程序存储区

从物理地址空间看，MCS－51 单片机的存储器有 4 个地址空间，分别是 4 KB 的片内 ROM、64 KB 的片外 ROM、256 B 的片内 RAM、64 KB 的片外 RAM。

1）程序存储器

MCS－51 单片机程序存储器（ROM）的地址分布情况如图 2.11 所示，它通过 16 位地址总线，可寻址内、外 ROM 统一编址的 64 KB（0000H ～ FFFFH）地址空间，而内、外 ROM 的选择由单片机第 31 引脚 $\overline{EA}$ 的高、低电平确定。

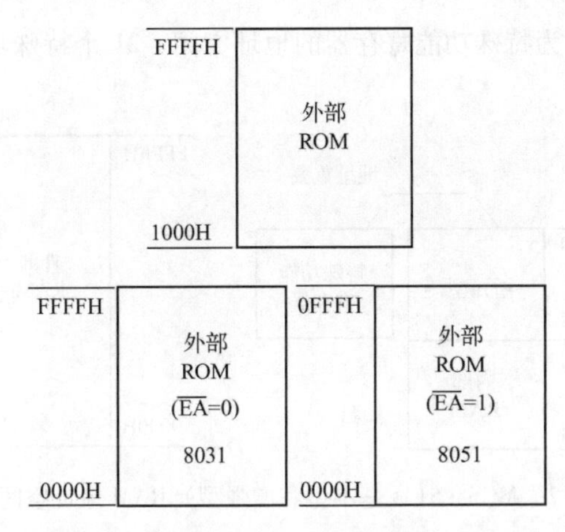

图2.11　MCS－51单片机程序存储器（ROM）的地址分布情况

（1）无论是使用片内ROM还是使用片外ROM，程序的起始地址都是从ROM的0000H单元开始的。

（2）尽管单片机可以同时具备内、外ROM，但是在一般情况下，都需要通过$\overline{EA}$的设定来选择其一。

（3）如果$\overline{EA}=1$，当程序超过片内ROM容量（4 KB：0000H～0FFFH）时，单片机就会自动转向片外ROM，并且从1000H单元开始执行程序（无法使用片外ROM的低4 KB空间）。目前，一般单片机的片内ROM容量都够，因此，很少或没必要扩展片外ROM。

（4）8031无片内ROM，地址0000H～FFFFH（64 KB）都是片外ROM空间，因此$\overline{EA}=0$。

ROM空间一般可以根据用户需要任意安排使用，但ROM中的某些地址被中断程序的入口地址占用，具体如表2.2所示。

表2.2　中断程序的入口地址

地　址	用　途	地　址	用　途
0000H	复位操作后的程序入口	0013H	外部中断1服务程序入口
0003H	外部中断0服务程序入口	001BH	定时器/计数器1中断服务程序入口
000BH	定时器/计数器0中断服务程序入口	0023H	串行I/O口中断服务程序入口

2）数据存储器

如图2.12所示，MCS－51单片机内、外数据存储器（RAM）是两个独立的地址空间，各自独立编址。片外RAM的地址范围为0000H～FFFFH，共64 KB地址空间。片内RAM是使用最多的地址空间，对51基本型单片机，只有128 B（00H～7FH）的RAM区，80H～FFH是特殊功能寄存器区；对52增强型单片机，有256 B的RAM区（00H～7FH和80H～FFH）。

结合存储器的地址分布情况，可从逻辑结构（编程角度）将MCS－51基本型单片机的存储器分为3个不同的空间：

（1）片内、片外统一编址的64 KB的ROM地址空间：0000H～FFFFH。0000H～0FFFH为片内4 KB的ROM地址空间，1000H～FFFFH为片外ROM地址空间。

（2）256 B的片内RAM地址空间：00H～FFH。00H～7FH（共128 B）为内部静态RAM

的地址空间，80H ～ FFH 为特殊功能寄存器的地址空间，21 个特殊功能寄存器离散地分布在这个区域。

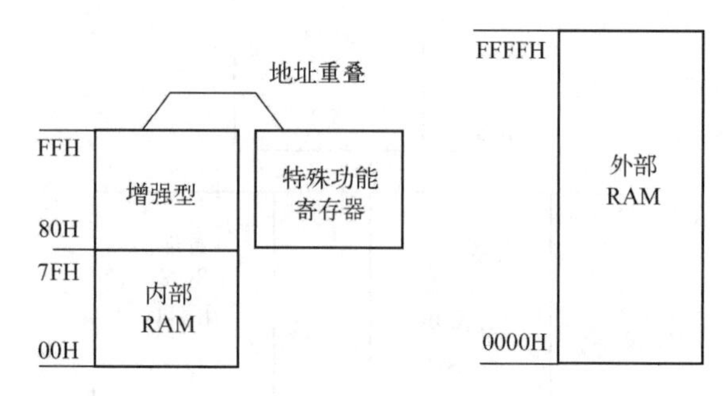

图 2.12　MCS－51（基本型和增强型）RAM 地址空间分布

（3）64 KB 的外部 RAM 地址空间：0000H ～ FFFFH。

为使片内 RAM（00H ～ 7FH）的存储空间合理利用，对低 128 B 的 RAM 划分了不同的功能区，如表 2.3 所示。

表 2.3　片内 RAM 使用分配表

工作寄存器区	寄存器 0 组（R0～R7）	00H～07H
	寄存器 1 组（R0～R7）	08H～0FH
	寄存器 2 组（R0～R7）	10H～17H
	寄存器 3 组（R0～R7）	18H～1FH
位地址区	20H～2FH	
数据缓冲区	30H～7FH	

① 00H ～ 1FH 的 32 个单元称为工作寄存器区，一共分为 4 组，使用时只能选其中一组寄存器。寄存器的选组由程序状态字 PSW（特殊功能寄存器）的 RS1 和 RS0 确定：RS1RS0＝00 时，选定寄存器 0 组；RS1RS0＝01 时，选定寄存器 1 组；RS1RS0＝10 时，选定寄存器 2 组；RS1RS0＝11 时，选定寄存器 3 组。初始化或复位时，自动选中寄存器 0 组。

② 20H ～ 2FH 的 16 个单元称为位地址区，该区既可位寻址，又可按字节寻址。

③ 30H ～ 7FH 的 80 个单元称为数据缓冲区。

3）特殊功能寄存器

I/O 口模块、中断模块、定时器模块和串口通信模块的操作是学习 MCS－51 单片机的关键，而操作这些模块的实质是对相应寄存器的正确处理。如表 2.4 所示，列出了 MCS－51 单片机内部特殊功能寄存器（简称 SFR，共有 21 个 SFR）的名称、地址及主要功能。

所谓 SFR（Special Function Registers）是指特殊功能寄存器，它用来设置片内电路的运行方式，记录电路的运行状态，并指示有关标志等。此外，并行和串行 I/O 端口也映射到 SFR，对寄存器的读/写，可实现对相应 I/O 端口的输入和输出操作。

如表 2.4 所示，21 个特殊功能寄存器不连续地分布在 80H ～ FFH 的 128 B 地址空间中，每个 SFR 占 1 B，多数字节单元中的每一位又有专用的“位名称”。表中有“*”标识的寄存器表示可按位寻址。寄存器能否按位寻址，可以将其字节地址转换成十进制数后除 8，能被“8”整除，则可按位寻址；否则，不可按位寻址。如 P1 地址为 90H，其十进制数为

144，144/8 = 18，能被“8”整除，则可按位寻址。

表2.4　MCS－51单片机内部特殊功能寄存器的名称、地址及主要功能（＊表示可按位寻址）

D7	位地址						D0	字节	SFR	寄存器名
P0.7	P0.6	P0.5	P0.4	P0.3	P0.2	P0.1	P0.0	80	P0	P0 口＊
87	86	85	84	83	82	81	80			
								81	SP	堆栈指针
								82	DPL	数据指针
								83	DPH	
SMOD								87	PCON	电源及波特率选择
TF1	TR1	TF0	TR0	IE1	IT1	IE0	IT0	88	TCON	定时器控制＊
8F	8E	8D	8C	8B	8A	89	88			
GATE	$C/\overline{T}$	M1	M0	GATE	$C/\overline{T}$	M1	M0	89	TMOD	定时器模式
								8A	TL0	T0 低字节
								8B	TL1	T1 低字节
								8C	TH0	T0 高字节
								8D	TH1	T1 高字节
P1.7	P1.6	P1.5	P1.4	P1.3	P1.2	P1.1	P1.0	90	P1	P1 口＊
97	96	95	94	93	92	91	90			
SM0	SM1	SM2	REN	TB8	RB8	TI	RI	98	SCON	串行口控制＊
9F	9E	9D	9C	9B	9A	99	98			
								99	SBUF	串行口数据
P2.7	P2.6	P2.5	P2.4	P2.3	P2.2	P2.1	P2.0	A0	P2	P2 口＊
A7	A6	A5	A4	A3	A2	A1	A0			
EA		ET2	ES	ET1	EX1	ET0	EX0	A8	IE	中断允许＊
AF		AD	AC	AB	AA	A9	A8			
P3.7	P3.6	P3.5	P3.4	P3.3	P3.2	P3.1	P3.0	B0	P3	P3 口＊
B7	B6	B5	B4	B3	B2	B1	B0			
		PT2	PS	PT1	PX1	PT0	PX0	B8	IP	中断优先权＊
		BD	BC	BB	BA	B9	B8			
CY	AC	F0	RS1	RS0	OV		P	D0	PSW	程序状态字＊
D7	D6	D5	D4	D3	D2	D1	D0			
								E0	A	A 累加器＊
E7	E6	E5	E4	E3	E2	E1	E0			
								F0	B	B 寄存器＊
F7	F6	F5	F4	F3	F2	F1	F0			

目前，单片机开发过程中主要使用两种语言：汇编语言和C语言。如果使用汇编语言则需要理解21个SFR，并要记住相对应的地址；如果使用C语言则只需要掌握15个寄存器，这

15 个寄存器按 4 个功能模块划分如下：

（1）与 I/O 口相关：P1、P2、P3、P4。

（2）与中断相关：IP、IE。

（3）与定时器相关：TMOD、TCON、TL0、TH0、TL1、TH1。

（4）与串口通信相关：PCON、SCON、SBUF。

上述的这 15 个寄存器，除与 I/O 口相关的 P1、P2、P3、P4 相对独立外，其他的 11 个寄存器通常会相互结合使用。

2.2.2 头文件

掌握 2.2.1 节的知识后，再看图 2.9 点亮二极管系统所对应的程序段：

```
/************************************
点亮二极管
************************************/
sfr P1 =0x90;
void main()
{
  P1 =0xfe;
}
```

由表 2.4 可知，单片机 P1 口的寄存器地址是 90H，语句 sfr P1 = 0x90，实现 P1 变量代表 P1 口寄存器的地址；语句 P1 = 0xfe，实现将 11111110 写入 P1 口（P1.7 ～ P1.0），从而将单片机的 P1.0 引脚设置为低电平。

在上述操作过程中，要记忆 P1 口寄存器的地址，这显然不是一件很有效率的事。为了提高编程效率，各类单片机的使用都需要编制头文件。头文件是一种声明，即对单片机中的一些常用的符号变量进行定义声明；对一些特殊功能寄存器进行声明；对一些关键字进行定义声明。比如常用的 P1 口，有了对应的头文件，并在程序开始位置键入指令#include < *.h >，那么在写程序的时候就不用定义 P1 变量，也不用把 P1 口的字节地址赋给 P1，程序中可以直接对 P1 变量进行读、写操作。reg51.h 头文件的部分语句如图 2.13 所示，该头文件含有对 P0 口的寄存器的声明语句，因此，图 2.9 的程序段可修改如下：

```
/************************************
点亮二极管
************************************/
#include <reg51.h>
void main()
{
  P1 =0xfe;
}
```

头文件一般在 Keil\C51\INC 下，INC 文件夹根目录里有不少头文件，并且还有很多以公司分类的相关产品的头文件。如果 INC 文件夹下没有需要使用的头文件，用户可以自己写，也可以去相关单片机的官网上下载，使用的时候只需要把对应头文件复制到 INC 文件夹下，使用指令#include < *.h >就可直接调用。

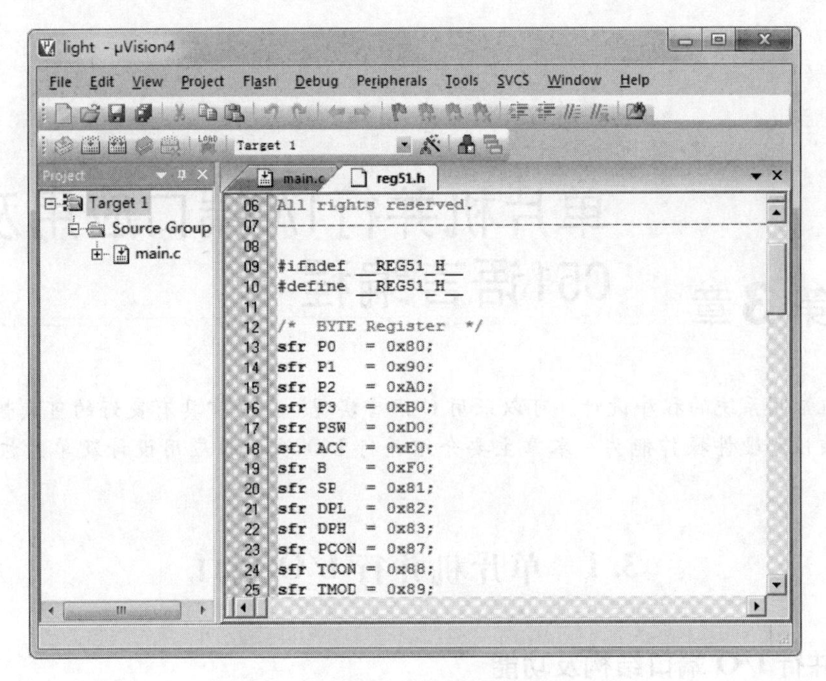

图2.13　reg51.h头文件的部分语句

小　结

本章主要讲述了MCS-51单片机最小系统的组成，包括单片机的外部引脚功能、内部结构、时钟电路和复位电路，以上内容需要熟练掌握；详细阐述了单片机的程序存储器和数据存储器的地址分配、特殊功能寄存器的功能及头文件的使用，其中，需要重点掌握15个特殊功能寄存器的功能并养成使用头文件的习惯。

习　题

1. MCS-51单片机有哪四大功能模块？每个模块对应的SFR有哪些？

2. 从物理地址看，MCS-51单片机的存储器可划分为几个空间？从逻辑结构看，MCS-51单片机的存储器又可划分为几个空间？各自的地址范围和容量是多少？

3. 在单片机片内RAM中，哪些字节可以位寻址？SFR是什么？它的哪些寄存器可以位寻址？

4. ROM和RAM可以有相同的地址，而单片机在对这两个存储区的数据进行操作时，不会发生错误，为什么？

5. 什么是复位？常见复位的形式有哪些？

6. 什么是单片机的机器周期、时钟周期和指令周期？它们之间是什么关系？

7. 头文件的功能是什么？

第3章 单片机并行I/O端口应用及C51语言编程

单片机应用系统的程序设计，可以采用 C 语言实现。C 语言具有良好的可读性、易维护性、可移植性和硬件操作能力。本章主要介绍并行 I/O 端口的应用设计及单片机 C51 语言编程。

3.1 单片机并行 I/O 端口

3.1.1 并行 I/O 端口结构及功能

1. 并行 I/O 端口结构

MCS－51 单片机共有 4 组 8 位并行 I/O 端口，分别用 P0、P1、P2、P3 表示，共占 32 根引脚，以实现数据的输入/输出功能（见图 2.2）。每个 I/O 端口既可以使用单个引脚按位操作，也可以同时使用一组中的 8 个引脚按字节操作。MCS－51 单片机 4 个 I/O 端口线路设计非常巧妙，学习 I/O 端口逻辑电路，不仅有利于正确合理地使用端口，而且会给设计单片机外围电路有所启示。

2. 并行 I/O 端口各引脚功能

MCS－51 单片机的 4 个并行端口（P0 ～ P3）每个端口均包括 8 根 I/O 端口线，总共有 32 根 I/O 端口线。每个并行端口都包含 1 个锁存器、1 个输出驱动器和输入缓冲器，但具体的结构和功能并不完全相同。在 C51 单片机中通过对这 4 个并行端口的特殊功能寄存器的访问，实现对并行端口的各种控制。这些与硬件相映射的特殊功能寄存器，既可以按字节访问，也可以按位访问，改变了对应寄存器中的值，也就改变了对应口线的状态。MCS－51 单片机是标准的 40 引脚双列直插式集成电路芯片，引脚分布见图 2.2。

P0.0 ～ P0.7：P0 口 8 位双向 I/O 口线（在引脚的 39 ～ 32 号端子）。

P1.0 ～ P1.7：P1 口 8 位准双向 I/O 口线（在引脚的 1 ～ 8 号端子）。

P2.0 ～ P2.7：P2 口 8 位准双向 I/O 口线（在引脚的 21 ～ 28 号端子）。

P3.0 ～ P3.7：P3 口 8 位准双向 I/O 口线（在引脚的 10 ～ 17 号端子）。

3.1.2 I/O 端口的工作原理

1. P0 口

（1）P0 口的结构。P0 口的口线逻辑电路如图 3.1 所示。

由图 3.1 可见，P0 口是一个多功能的三态双向口，由锁存器、输入缓冲器、切换开关、一个与非门、一个与门及场效应晶体管驱动电路构成。标号为 P0.X 引脚的图标，表示 P0.X

引脚可以是 P0.0 ～ P0.7 的任何一位。

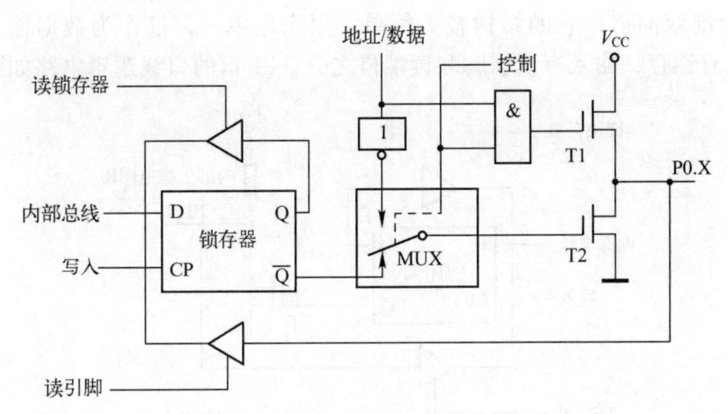

图 3.1 P0 口的口线逻辑电路

在电路中包含 1 个数据输出 D 锁存器、2 个三态数据输入缓冲器、1 个输出控制电路和 1 个输出驱动电路。输出控制电路由 1 个与门、1 个非门和 1 个多路开关 MUX 构成；输出驱动电路由场效应晶体管 T1 和 T2 构成，受输出控制电路控制，当栅极输入低电平时，T1、T2 截止；当栅极输入高电平时，T1、T2 导通。

（2）P0 口作为通用 I/O 端口使用：

① 当 P0 口作为输出口使用时，内部总线将数据送入锁存器，内部的写脉冲加在锁存器时钟端 CP 上，锁存数据到 Q 端。经过 MUX，T2 反相后正好是内部总线的数据，送到 P0 口引脚输出。

② 当 P0 口作为输入口使用时，应区分读引脚和读端口两种情况。

读引脚就是读芯片引脚的状态，这时使用下方的数据缓冲器，“读引脚”信号把缓冲器打开，把端口引脚上的数据从缓冲器通过内部总线读进来。

读端口是指通过上面的缓冲器读锁存器 Q 端的状态。读端口是为了适应对 I/O 端口进行“读－修改－写”操作语句的需要。例如下面的 C51 语句：

```
P0 = P0 & 0xf0;//将 P0 口的低 4 位引脚清 0 输出(0xf0 对应二进制数 11110000)
```

P0 口是 8051 单片机的总线口，分时出现数据 D7 ～ D0、低 8 位地址 A7 ～ A0，以及三态，用来接口存储器、外部电路与外围设备。P0 口是使用最广泛的 I/O 端口。除了 I/O 功能以外，在进行单片机系统扩展时，P0 口作为单片机系统的地址/数据线使用，一般称为地址/数据分时复用引脚。

注意：

a. 外部扩展存储器时，当作数据总线（D0 ～ D7 为数据总线接口）。

b. 外部扩展存储器时，当作地址总线（A0 ～ A7 为地址总线接口）。

c. 不扩展时，可作一般的 I/O 端口使用，但内部无上拉电阻，作为输入或输出时应在外部接上拉电阻。

通过以上的分析可以看出，当 P0 口作为地址/数据总线使用时，在读指令码或输入数据前，CPU 自动向 P0 口锁存器写入 0FFH，破坏了 P0 口原来的状态。因此，不能再作为通用的 I/O 端口，在系统设计时务必注意，即程序中不能再含有以 P0 口作为操作数（包含源操作数和目的操作数）的指令。

2. P1 口

P1 口是一个准双向口，它的结构较为简单，用途也单一，仅作为数据输入/输出端口使用。输出的信息有锁存，输入有读引脚和读端口之分。P1 口的口线逻辑电路如图 3.2 所示。

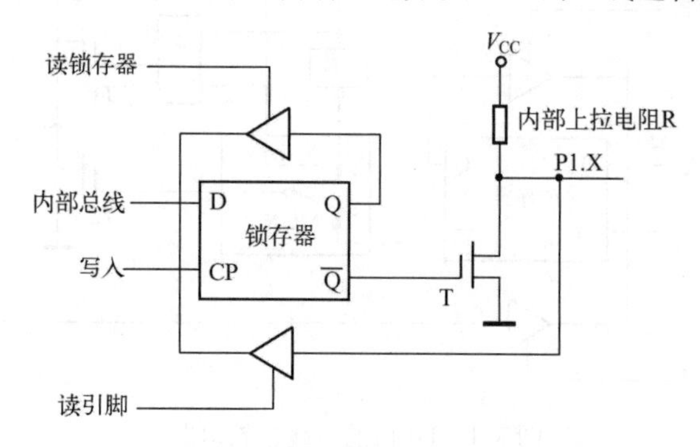

图 3.2　P1 口的口线逻辑电路

由图 3.2 可见，P1 口与 P0 口的主要差别在于，P1 口用内部上拉电阻 R 代替了 P0 口的场效应晶体管 T1，并且输出的信息仅来自内部总线。由内部总线输出的数据经锁存器反相和场效应晶体管反相后，锁存在端口线上，因此，P1 口是具有输出锁存的静态口。

注意：

P1 口是准双向口，只能作为通用 I/O 端口使用。

P1 口作为输出口使用时，无需再外接上拉电阻。

P1 口作为输入口使用时，应区分读引脚和读端口。读引脚时，必须先向电路中的锁存器写入“1”，使输出级的场效应晶体管截止。

3. P2 口

P2 口的口线逻辑电路如图 3.3 所示。

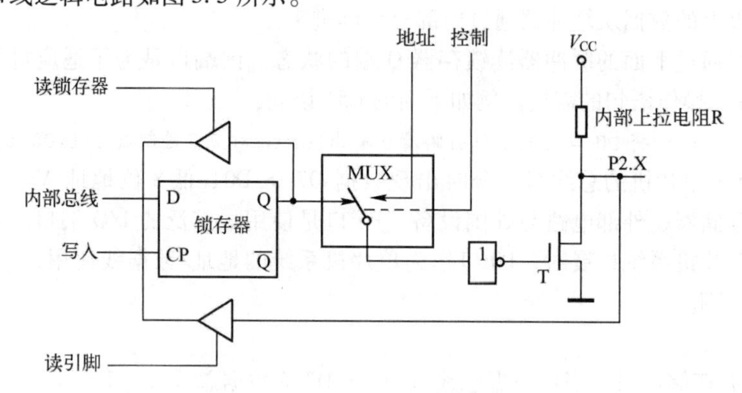

图 3.3　P2 口的口线逻辑电路

由图 3.3 可见，P2 口在片内既有上拉电阻，又有切换开关 MUX，所以 P2 口在功能上兼有 P0 口和 P1 口的特点。这主要表现在输出功能上，当切换开关向左接通时，从内部总线输出的 1 位数据经反相器和场效应晶体管反相后，输出在端口引脚线上；当切换开关向右接通时，输出的一位地址信号也经反相器和场效应晶体管反相后，输出在端口引脚线上。因此，P2 口的切换开关总是在进行切换，分时地输出从内部总线来的数据和从地址信号线来的地址。因此 P2 口是动态的 I/O 端口，输出数据虽被锁存，但不是稳定地出现在端口线上。

在输入功能方面，P2 口与 P0 口相同，有读引脚和读锁存器之分，并且 P2 口也是准双向口。

注意：

P2 口是准双向口，在实际应用中，可以用于为系统提供高 8 位地址，也能作为通用 I/O 端口使用。

P2 口作为通用 I/O 端口的输出口使用时，与 P1 口一样无须再外接上拉电阻。

P2 口作为通用 I/O 端口的输入口使用时，应区分读引脚和读端口。读引脚时，必须先向电路中的锁存器写入“1”。

4. P3 口

P3 口是一个多功能准双向口，第一功能是作为通用 I/O 端口使用，其功能和原理与 P1 口相同，可以驱动 4 个 TTL 负载。第二功能是作为控制和特殊功能口使用，可以字符访问也可以位访问。P3 口的口线逻辑电路如图 3.4 所示。

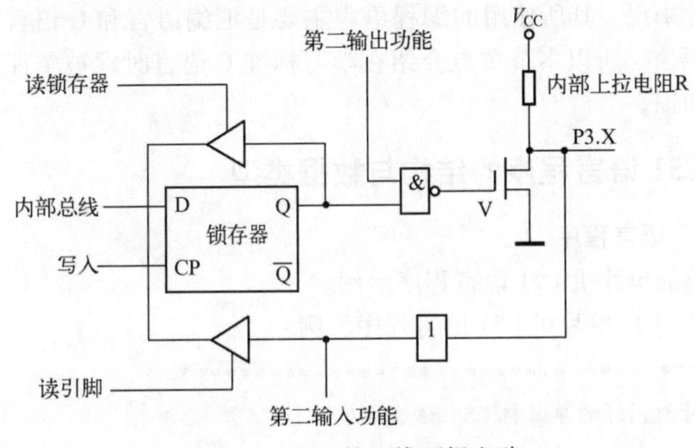

图 3.4 P3 口的口线逻辑电路

由图 3.4 可见，P3 口和 P1 口的结构相似，区别仅在于 P3 口的各端口线有两种功能选择。当处于第一功能时，第二输出功能线为“1”，此时，内部总线信号经锁存器和场效应晶体管输入/输出，其作用与 P1 口作用相同，也是静态准双向 I/O 端口；当处于第二功能时，锁存器输出“1”，通过第二输出功能线输出特定的内含信号，在输入方面，既可以通过缓冲器读入引脚信号，还可以通过替代输入功能读入片内的第二功能信号。由于输出信号锁存并且有双重功能，故 P3 口为静态双功能端口。P3 口的特殊功能（即第二输出功能）见表 3.1。

表 3.1 P3 口的特殊功能（即第二输出功能）

口 线	第二输出功能	信号名称
P3.0	RXD	串行数据接收
P3.1	TXD	串行数据发送
P3.2	INT0	外部中断 0 申请
P3.3	INT1	外部中断 1 申请
P3.4	T0	定时器/计数器 0 计数输入
P3.5	T1	定时器/计数器 1 计数输入
P3.6	WR	外部 RAM 写选通
P3.7	RD	外部 RAM 读选通

P3 口处于第二功能的条件是：

（1）串行 I/O 端口处于运行状态（RXD，TXD）。

（2）打开了外部中断（INT0，INT1）。

（3）定时器/计数器处于外部计数状态（T0，T1）。

（4）执行读写外部 RAM 的指令（RD，WR）。

在应用中，如不设定 P3 口各位的第二功能（RD，WR 信号的产生不用设置），则 P3 口线自动处于第一功能状态，也就是静态 I/O 端口的工作状态。在更多的场合是根据应用的需要，把几条端口线设置为第二功能，而另外几条端口线处于第一功能运行状态。在这种情况下，不宜对 P3 口进行字节操作，需要采用位操作的形式。

3.2 单片机 C51 语言程序

对于单片机设计来说，其所使用的编程语言主要是汇编语言和 C 语言两种。本书所使用的编程语言均为 C 语言，所以本节重点介绍在学习标准 C 语言时常被忽视而在单片机编程中又经常使用的一些知识。

3.2.1 单片机 C51 语言程序的结构与数据类型

1. 一个简单的 C 语言程序

先来看一个简单的单片机 C51 语言程序示例。

【**例 3.1**】一个简单的单片机 C51 语言程序示例。

```
1  /********************************************
2   控制 8 个信号灯闪烁的单片机 C51 语言程序
3  ********************************************/
4  #include <reg52.h>              //包含头文件
5  void Delay_Ms(uint ms);         //延时函数声明
6  /********************************
7  函数名称:main
8  函数功能:主函数
9  输入参数:无
10 输出参数:无
11  ***********************************/
12   void main()
13   {
14       while(1)
15       {
16         P1 = 0xff;              //将 P1 口的 8 位引脚置 1,熄灭 8 个 LED
17         Delay_Ms(1000);         //延时
18         P1 = 0x00;              //将 P1 口的 8 位引脚清 0,点亮 8 个 LED
19         Delay_Ms(500);          //延时
20       }
```

```
21 }
22 /*************************************
23 函数名称:Delay_Ms
24 函数功能:延时毫秒级别
25 输入参数:要延时的毫秒数
26 输出参数:无
27  *************************************/
28  void Delay_Ms(uint ms)        //延时函数,变量 ms 为形式参数
29  {
30      uchar i;                  //定义无符号字符型变量 i
31      while(ms--)               //双重循环语句实现软件延时
32      {
33          for(i=0;i<200;i++);
34      }
35  }
```

程序说明：

在本程序中，第 1 ～3 行为说明该程序功能的注释语句。“//” 是单行注释符号，用来说明相应语句的意义，方便程序的编写、调试及维护工作，提高程序的可读性。单片机 C51 语言程序的第一条语句通常都是注释语句，用于说明该程序的名称、功能及注意事项等。

第 4 行：#include <reg52.h>是文件包含语句，表示将语句中指定文件的全部内容复制到程序中，reg52.h 是 Keil C51 编译器提供的头文件，该文件包含了 MCS－51 单片机特殊功能寄存器 SFR 和位名称的定义。reg52.h 是为了通知 C51 编译器，程序中用到的符号 P1 指的是 MCS－51 单片机的 P1 口。

第 5 行：延时函数声明。在单片机 C51 语言中与标准 C 语言一样，函数必须遵循先声明、后调用的原则。

第 12 ～21 行：定义主函数 main()。main 函数是 C 语言中的主函数，也是程序开始执行的函数。

第 28 ～35 行：定义延时函数 Delay_Ms()，控制发光二极管的闪烁速度。

2. 单片机 C51 语言程序基本结构

单片机 C51 语言程序的结构与标准 C 语言程序的结构基本是相同的。

一个单片机 C51 语言源程序由一个或若干个函数组成，每一个函数具有相对独立的功能。每个程序都必须有（且仅有）一个主函数 main()，程序的执行总是从主函数开始的，调用其他函数后返回主函数 main()，不管函数的排列顺序如何，最后在主函数中结束整个程序。

一个函数由两部分组成：函数定义和函数体。

函数定义部分包括函数名、函数类型、函数属性、函数参数名、参数类型等。

main()函数后面大括号内的部分称为函数体，函数体由定义数据类型的说明部分和实现函数功能的执行部分组成。

单片机 C51 语言程序中可以有预处理命令，预处理命令通常放在源程序的最前面。

单片机 C51 语言程序使用“;”作为语句的结束符，一条语句可以多行书写，也可以一行书写多条语句。

3. 单片机 C51 语言中的数据类型

数据类型是指数据的存储格式。单片机 C51 语言所使用的数据类型除标准 C 语言中所规定的 int（整型）、float（单精度实型）、double（双精度实型）、char（字符型）等数据类型之外，还经常使用一些特殊的扩展数据类型。单片机 C51 语言支持的数据类型如表 3.2 所示。

表 3.2 单片机 C51 语言支持的数据类型

数据类型	位 数	字 节 数	取 值 范 围
unsigned char	8	单字节	0～255
signed char	8	单字节	-128～+127
unsigned int	16	双字节	0～65 535
signed int	16	双字节	-32 768～+32 767
unsigned long	32	四字节	0～4 294 967 295
signed long	32	四字节	-2 147 483 648～+2 147 483 647
float	32	四字节	±1.175494E-38～±3.402823E+38
bit	1		0、1
sbit	1		0、1
sfr	8	单字节	0～255

标准 C 语言和单片机 C51 语言相同的数据类型不再详细说明，下面主要解释单片机 C51 语言扩展的数据类型。

（1）bit 位标量。bit 位标量是 C51 单片机编译器的一种扩充数据类型，利用它可以定义一个位标量，但不可以用它定义位指针，也不能定义位数组。bit 位标量的值是一个二进制数，其取值为 0 或 1。

例如：

```
bit flag=0;    //定义位变量 flag,并赋值为 0
```

（2）sfr 特殊功能寄存器。sfr 也是 C51 单片机编译器的一种扩充数据类型，它占用一个内存单元，值域为 0～255。利用它可以访问 C51 单片机内部的所有特殊功能寄存器。

例如：

```
sfr  P1=0x90;
```

即把二进制数 10010000（十六进制的 0x90）按位赋值给 P1 口的片内相应寄存器，也就是将其引脚的电平根据赋值进行设置。若赋值 1，则对应引脚电平置为高电平；若赋值 0，则对应引脚电平置为低电平。

（3）sbit 可寻址位。sbit 是 C51 单片机编译器的一种扩充数据类型，利用它可以访问芯片内部 RAM 中的可寻址位或特殊功能寄存器中的可寻址位。

例如：

已经定义了 sfr P1=0x90；由于 P1 口的寄存器是可位寻址的，因此，可以定义

```
sbit  P1_1=P1^1;
```

其含义为，定义 P1_1 为 P1 口中的 P1.1 引脚。

再例如，设有寻址变量 ajf，则可以用 sbit 声明新的变量，来访问它的各个位：

```
sbit  ssat0 =ajf^0;          //可寻址变量 ajf 的第 0 位
sbit  ssat15 =ajf^12;        //可寻址变量 ajf 的第 12 位
```

在上例中，用“^”符号后的数值来指定位的位置。

3.2.2　单片机 C51 语言中的位运算

1. 位运算符

单片机 C51 语言能对运算对象进行按位操作，从而使 C 语言能具有一定的对硬件直接进行操作的能力。位运算符的作用是按位对变量进行运算，但是并不改变参与运算的变量的值。如果要求按位改变变量的值，则要利用相应的赋值运算。位运算符只能对整型数据操作，不能对浮点型数据进行操作。

单片机 C51 语言编程中共有 6 种位运算符：

&（按位与）、|（按位或）、^（按位异或）、～（取反）、<<（左移）、>>（右移）。

位运算符也有优先级，从高到低依次是：

～(取反)→<<(左移)→>>(右移)→&(按位与)→^(按位异或)→|(按位或)。

2. 按位与运算

按位与运算符“&”是双目运算符。其功能是参与运算的两数各对应的二进制位相与。只有对应的两个二进制位均为 1 时，结果位才为 1，否则为 0。参与运算的数以补码方式出现。

例如：9 & 5 可写成算式如下：

```
  00001001（9 的二进制补码）
& 00000101（5 的二进制补码）
  00000001（1 的二进制补码）
```

可见 9&5 =1。

按位与运算通常用来对某些位清 0 或保留某些位。例如把 a 的高 8 位清 0，保留低 8 位，可进行 a & 0x00ff 运算（0x00ff 的二进制数为 0000000011111111）。

【例 3.2】按位与运算示例。

```
#include <reg51.h>
#include <stdio.h>
void  main()
{
    int a,b,c;
    a =9;
    b =5;
    c =a&b;
    while(1){
      printf("a =% d/nb =% d/nc =% d/n",a,b,c);
    }
}
```

程序运行结果如图 3.5 所示。

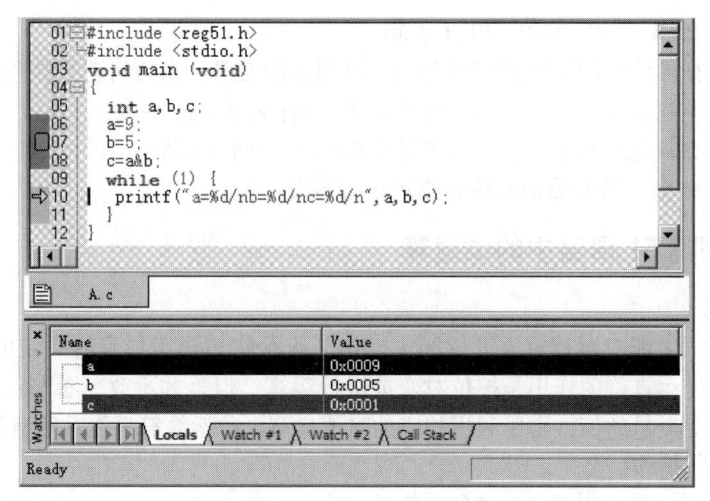

图 3.5　按位与运算示例

3. 按位或运算

按位或运算符“|”是双目运算符。其功能是参与运算的两数各对应的二进制位相或。只要对应的两个二进制位有一个为 1 时，结果位就为 1。参与运算的数均以补码方式出现。

例如：9|5 可写算式如下：

```
  00001001
| 00000101
----------
  00001101(十进制为 13)
```

可见 9|5 = 13。

【例 3.3】按位或运算示例。

```
#include <reg51.h>
#include <stdio.h>
void main()
{
    int a,b,c;
    a = 9;
    b = 5;
    c = a |b;
    while(1){
      printf("a = % d/nb = % d/nc = % d/n",a,b,c);
    }
}
```

程序运行结果如图 3.6 所示（图中十六进制数 0x000D 为十进制数的 13）。

4. 按位异或运算

按位异或运算符“^”是双目运算符。其功能是参与运算的两数各对应的二进制位相异或，当两对应的二进制位相异时，结果为 1。参与运算的数仍以补码方式出现。

例如：9^5 可写成算式如下：

```
  00001001
^ 00000101
----------
  00001100(十进制为 12)
```

可见 9^5 = 12。

【例 3.4】按位异或运算示例。

```
#include <reg51.h>
#include <stdio.h>
void main()
{
    int a,b,c;
    a=9;
    b=5;
    c=a^b
    while(1){
      printf("a=% d/n",a);
    }
}
```

程序运行结果如图 3.7 所示（图中十六进制数 0x000C 为十进制数的 12）。

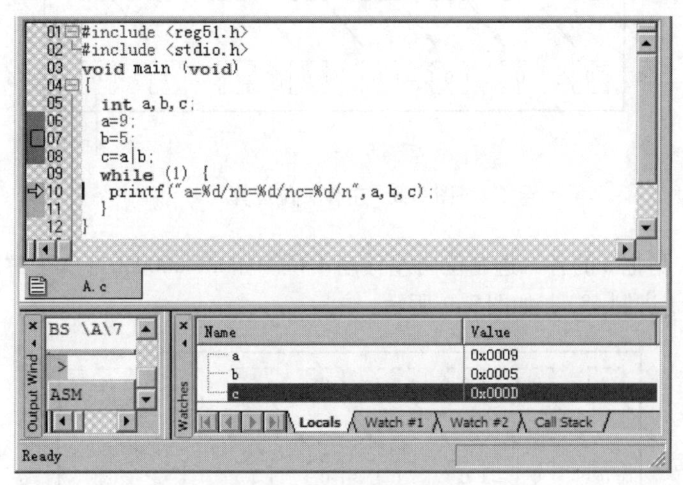

图 3.6　按位或运算示例

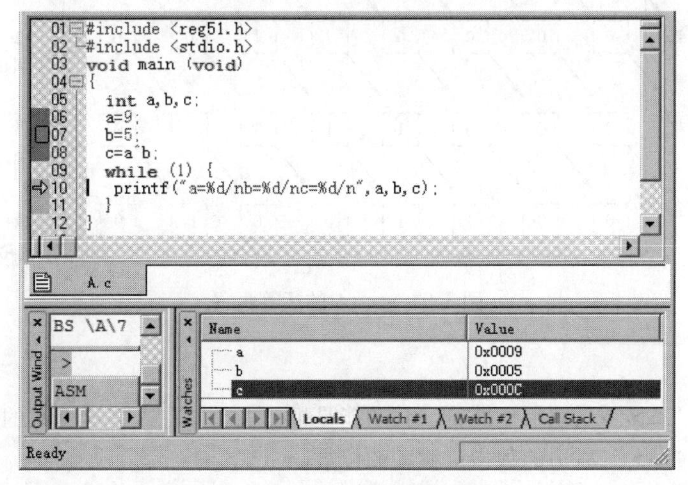

图 3.7　按位异或运算示例

5. 取反运算

取反运算符“～”是单目运算符，具有右结合性。其功能是对参与运算的数的各二进制位按位求反。

例如，～9 的运算为～(0000000000001001)

结果为：1111111111110110。

再例如，对于一个整数 x，如果要把它的每个位都置 1，那么可以写成：

```
x =～0; // 每位都是 0,取反后就是全为 1 了
```

这样做的好处是，可以不管这个整数 x 是多少位的，编译器会自动生成合适的数。

6. 左移运算

左移运算符“ << ”是双目运算符。其功能是把“ << ”左边的运算数的各二进制位全部左移若干位，由“ << ”右边的数指定移动的位数，高位舍去，低位补 0。左移 1 位运算如图 3. 8 所示。

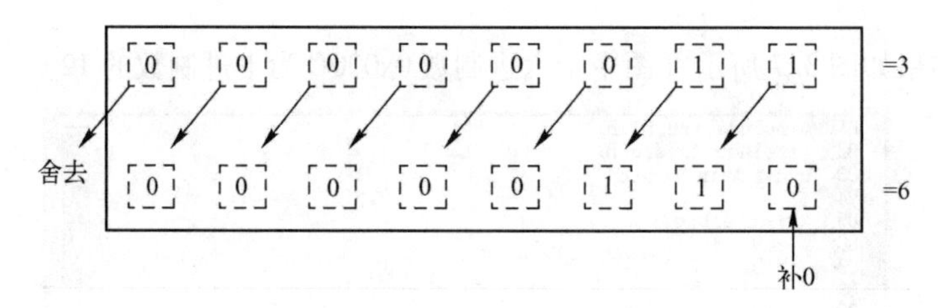

图 3. 8　左移 1 位运算

例如：a <<4 指把 a 的各二进制位向左移动 4 位。如 a = 00000011（十进制 3），左移 4 位后为 00110000（十进制 48），如图 3. 9 所示。

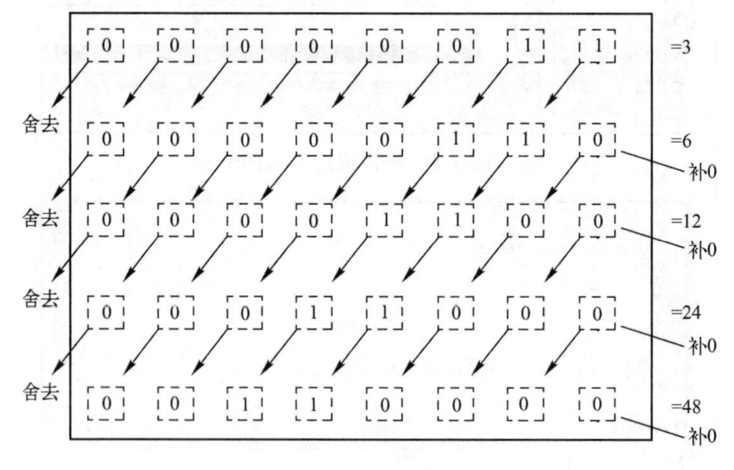

图 3. 9　a <<4 的运算过程

7. 右移运算

右移运算符“ >> ”是双目运算符。其功能是把“ >> ”左边的运算数的各二进制位全部右移若干位，由“ >> ”右边的数指定移动的位数。

例如：设 a = 15，a >>2 表示把 000001111 右移为 00000011（十进制 3）。

应说明的是，对于有符号数，在右移时，符号位将随同移动。当为正数时，最高位补0，而为负数时，符号位为1，最高位是补0或是补1取决于编译系统的规定。

【例3.5】右移运算示例。

```
#include < reg51. h >
#include < stdio. h >
void  main()
{
    int a,b,c;
    a =15;
    b = a >>2;
    c = a&15;
    while(1){
      printf("a = % d/nb = % d/n c = % d/n",a,b,c);
    }
}
```

程序运行结果如图3.10所示。

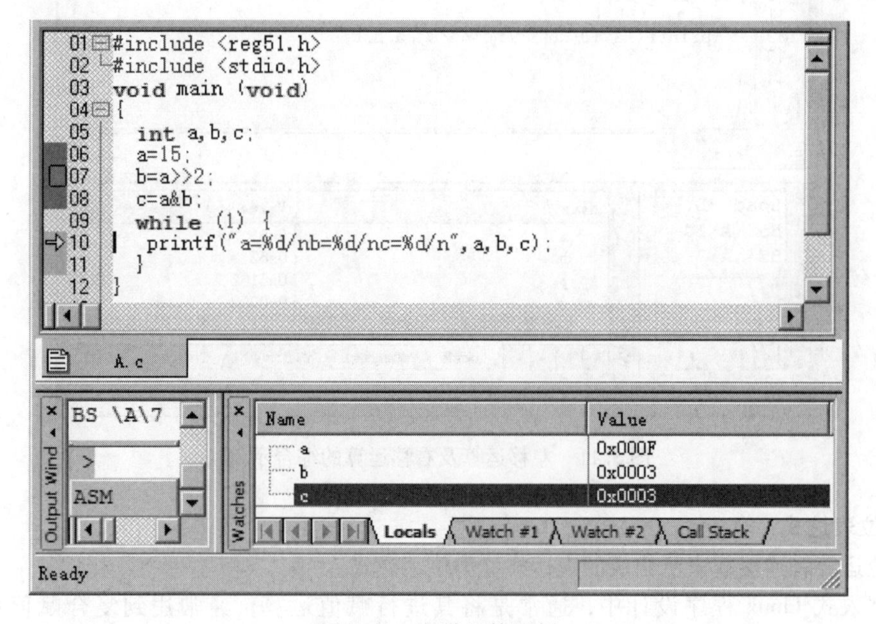

图3.10　右移运算示例

请再看一个左移运算及右移运算的综合示例。

【例3.6】左移运算及右移运算的综合示例。

```
#include < reg51. h >
#include < stdio. h >
void main()
{
    char a = 'a',b = 'b';
```

```
    int p,c,d;
    p=a;
    p=(p<<8)|b;
    d=p&0xff;
    c=(p&0xff00)>>8;
    while(1){
      printf("a=% d/nb=% d/nc=% d/nd=% d/n",a,b,c);
    }
}
```

程序运行结果如图 3.11 所示。

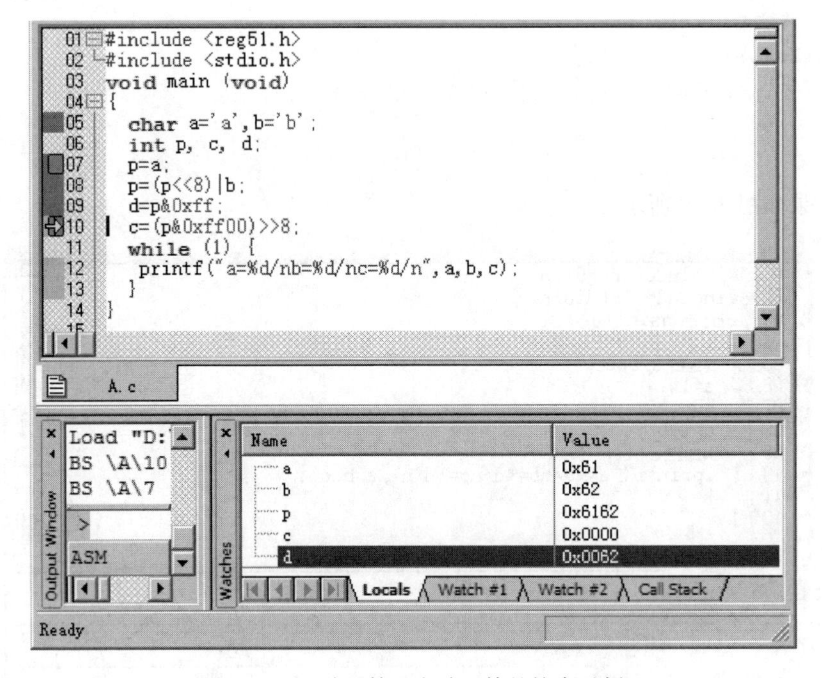

图 3.11　左移运算及右移运算的综合示例

8. 位表达式

将位运算符连接起来所构成的表达式称为位表达式。

在嵌入式 Linux 程序设计中，通常是将其进行赋值运算，经常用到复合赋值操作符，比如：

```
a<<=5;
```

就等价于：

```
a=a<< 5;
```

再比如：

```
GPDR&=~0xff;
```

将其展开，就成为 GPDR = GPDR &(~0xff)；

接下来的步骤就简单了，即 GPDR = GPDR & 0x00；

完成了对 GPDR 的清 0。

一个常用的操作是用 & 来获取某位或者某些位。例如，获取整数 x 中的低 4 位可以写成

```
x &=0x0F;
x=x&0x0F;
```

也可以用 |、&、<<、>> 等配合来设置和清除某位或者某些位。例如：

(1) x &=0x1;

```
即  x=x & 0x1; //  清除 x 的最后一位,即第 0 位
```

(2) x &=(0x1 <<5);

```
即  x=x &(0x1 <<5); //  清除 x 的低 5 位
```

(3) x |=0x1;

```
即  x=x |0x1; //  将 x 的最后一位(即第 0 位)设置为 1
```

(4) x |=(0x1 <<6);

```
即  x=x |(0x1 <<6); //  将 x 的第 6 位设置为 1
```

3.3　I/O 端口应用设计

3.3.1　单片机 I/O 端口控制发光二极管原理

1. 发光二极管

发光二极管（Light Emitting Diode，LED）是一种由半导体材料制成的能直接将电能转变成光能的发光显示器件。起初多用作指示灯、显示发光二极管板等；随着白光 LED 的出现，也被用作照明。

LED 被称为第四代照明光源或绿色光源，具有节能、环保、使用寿命长、体积小等特点，广泛应用于各种指示、显示、装饰、背光源、普通照明和城市夜景等领域。根据使用功能的不同，可以将其划分为信息显示、信号灯、车用灯具、液晶屏背光源、通用照明五大类。直插式 LED 外形如图 3.12 所示。

2. 单片机 I/O 端口控制 LED

单片机 I/O 端口控制 LED 的亮灭，其电路原理图如图 3.13 所示。

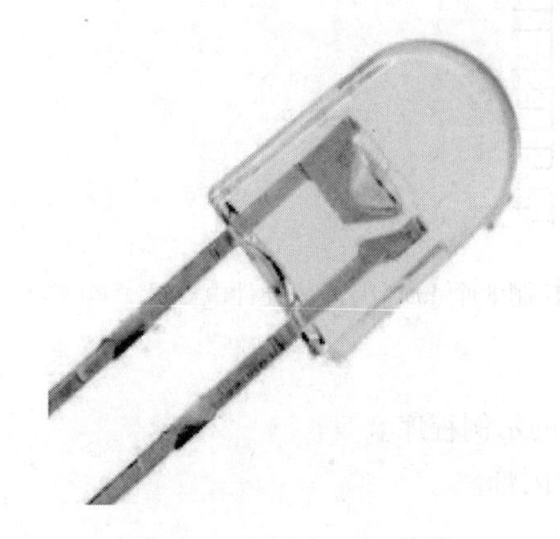

图 3.12　直插式 LED 外形

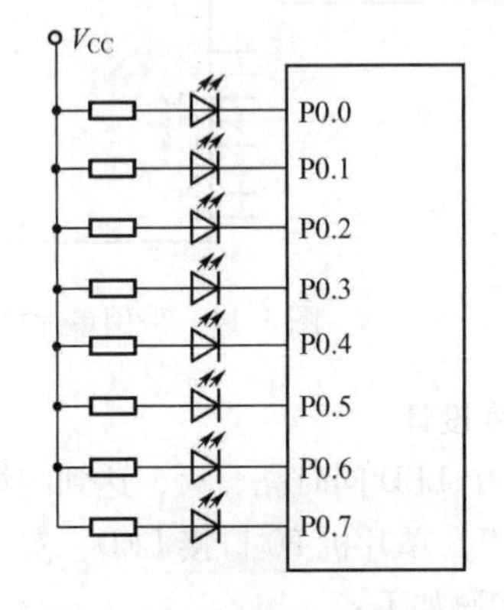

图 3.13　单片机 I/O 端口控制 LED 电路原理图

由前面关于P0口的工作原理介绍可知，当P0口作输出口时，内部数据总线上的信息由写脉冲锁存至输出锁存器（见图3.1）。

当输入D=0时，Q=0，而 $\bar{Q}=1$，T2导通，P0口引脚输出“0”；

当输入D=1时，Q=1，而 $\bar{Q}=0$，T2截止，P0口引脚输出“1”。

由此可见，内部数据总线与P0口是同相位的。

P0口驱动LED时，需要用约1 kΩ的上拉电阻。如果希望亮度大一些，电阻值可减小，但一般不要小于200 Ω，否则电流太大；如果希望亮度小一些，电阻值可适当增大。一般来说，上拉电阻超过3 kΩ以上时，亮度就很弱了。通常P0口驱动LED时，上拉电阻选用1 kΩ。

3.3.2 LED的流水灯控制设计

1. 设计要求

（1）实现8个LED同时亮、灭，达到闪烁的效果。

（2）8个LED依次闪烁，其余均为“灭”的状态。

（3）利用数组数据实现8个LED流水灯控制。

（4）利用移位指令实现8个LED流水灯控制。

2. 电路设计

采用单片机P0口控制8个LED闪烁的硬件电路如图3.14所示（Proteus绘制）。单片机P0口直接控制LED，8个LED的阳极经过限流电阻并联在一起与电源相连，限流电阻起到限流作用。当P0口的引脚输出为低电平“0”时，相应的LED被点亮。

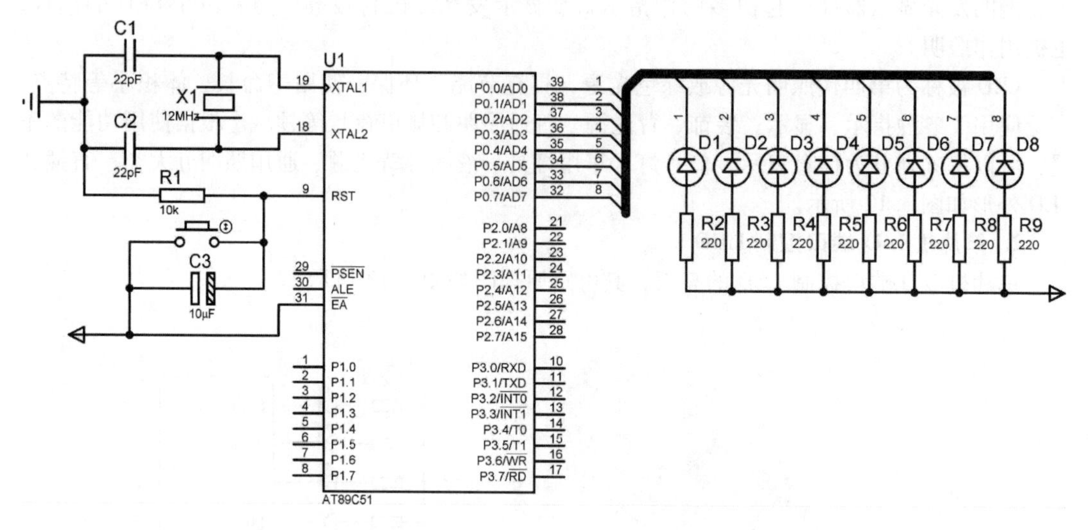

图3.14 采用单片机P0口控制8个LED闪烁的硬件电路

3. 程序设计

（1）8个LED同时亮、灭，达到闪烁效果的示例程序。

【例3.7】 单片机P0口接LED，实现LED闪烁。

程序代码如下：

```
/ ************************************
P0 口接 LED,实现 LED 闪烁
```

```
**********************************/
#include <reg52.h>
#include <absacc.h>
#define uint unsigned int
#define uchar unsigned char

/**********************************
函数名称:Delay_Ms
函数功能:延时毫秒级别
输入参数:要延时的毫秒数
输出参数:无
**********************************/
void Delay_Ms(uint ms)
{
    uchar i;
    while(ms--)
    {
        for(i=0;i<120;i++);
    }
}

/**********************************
函数名称:main
函数功能:程序入口
输入参数:无
输出参数:无
**********************************/
void main()
{
    while(1)
    {
        P0=0xff;          //将P0口的8位引脚置1,熄灭8个LED(0xff转换二进制为
                          //11111111)
        Delay_Ms(500);    //延时
        P0=0x00;          //将P0口的8位引脚清0,点亮8个LED
        Delay_Ms(500);    //延时
    }
}
```

(2) 8个LED依次闪烁，其余均为“灭”的状态的示例程序。

【例3.8】控制8个LED依次闪烁的程序。

程序代码如下:

```
/*********************************************
P0 口接 LED,8 个 LED 依次闪烁
*********************************************/
#include <reg52.h>
#include <absacc.h>
#define uint unsigned int
#define uchar unsigned char

/*********************************
函数名称:Delay_Ms
函数功能:延时毫秒级别
输入参数:要延时的毫秒数
输出参数:无
*********************************/
void Delay_Ms(uint ms)
{
    uchar i;
    while(ms--)
    {
        for(i=0;i<120;i++);
    }
}

/*********************************
函数名称:main
函数功能:程序入口
输入参数:无
输出参数:无
**********************************/
void main()
{
    while(1)//无限循环
    {
        P0=0xfe;            //第 1 个 LED 亮(0xfe 转换二进制为 11111110)
        Delay_Ms(500);      //调用延时函数
        P0=0xfd;            //第 2 个 LED 亮(0xfd 转换二进制为 11111101)
        Delay_Ms(500);      //调用延时函数
        P0=0xfb;            //第 3 个 LED 亮(0xfb 转换二进制为 11111011)
        Delay_Ms(500);      //调用延时函数
        P0=0xf7;            //第 4 个 LED 亮(0xf7 转换二进制为 11110111)
        Delay_Ms(500);      //调用延时函数
        P0=0xef;            //第 5 个 LED 亮(0xef 转换二进制为 11101111)
        Delay_Ms(500);      //调用延时函数
```

```
        P0 =0xdf;              //第 6 个 LED 亮(0xdf 转换二进制为 11011111)
        Delay_Ms(500);         //调用延时函数
        P0 =0xbf;              //第 7 个 LED 亮(0xbf 转换二进制为 10111111)
        Delay_Ms(500);         //调用延时函数
        P0 =0x7f;              //第 8 个 LED 亮(0x7f 转换二进制为 01111111)
        Delay_Ms(500);         //调用延时函数
    }
}
```

程序输入完成后，进行编译、连接，生成二进制代码文件.HEX文件，然后下载到单片机的程序存储器中。

（3）利用数组数据实现8个LED流水灯控制的示例程序。

【例3.9】 利用数组数据实现8个LED流水灯控制的程序。

流水灯就是要求8个LED按照一定的规律闪烁，电路原理图如图3.14所示。

单片机是怎样控制LED闪烁的呢？由电路原理图可知，8个LED是由P0口的8个I/O口控制的，现在用1个8位二进制数来表示这8个口（从高位到低位分别是P0.7、P0.6、P0.5、P0.4、P0.3、P0.2、P0.1、P0.0）。要求这8个LED逐个依次点亮，用二进制数表示则为

11111110,11111101,11111011,11110111,11101111,11011111,10111111,01111111

其对应的十六进制数为

0xfe, 0xfd, 0xfb, 0xf7, 0xef, 0xdf, 0xbf, 0x7f

以上数据都是常量，把它们赋初始值给数组变量，然后依次送到P0口，就可以实现LED流水灯的控制了。

```
unsigned char tab[]={0xfe,0xfd,0xfb,0xf7,0xef,0xdf,0xbf,0x7f};
```

程序代码如下：

```
/*************************************************************
P0 口接 LED,利用数组数据实现 8 个 LED 流水灯控制
*************************************************************/
#include <reg52.h>
void Delay_Ms(unsigned int t);
unsigned char tab[]={0xfe,0xfd,0xfb,0xf7,0xef,0xdf,0xbf,0x7f};
/*************************************
函数名称:main
函数功能:程序入口
输入参数:无
输出参数:无
*************************************/
void main(void)
{
    unsigned char i;
    while(1)
    {
      for(i=0;i<8;i++)
```

```
            {
              P0 = tab[i];
              Delay_Ms(5000);
            }
        }
}

/ * * * * * * * * * * * * * * * * * * * * * * * * * * *
函数名称:Delay_Ms()
形    参:unsigned int t
函数功能:延时
* * * * * * * * * * * * * * * * * * * * * * * * * * * /
void Delay_Ms(unsigned int t)
{
    unsigned int x,y;
    for(x = t;x > 0;x - - )
    for(y = 50;y > 0;y - - );
}
```

可以用 Keil 软件仿真 LED 流水灯的运行情况。对程序进行编译、连接、调试后，进入调试界面。选择 Peripherals → I/O Ports → Port 0 命令，调出 Port 0 窗口。单击 Run 按钮，运行程序并查看结果，如图 3.15 所示。

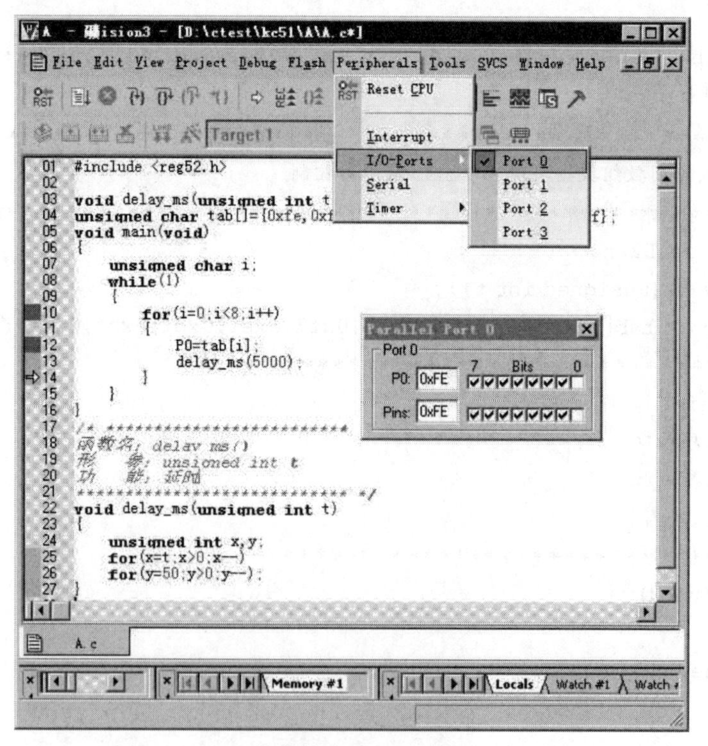

图 3.15　Keil 软件仿真 LED 流水灯的运行情况

(4) 利用移位指令实现 8 个 LED 流水灯控制的示例程序。

【例 3.10】P0 口接 LED，利用移位指令实现 8 个 LED 流水灯控制的程序。

程序代码如下：

```
/*************************************************
P0 口接 LED,利用移位指令实现 8 个 LED 流水灯控制
*************************************************/
#include <reg52.h>                  //包含单片机寄存器的头文件
#include <absacc.h>
#define uint unsigned int
#define uchar unsigned char

unsigned chartemp;
unsigned chara, b;

/************************************
函数名称:Delay_Ms
函数功能:延时毫秒级别
输入参数:要延时的毫秒数
输出参数:无
************************************/
void Delay_Ms(uint ms)
{
    uchar i;
    while(ms--)
    {
      for(i=0;i<120;i++);
    }
}

/************************************
函数名称:main
函数功能:程序入口
输入参数:无
输出参数:无
************************************/
void main(void)
{
  unsigned char i;
  while(1)                          //无限循环
  {
    temp=0xfe;
    p1=temp;
```

```
    Delay_Ms(500);              //调用延时函数
    for(i=1; i<8; i++)
   {
    a=temp<<i;
    b=temp>>(8-i);
    p1=a|b;
    Delay_Ms(500);              //调用延时函数
   }
   for(i=1; i<8; i++)
   {
    a=temp>>i;
    b=temp<<(8-i);
    p1=a|b;
    Delay_Ms(500);              //调用延时函数
   }
  }
 }
```

3.3.3 P1 口输入，P0 口输出功能的控制设计

1. 设计要求

通过拨动开关，把 8 位数送到 P1 口，程序读入后，送到 P0 口显示。

2. 电路设计

电路原理图如图 3.16 所示（Proteus 绘制）。

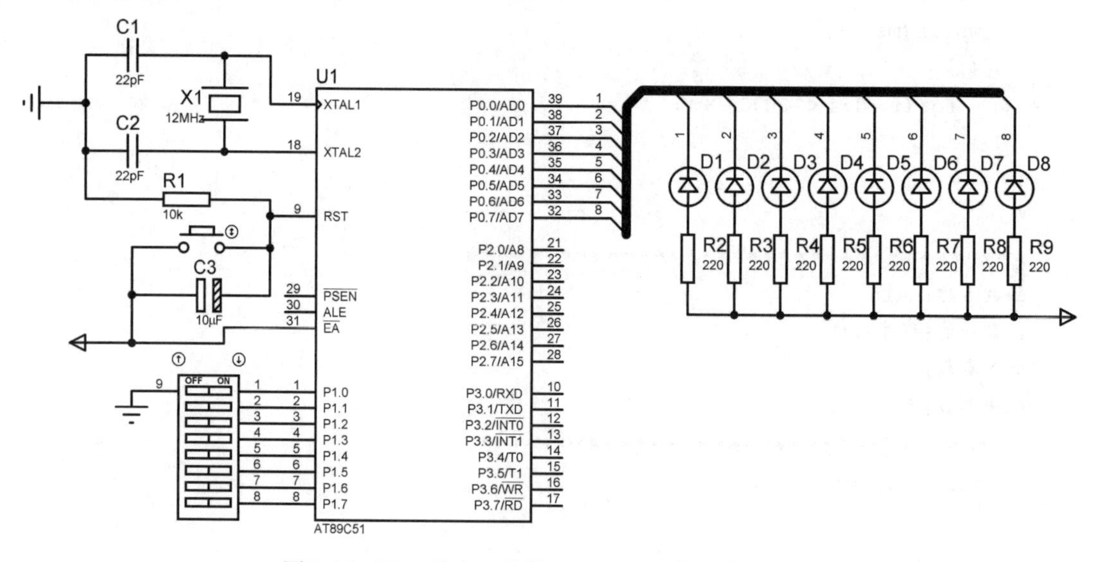

图 3.16 P1 口输入 8 位数，P0 口显示的电路原理图

3. 程序设计

【例 3.11】 P0 口接 LED，P1 口接拨码开关，通过 LED 显示拨码开关的值。

程序代码如下：

```
/*****************************************************
P0 口接 LED,P1 口接拨码开关,通过 LED 显示拨码开关的值
*****************************************************/
#include <reg52.h>
#include <absacc.h>
#define uint unsigned int
#define uchar unsigned char

#define key P1
#define led P0

/***********************************
函数名称:main
函数功能:程序入口
输入参数:无
输出参数:无
***********************************/
void main()
{
    while(1)
    {
      led=key;
    }
}
```

3.3.4　P2 口输出功能的控制设计

1. 设计要求

用 P2.4 口作输出口，控制继电器的开合，以实现对 LED 的控制。

2. 电路设计

电路原理图如图 3.17 所示（Proteus 绘制）。

3. 程序设计

【例 3.12】 P2.4 口接继电器，通过继电器控制 LED 的亮灭。

程序代码如下：

```
/*************************************
P2.4 口接继电器,通过继电器控制 LED 的亮灭
**************************************/
#include <reg52.h>
#include <absacc.h>
#define uint unsigned int
#define uchar unsigned char

sbit led=P2^4;   //定位到 P2 口的第 4 位,sbit 为可独立寻址的位变量
```

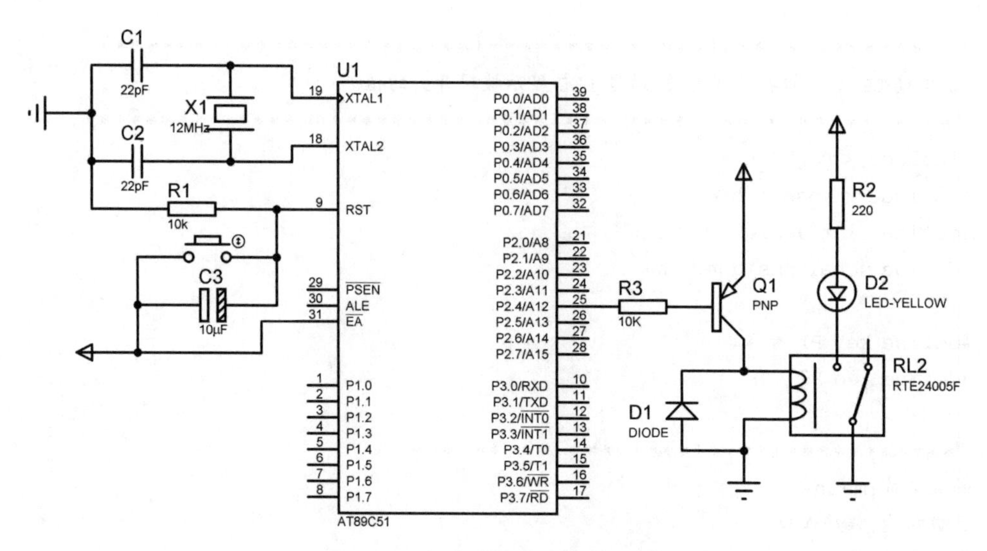

图 3.17　P2 口控制继电器原理图

```
/************************************
函数名称:Delay_Ms
函数功能:延时毫秒级别
输入参数:要延时的毫秒数
输出参数:无
************************************/
void Delay_Ms(uint ms)
{
    uchar i;
    while(ms--)
    {
      for(i=0;i<120;i++);
    }
}

/************************************
函数名称:main
函数功能:程序入口
输入参数:无
输出参数:无
************************************/
void main()
{
  bit flag=0;
  while(1)
  {
    led=flag;
    Delay_Ms(500);
```

```
    led=!flag;
    Delay_Ms(500);
  }
}
```

小 结

本章介绍了单片机C51语言编程，其中重点介绍了在学习标准C语言时常被忽视而在单片机编程中又经常使用的一些知识。

本章还对单片机的并行I/O端口技术进行了介绍，重点训练了单片机控制LED闪烁的编程方法。读者在学习完本章内容后，应重点掌握以下知识：

（1）单片机并行I/O端口的结构和操作方法。

（2）单片机C51语言结构及编程方法。

（3）单片机C51语言对单片机并行I/O端口的操作方法。

习 题

1. P0口如何实现地址与数据的复用？

2. 为什么P0口作为输入使用时，要先向P0口写“1”？

3. 列举P3口的第二功能。

4. 某单片机控制系统有8个LED。试画出AT89S52与外设的连接图并编程，使它们由左向右轮流点亮。

5. LED的阳极接在P1.0引脚上，电路原理图如图3.18所示（Proteus绘制），请编写程序使LED点亮。

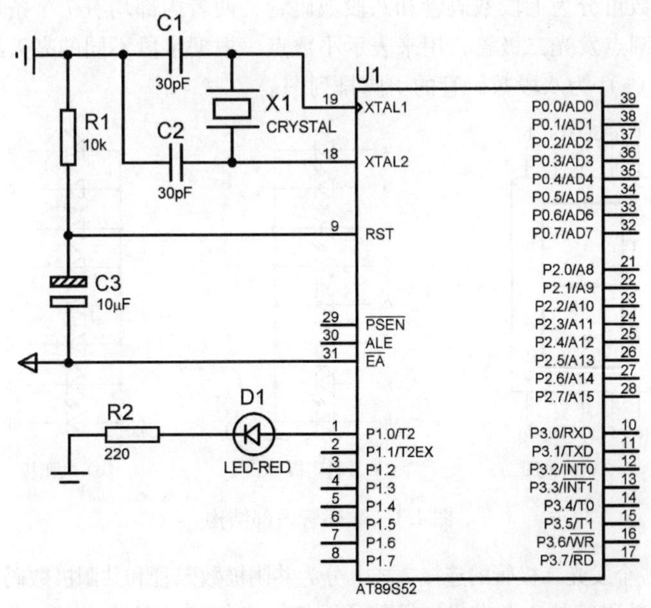

图3.18 第5题电路原理图

第4章 单片机显示和输入模块

单片机与用户进行数据交互，一般需要用到两种外设。一种是用户通过输入对系统进行控制或者给系统提供一些参数，称为输入模块；另一种是用来显示系统的执行结果或现象，称为显示模块。本章将详细介绍单片机应用系统中常见的几种外设的使用，包括以下内容：

（1）LED数码管；

（2）LED点阵屏；

（3）LCD字符液晶；

（4）键盘设计。

4.1 LED数码管

LED数码管（简称“数码管”）是一种半导体发光器件，其实质是多个发光二极管的组合。发光二极管只能显示简单的状态，而数码管可以显示数字、字符等信息，是单片机应用中最为普遍的一种显示器件。

4.1.1 数码管的工作原理

数码管由若干个发光二极管按一定形状排列并封装在一起，有显示亮度高、响应速度快的特点。数码管按段数可分为七段数码管和八段数码管，两者内部均有7个条形发光二极管，八段比七段多了1个圆点发光二极管，用来表示小数点，根据字段不同的亮灭组合，可显示为不同的字符。图4.1（a）为八段数码管的引脚排列图。

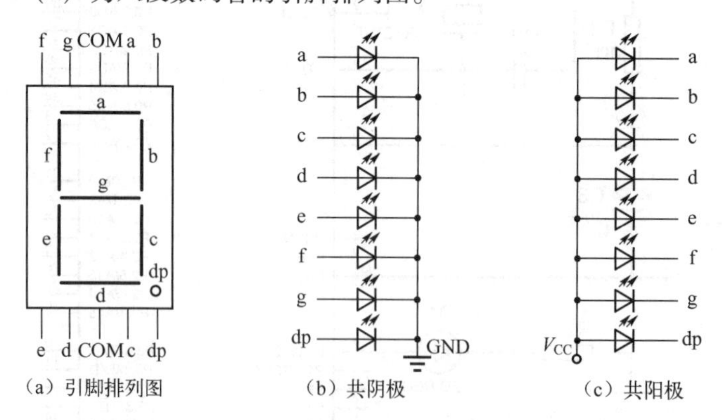

图4.1 数码管内部结构

按照数码管中各个发光二极管的连接方式，分为共阴极数码管和共阳极数码管，如图4.1（b）、（c）所示。共阴极数码管的8个发光二极管的阴极（负极）连接在一起，作为公共端（COM）

接到地线（GND）上，当某一段发光二极管的阳极为高电平时，对应发光二极管导通，相应字段被点亮。共阳极数码管的结构正好相反，即把所有发光二极管的阳极（正极）连接在一起，作为公共端。图4.2所示为八段数码管的实物图及其结构。

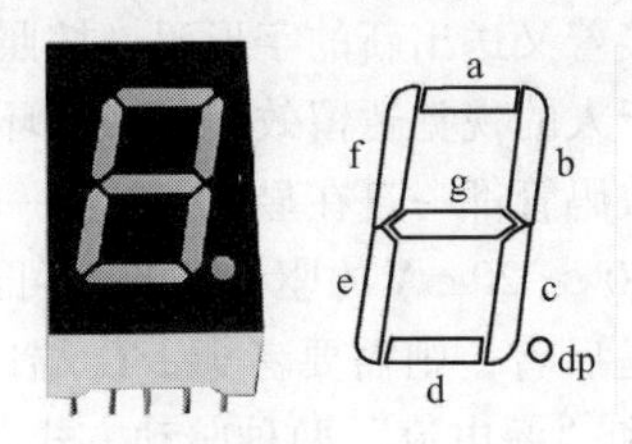

图4.2　八段数码管的实物图及其结构

单片机一般采用软件译码或硬件译码两种方式来扩展数码管，前者通过控制单片机的I/O端口输出从而达到控制数码管显示，后者则使用专门的译码驱动芯片如74LS48、74LS49、CD4511（共阴极）或74LS46、74LS47、CD4513（共阳极）。前者硬件成本低，但软件较复杂，占用单片机更多的I/O端口，后者硬件成本较高，但程序简单，占用较少的I/O端口。

根据数码管的显示原理，不同亮暗的组合就能显示不同的字形，这种组合称为字形码。共阴极和共阳极的字形码正好互补，如表4.1所示。字形码的控制输出可采用硬件译码方式，也可采用软件查表方式输出。

表4.1　八段数码管字形码表

显示字符	共阴极段选码	共阳极段选码	显示字符	共阴极段选码	共阳极段选码
0	3FH	C0H	b	7CH	83H
1	06H	F9H	C	39H	C6H
2	5BH	A4H	d	5EH	A1H
3	4FH	B0H	E	79H	86H
4	66H	99H	F	71H	8EH
5	6DH	92H	P	73H	8CH
6	7DH	82H	U	3EH	C1H
7	07H	F8H	Y	6EH	91H
8	7FH	80H	−	40H	BFH
9	6FH	90H	.	80H	7FH
A	77H	88H	无	00H	FFH

4.1.2　数码管的接口控制

数码管的接口有静态接口和动态接口两种。

静态接口为固定显示方式，一般用于控制单个数码管。该接口方式电路采用一个并行口接一个数码管，公共端（COM）处于选中状态接地（共阴极）或V_{CC}（共阳极）。即当数码管显示某一字符时，相应的发光二极管恒定地处于点亮或熄灭状态，直到更换显示内容为止。采用这种方式占用接口多、功耗较大，但程序简单、亮度高。

动态接口采用各数码管循环控制轮流显示的方法，多用于同时控制多个数码管。该接口电路是将所有数码管的 8 个字形口（a ～ g，dp）并联起来，由一个 8 位并行口控制字形码的输出（字形选择），公共端（COM）则连到另一个并行口上完成各数码管的轮流点亮（位形选择）。首先从字形端口送出字形码，再控制位形端口选择数码管，字符就显示在指定位置，持续几毫秒，然后关闭所有显示；接着又送出新的字形码，按照上述过程显示在新的位置上，直到每位数码管都扫描完为止。由于人的视觉暂留效应，当循环显示的频率较高时，人眼识别不出字符的移动或闪烁，觉得每位数码管都一直在显示，达到一种稳定的视觉效果。

控制数码管显示，每段需用 10 ～ 20 mA 的驱动电流，可用 TTL 或 CMOS 器件驱动，或是单片机的 I/O 端口直接驱动。若是后者，则需要考虑 I/O 端口的驱动能力，与 LED 的驱动方式类似，数码管也有“拉电流”和“灌电流”两种驱动方式。

共阴极数码管应用电路如图 4.3 所示（Proteus 绘制）。其公共端接 GND，数据引脚接单片机上拉到 V_{CC} 的 P2 端口。图 4.3 中，共阴极数码管选用 7SEG – COM – CATHODE。

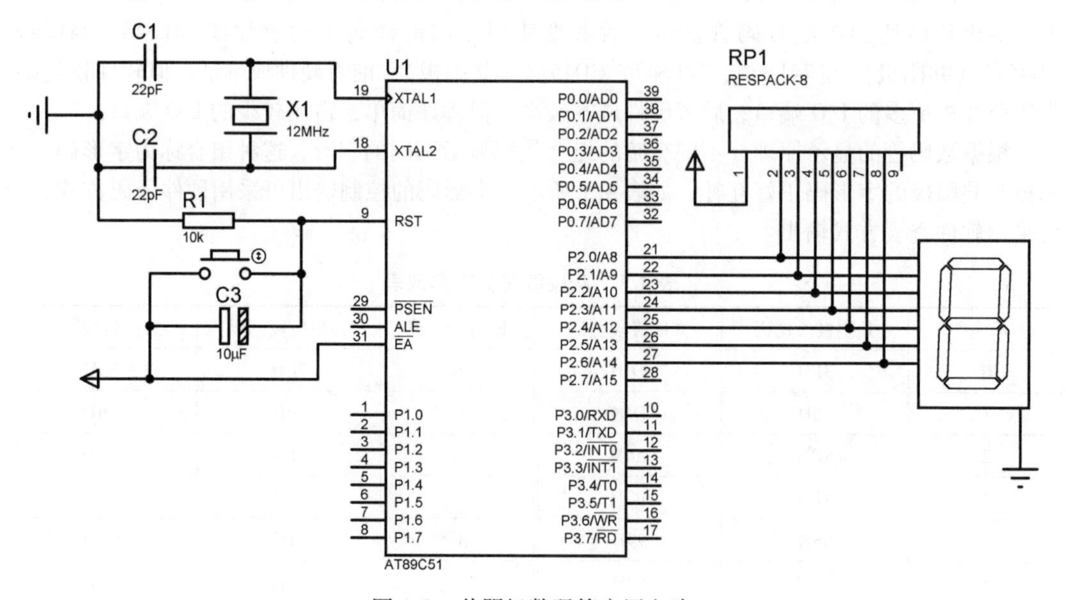

图 4.3　共阴极数码管应用电路

如果使用共阳极数码管，则公共端接 V_{CC}，数据引脚通过限流电阻直接连接到单片机的 P2 引脚，如图 4.4 所示（Proteus 绘制），图中共阳极数码管选用 7SEG – COM – ANODE。

【例 4.1】编程使数码管显示“H”。

分析：如图 4.3 所示，单片机扩展一个共阴极数码管，静态接口控制，其字形选择由 P2 口提供。需先确定“H”的共阴极字形码为 0x76，把字形码送 P2 口显示。

程序代码如下：

```
/***********************************
用 51 单片机控制数码管显示字符“H”
***********************************/
#include <reg52.h>                //头文件
#define SEGPORT P2                //定义数码管的驱动端口
/***********************************
函数名称:main
```

```
函数功能:主函数
输入参数:无
输出参数:无
***************************************/
void main()
{
  while(1)
  {
    SEGPORT =0x76;
  }
}
```

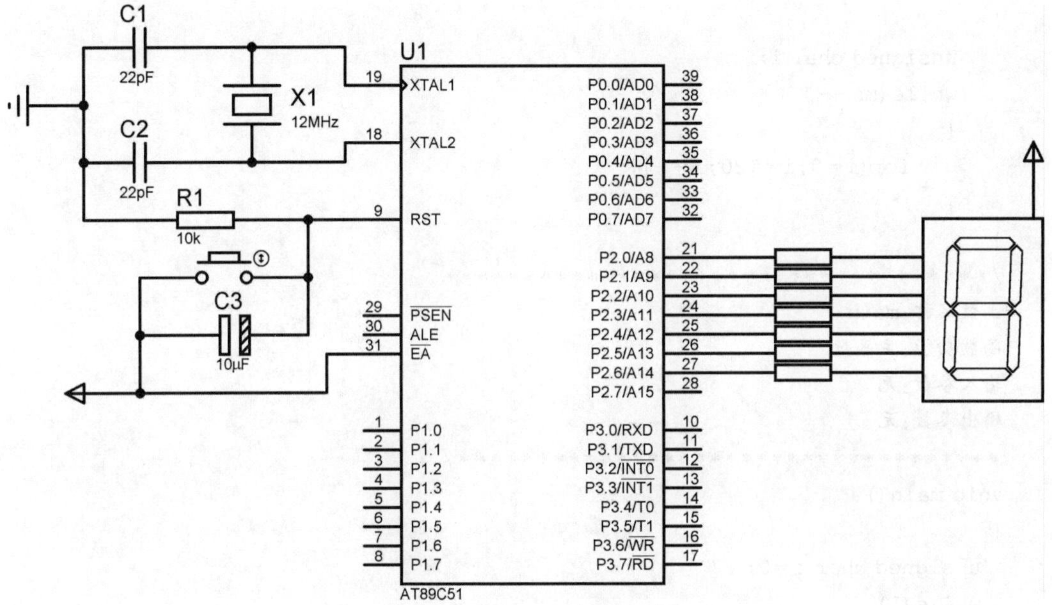

图4.4 共阳极数码管应用电路

如果不输出新的数据，该数码管将一直显示“H”。若是改用图4.4所示的共阳极数码管，则代码中只需要修改输出字形码，即SEGPORT =0x89。

【例4.2】要求数码管实现“流水数字”显示。

分析：数码管要求轮流显示数字0～9，字形变化较多，采用查表方式会使程序简洁易懂，字形编码表为ledTab[]。每显示一个数字都要延时，以保证它的显示时间，才能使肉眼识别到字形的变化。本实例中选用Delay_Ms()函数来完成500 ms的延时操作，并定义了变量counter来作为循环显示的查表地址。

程序代码如下：

```
/***************************************
用51单片机控制数码管实现“流水数字0～9”显示
***************************************/
```

```
#include <reg52.h>                          //头文件
#define SEGPORT P2                          //定义数码管的驱动端口
/*****共阴极数码管的字形码表"0123456789" *****/
unsigned char code ledTab[] = {0x3F,0x06,0x5B,0x4F,0x66,0x6D,0x7D,0x07,0x7F,
0x6F};
/************************************
函数名称:Delay_Ms
函数功能:延时毫秒级别
输入参数:要延时的毫秒数
输出参数:无
************************************/
void Delay_Ms(unsigned int ms)
{
    unsigned char i;
    while(ms--)
    {
        for(i=0;i<120;i++);
    }
}
/************************************
函数名称:main
函数功能:主函数
输入参数:无
输出参数:无
************************************/
void main()
{
  unsigned char i=0;
  while(1)
  {
    SEGPORT=ledTab[i%10];                   //查表,输出字形码
    Delay_Ms(500);                          //延时
    i++;                                    //地址加1
  }
}
```

单个数码管的控制相对简单，值得注意的是，要正确区分共阴极和共阳极两种数码管。七段或八段数码管除 dp 位外，控制基本一样，若 dp 位关闭，则两者的代码通用。

4.1.3 数码管的应用电路

实际单片机应用中，常常需要控制多个数码管，若每个数码管的字形口均采用单独控制的形式，则要求主控单片机提供足够多的引脚，而对引脚有限的单片机来说，这是不现实的。此时可采用数码管的动态接口，通过扫描显示法来处理。数码管动态显示接口电路如图 4.5 所示（Proteus 绘制）。

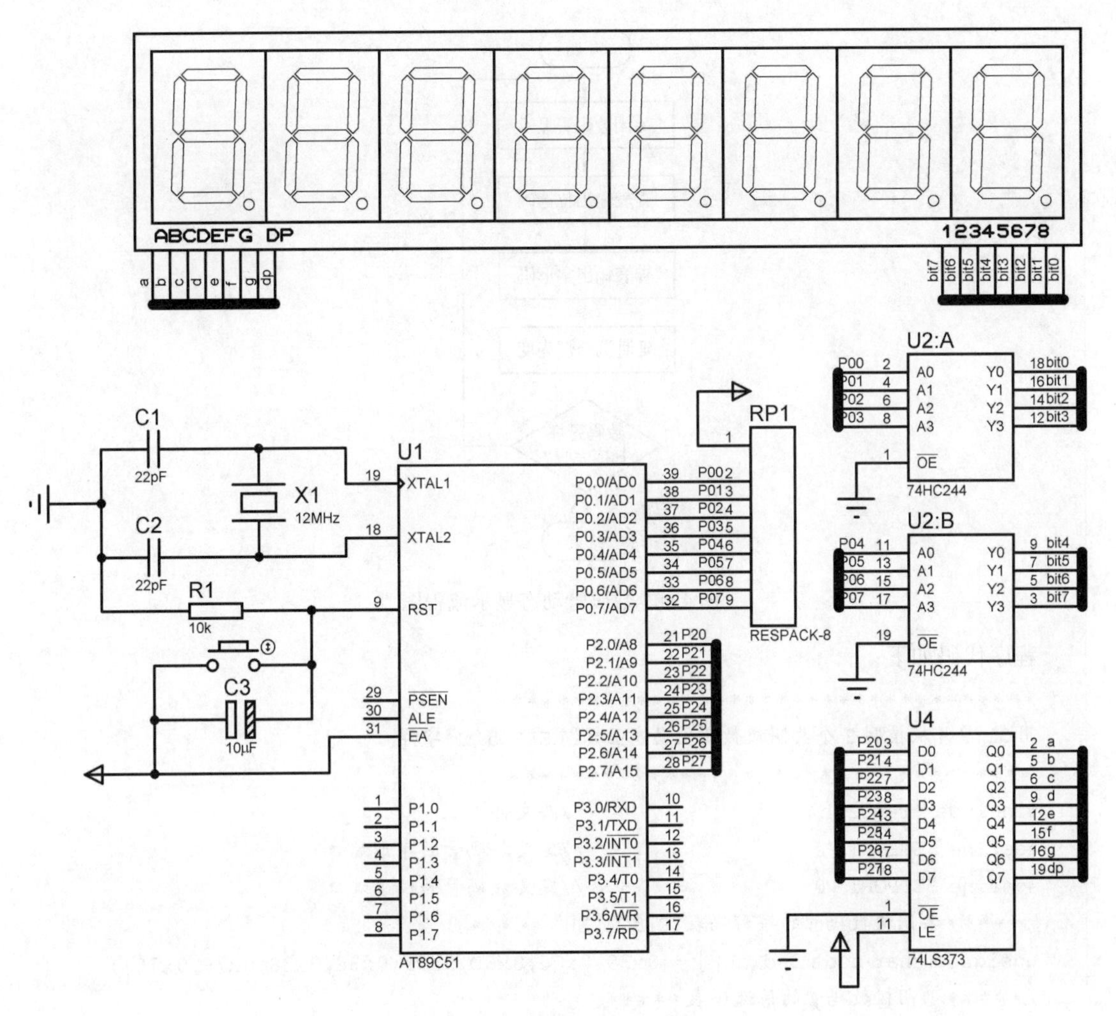

图 4.5 数码管动态显示接口电路

数码管的动态显示方法，就是通过动态地改变字形码和位选码，使每个数码管按一定的频率轮流显示。这种方法充分利用了发光二极管的“辉光效应”，给人感觉好像所有数码管都点亮了。利用动态显示方法时，数码管的字形端口都是连接在一起的，位选端是分离的，通过控制位选的变化，快速点亮刷新，同一时刻只有一个数码管点亮，电流较小。若刷新频率较慢，就会出现数码管闪烁现象。所以，在动态显示中，数码管的刷新周期不要太短，保证数码管每次刷新都能被完全点亮。

【例 4.3】 编写驱动程序，控制 8 个共阴极数码管动态显示“HELLO51C”字样。

分析：图 4.5 所示为 8 个共阴极数码管的动态显示接口电路，采用锁存器 74LS373 接成直通方式作为驱动电路，公共端用 74LS244 缓冲器驱动，字形选择由 P2 口提供，位形选择由 P0 口控制。8 个数码管各自显示不同的字符，必须使每个数码管轮流点亮，即公共端依次置 0 选中。将字形码和位选码分别排成两个表，根据各个数码管分别查表输出。保证每个数码管点亮时间是一致的，故将动态扫描显示作为一个子程序，调用一次则每个数码管循环轮流显示一遍。流程图如图 4.6 所示。

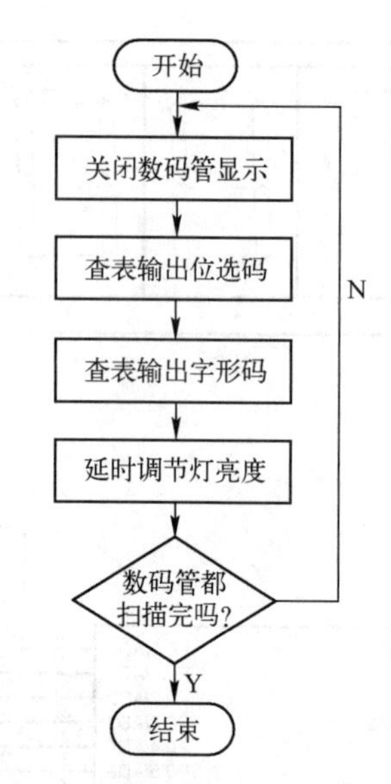

图 4.6 数码管动态显示流程图

程序代码如下:

```
/************************************
用 51 单片机控制 8 个共阴极数码管动态显示“HELLO51C”字样。
************************************/
#include <reg52.h>                  //头文件
#define SEGPORT P2                  //定义数码管的字形端口
#define BITPORT P0                  //定义数码管的位选端口
/***** 共阴极数码管的字形码表“C15OLLEH” *****/
unsigned char code ledTab[] = {0x39,0x06,0x6D,0x3F,0x38,0x38,0x79,0x76};
/***** 共阴极数码管的位选码表 *****/
unsigned char code tabIndex[] = {0xFE,0xFD,0xFB,0xF7,0xEF,0xDF,0xBF,0x7F};
/************************************
函数名称:Delay_Us
函数功能:延时微秒级别
输入参数:要延时的微秒数
输出参数:无
************************************/
void Delay_Us(unsigned int us)
{
    while(us--);
}
/************************************
函数名称:DynamicLed
函数功能:数码管循环点亮
输入参数:Counter 是点亮数码管个数,Ligh 是亮灯时间
输出参数:无
```

```
***********************************/
void DynamicLed(unsigned char Counter,unsigned char Ligh)
{
  unsigned char i;
  for(i=0;i<Counter;i++)
  {
    Delay_Us(Ligh);                     //实现灯亮度的调整
    SEGPORT=0x00;                       //实现单个 LED 的点亮
    BITPORT=tabIndex[i%8];
    SEGPORT=ledTab[i%8];
  }
}
/***********************************
函数名称:main
函数功能:主函数
输入参数:无
输出参数:无
***********************************/
void main()
{
  unsigned char counter=0;
  while(1)
  {
    DynamicLed(8,100);
  }
}
```

运行完可看到数码管从左到右依次显示“HELLO51C”字样，调用 DynamicLed ( ) 显示子函数可实现 8 个数码管的依次点亮。同一时刻只有一个数码管是选中状态，循环选中数码管时，必须保证当前选中的数码管的字形码是正确的，故切换显示时需要关显示，即清字形或关位选。

4.2 LED 点阵屏

LED 点阵屏（简称“点阵屏”）是一种较为新型的显示方式，具有亮度高、工作电压低、功耗小、使用寿命长、工作稳定等特点。在很多领域都有应用，最常应用于公共场所的广告屏、指示牌等。

4.2.1 点阵屏的工作原理

同数码管一样，点阵屏也是由多个发光二极管构成的显示模块。这些发光二极管按矩阵均匀排列，可以用来显示文字、图形、图像、动画等。

点阵屏根据像素颜色的数目可分为单色、双基色和三基色等，像素越高，显示的图案就越丰富。根据组成的发光二极管数目，点阵屏又可分为 4×4、4×8、5×7、5×8、8×8、16×16

等，这些点阵模块可以自由地扩展，比如4个8×8模块可以构建成1个16×16的点阵屏。图4.7所示为一个8×8单色LED的实物图及其结构。

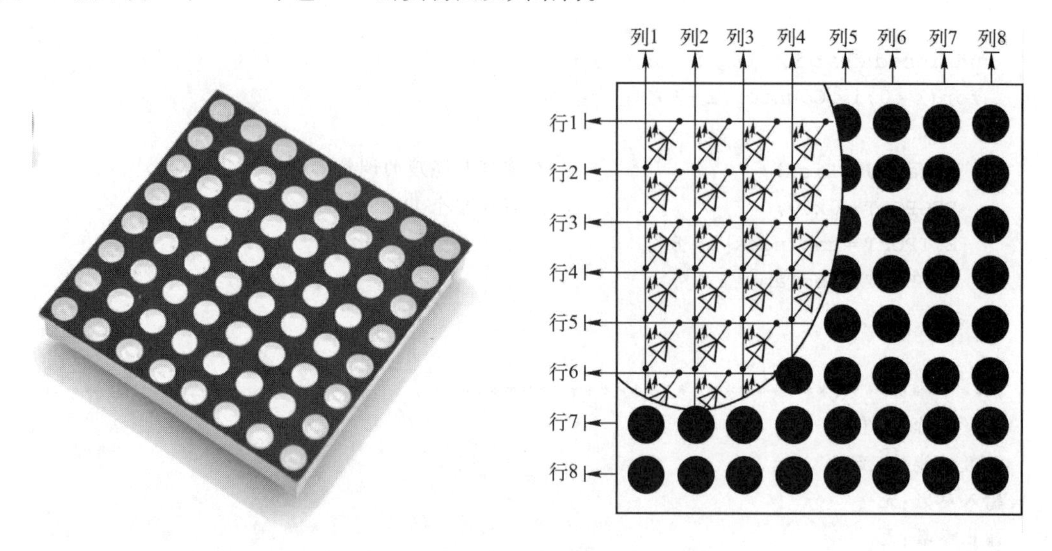

图4.7 8×8单色LED的实物图及其结构

图4.8所示是最常见的8×8点阵的内部结构示意图。由64个LED组成，分为共阴极和共阳极。其中R1～R8为行线，COM1～COM8为列线，以共阴极为例，若某行线上外加高电平，某列线上外加低电平，则行线与列线交叉点处的LED就被点亮。

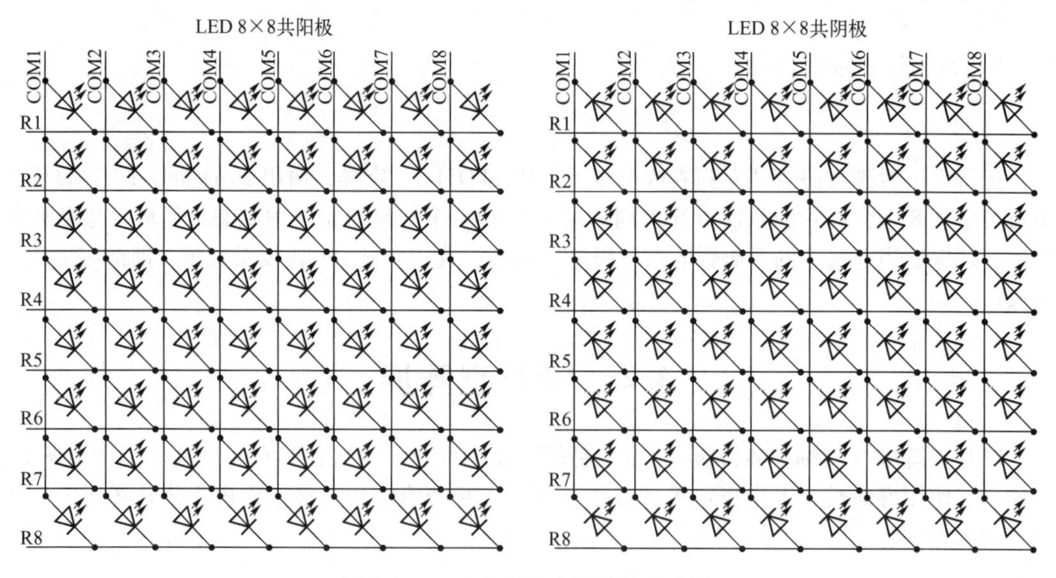

图4.8 8×8点阵的内部结构示意图

点阵屏的显示原理同数码管动态显示原理相似，也是利用LED的辉光效应，采用动态扫描的方式来实现的。由峰值较大的窄脉冲电压驱动，从上到下逐次不断对显示屏的各行进行选通，同时又向各列送出表示图形或文字信息的列数据信号，反复循环，就可显示各种图形或文字。这种显示方法利用了人眼的视觉暂留特性，将连续的几帧画面高速地循环显示，只要帧速率高于24帧/s，人眼看到的就是一个完整的、相对静止的画面。

驱动点阵屏显示一个字符，一般分为8步，图4.9所示为点阵字符的动态显示过程。第1步先选通一行，然后送出对应第1行发光二极管亮灭的列数据并锁存，即显示第1行，延时一段时间后，将该行关闭；第2步，选通第2行，并重复上述过程，显示第2行，延时并关闭。周而复始8步，完成各行的显示，只要轮回的速度足够快，就可看到清晰的字符显示。

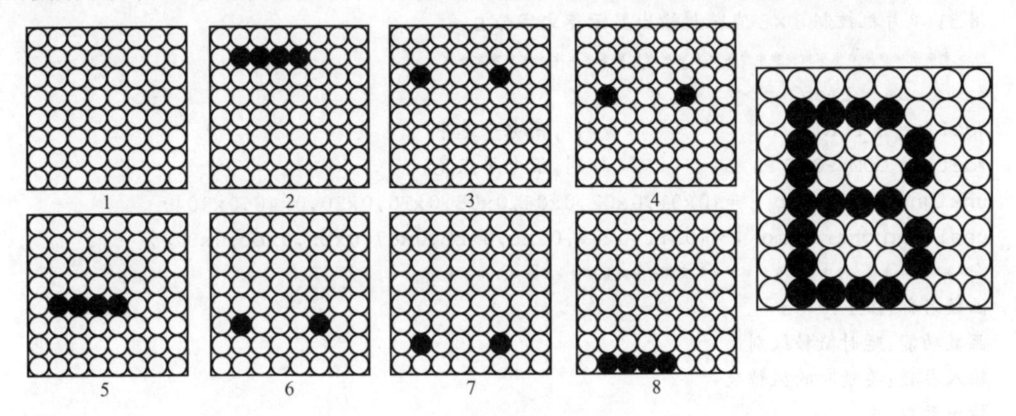

图4.9 点阵字符的动态显示过程

4.2.2 点阵屏的应用电路

驱动点阵显示模块，需要先对其引脚进行测量，确定行列关系。图4.10所示为8×8共阴极点阵屏的接口应用电路，行接P0，列接P2（Proteus绘制）。图4.10中共阴极点阵选用MATRIX-8X8-GREEN，默认为上列下行，需要旋转放置。由于单片机的I/O口的驱动能力有限，需要加载相应器件进行电流驱动。

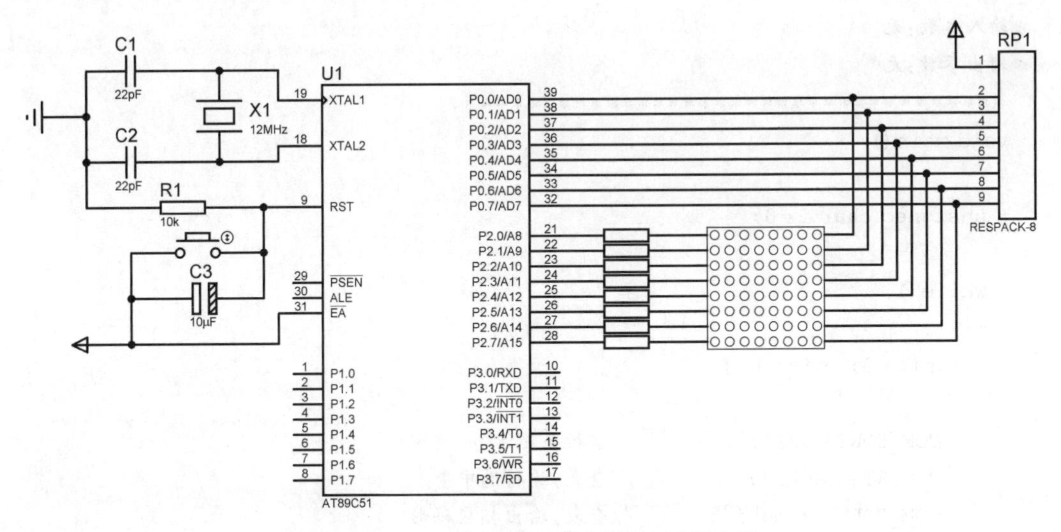

图4.10 8×8共阴极点阵屏的接口应用电路

【**例4.4**】控制8×8点阵屏输出显示英文字母“B”。

分析：选用动态扫描方式，由上至下逐行选通。由图4.10可知，P0接行线，高电平可选中，将每行选通的输出码列成表 tab，依次查表可得当前选通码。P2 接列线，左低右高，同理，将各行的输出字形码列成表 zimo，逐行查表输出。每驱动一行显示，需要延时一段时间，确保各行有足够的显示时间。

程序代码如下：

```
/**********************************
用 51 单片机控制 8×8 点阵屏输出显示英文字母 B
**********************************/
#include <reg52.h>
#define R_PORT   P0            //行,高电平选中
#define COM_PORT P2            //列,低电平点亮
unsigned char tab[]={0x01,0x02,0x04,0x08,0x10,0x20,0x40,0x80};
unsigned char zimo[]={0xff,0x87,0xbb,0xbb,0x87,0xbb,0xbb,0x87};
/**********************************
函数名称:Delay_Us
函数功能:延时微秒级别
输入参数:要延时的微秒数
输出参数:无
**********************************/
void Delay_Us(unsigned int us)
{
  while(us--);
}
/**********************************
函数名称:main
函数功能:主函数
输入参数:无
输出参数:无
**********************************/
void main()
{
  unsigned char i=0;

  while(1)
  {
    for(i=0;i<8;i++)
    {
      COM_PORT=0xff;          //该行关显示
      R_PORT=tab[i];          //查表,逐行选中
      COM_PORT=zimo[i];       //查表,输出相应码形
      Delay_Us(100);
    }
  }
}
```

由于点阵屏无内置字库，所以控制显示需要在软件中提供相应的显示字符编码，包括ASCII字符和汉字，这些字符编码无须自行构建，可利用字模软件来生成。如字模提取软件copyleft by horse2000、PC to LCD等，可很方便地生成字模数据。

汉字笔画较多，用8×8点阵难以表述，多采用16×16以上的点阵显示，英文字符一般为汉字的一半，如图4.11所示，字模选项可根据接线自行选择输出方式。

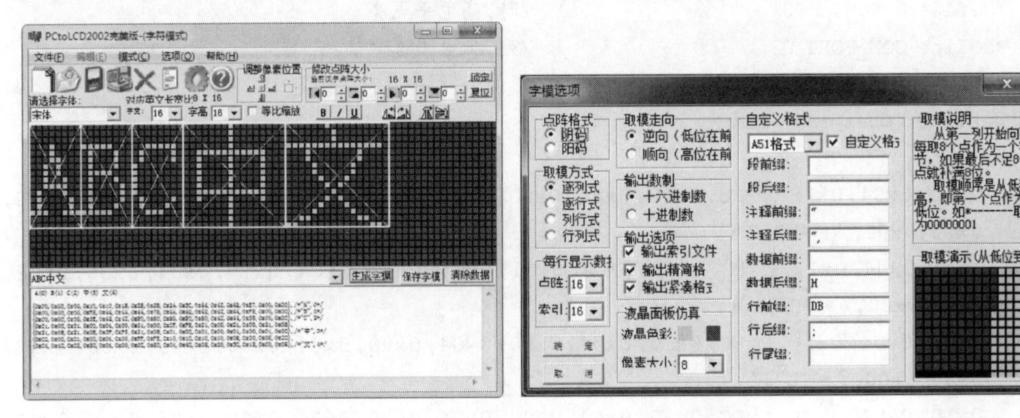

图4.11　通过字模提取软件生成字模数据

4.2.3　点阵屏的扩展实例

本实例是51单片机扩展两个8×8点阵显示模块实现流水广告屏的功能。应用接口电路如图4.12所示（Proteus绘制）。运用两个共阴极8×8点阵，单片机控制P0口作为点阵屏的数据输入端口与两个点阵的行线分别接在一起，P2口扩展了两片74LS138作为点阵的列线驱动。

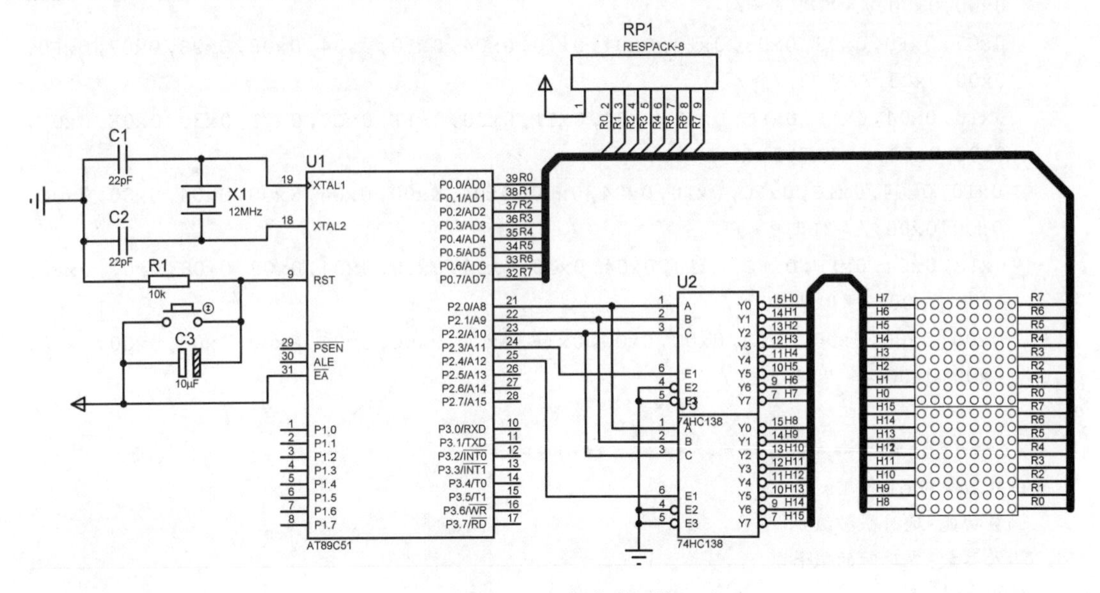

图4.12　两个8×8点阵应用接口电路

【例4.5】两个8×8点阵模块实现流水广告屏显示。

程序代码如下：

```
/*************************************
用 51 单片机扩展两个 8x8 点阵显示模块
实现流水广告屏的功能“HELLO WORLD!”
*************************************/
#include <reg52.h>
#define R_PORT  P0                  //行,高电平点亮
#define COM_PORT P2                 //列,低电平选中
/*****定义显示的字符编码*****/
unsigned char code zimo[] =
{
  0x10,0x04,0x1F,0xFC,0x10,0x84,0x00,0x80,0x00,0x80,0x10,0x84,0x1F,0xFC,
  0x10,0x04,/*"H",0*/
  0x10,0x04,0x1F,0xFC,0x11,0x04,0x11,0x04,0x17,0xC4,0x10,0x04,0x08,0x18,
  0x00,0x00,/*"E",1*/
  0x10,0x04,0x1F,0xFC,0x10,0x04,0x00,0x04,0x00,0x04,0x00,0x04,0x00,0x0C,
  0x00,0x00,/*"L",2*/
  0x10,0x04,0x1F,0xFC,0x10,0x04,0x00,0x04,0x00,0x04,0x00,0x04,0x00,0x0C,
  0x00,0x00,/*"L",3*/
  0x07,0xF0,0x08,0x08,0x10,0x04,0x10,0x04,0x10,0x04,0x08,0x08,0x07,0xF0,
  0x00,0x00,/*"O",4*/
  0x00,0x00,0x00,0x00,0x00,0x00,0x00,0x00,0x00,0x00,0x00,0x00,0x00,0x00,
  0x00,0x00,/*" ",5*/
  0x1F,0xC0,0x10,0x3C,0x00,0xE0,0x1F,0x00,0x00,0xE0,0x10,0x3C,0x1F,0xC0,
  0x00,0x00,/*"W",6*/
  0x07,0xF0,0x08,0x08,0x10,0x04,0x10,0x04,0x10,0x04,0x08,0x08,0x07,0xF0,
  0x00,0x00,/*"O",7*/
  0x10,0x04,0x1F,0xFC,0x11,0x04,0x11,0x00,0x11,0xC0,0x11,0x30,0x0E,0x0C,
  0x00,0x04,/*"R",8*/
  0x10,0x04,0x1F,0xFC,0x10,0x04,0x00,0x04,0x00,0x04,0x00,0x04,0x00,0x0C,
  0x00,0x00,/*"L",9*/
  0x10,0x04,0x1F,0xFC,0x10,0x04,0x10,0x04,0x10,0x04,0x08,0x08,0x07,0xF0,
  0x00,0x00,/*"D",10*/
  0x00,0x00,0x00,0x00,0x00,0x00,0x1F,0xCC,0x00,0x0C,0x00,0x00,0x00,0x00,
  0x00,0x00,/*"!",11*/
};
/*************************************
函数名称:Delay_Us
函数功能:延时微秒级别
输入参数:要延时的微秒数
输出参数:无
*************************************/
void Delay_Us(unsigned int us)
{
```

```
    while(us--);
}
/************************************
函数名称:Delay_Ms
函数功能:延时毫秒级别
输入参数:要延时的毫秒数
输出参数:无
************************************/
void Delay_Ms(unsigned int ms)
{
    unsigned char i;
    while(ms--)
    {
        for(i=0;i<120;i++);
    }
}
/************************************
函数名称:main
函数功能:主函数
输入参数:无
输出参数:无
************************************/
void main()
{
  unsigned char i,j,page;            //i为编码地址,j为列扫描码,page为显示页数

  while(1)
  {
    for(page=0;page<178;page=page+2)     //12个字符流水右移
    {
      i=page;j=0;
      do                             //逐列扫描
    {
      R_PORT=0x00;                   //控制上片
      COM_PORT=j|0x08;
      R_PORT=zimo[i];
      Delay_Us(300);

      R_PORT=0x00;                   //控制下片
      COM_PORT=j|0x10;
      R_PORT=zimo[i+1];
      Delay_Us(300);
```

```
        j ++;i =i +2;

      } while(j <8);
      Delay_Ms(10);
    }
  }
}
```

本实例采用逐列扫描法进行控制。首先根据电路，明确字符显示控制，逐列显示，由左往右，由上到下。再通过字模提取如图 4.13 所示，设置好字模输出选项，逐列式，顺向输出。最后将生成的字模编码存放到待显示的数组中。在主程序中将这些编码通过 P0 口输出，P2 口输出相应的扫描列值，显示字符方向由右往左移动。

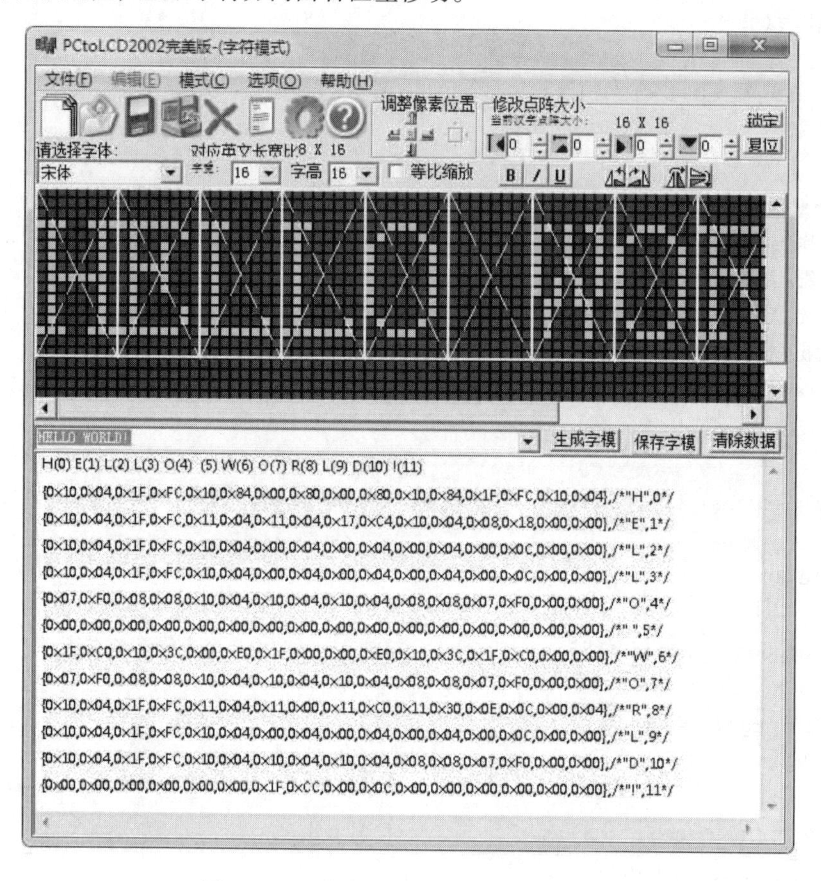

图 4.13 两个 8 ×8 点阵应用的字模提取

4.3 LCD1602 字符型液晶显示

4.3.1 LCD 液晶简介

液晶显示器（Liquid Crystal Display，LCD）是单片机应用系统的一种重要的输出器件，它具有体积小、功耗低、显示内容丰富、可靠性高等特点，在便携式电子产品中得到广泛应用。一般用到的液晶显示模块（LCM），就是由LCD显示面板、驱动和控制电路组合而成的。LCD显示的原理不同于LED，它是利用液晶的物理特性，在电场作用下，使液晶分子发生扭曲，通过液晶和彩色过滤器过滤光源，在平面面板上产生图像。

液晶显示的分类方法很多，通常分为段式、字符式、点阵式等。其中，字符型点阵式LCD的应用最广。目前常用的字符型LCD有1602、1604等，它是按照显示字符的个数和行数命名的，如1602表示液晶每行可显示16个字符，一共可以显示2行。

液晶的类型较多，读者只需要掌握一种液晶的操作方法，结合单片机基础知识以及厂商提供的液晶数据手册，就可完全操作液晶。

4.3.2　LCD1602字符型液晶的应用控制

LCD1602字符型液晶是市场上符合相同或类似规范的产品总称，其外形类似，控制器不同，具体型号之间会存在外部尺寸大小、颜色等方面的差异。目前使用最广的控制器为日立公司的HD44780，集驱动器与控制器于一体，专用于字符显示的液晶显示控制驱动集成电路。

市面上的字符型液晶显示屏通常有14引脚和16引脚两种，其中16引脚多出来的2条线是背光电源线和地线。LCD1602的实物外形及引脚图分布如图4.14所示。

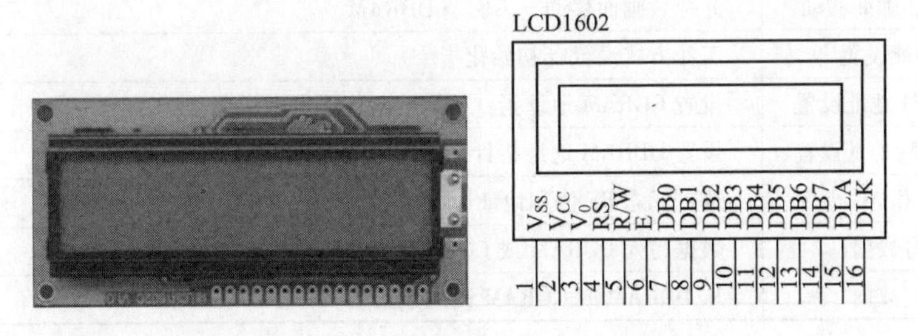

图4.14　LCD1602的实物外形及引脚图分布

LCD1602采用的是标准16引脚接口，其引脚功能见表4.2。

表4.2　LCD1602液晶的引脚功能

引 脚 号	符　号	功　能
1	V_{SS}	地电源
2	V_{CC}	供电电源，5 V
3	V_0	对比度调整，外接0～5 V电压，接正电源时对比度最弱，接地电源时对比度最高
4	RS	寄存器选择位，RS＝1选择数据寄存器；RS＝0选择指令寄存器
5	R/W	读/写信号线，R/W＝1读操作，R/W＝0写操作
6	E（或EN）	使能信号线，高电平时读取信息，负跳变时执行指令
7～14	DB0～DB7	DB0～DB7为8位双向数据端
15～16	DLA/DLK	15引脚背光正极＋5 V，16引脚背光负极0 V

LCD1602液晶控制器内部带有RAM缓冲区，其地址映射的对应关系如图4.15所示。两行的显示地址分别为00H～0FH、40H～4FH，隐藏地址分别为10H～27H、50H～67H。该RAM是用液晶内部的数据地址指针来访问的，显示字符可以用“80H＋地址码（00H～0FH，40H～4FH）”来实现，隐藏地址不能显示，若要显示，一般通过移屏指令来进行。

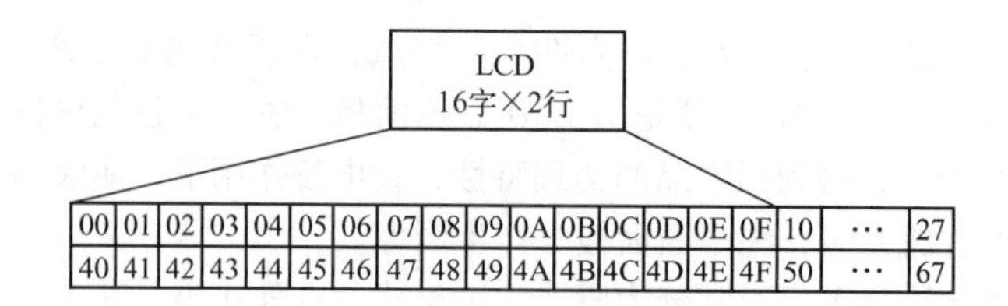

图 4.15 LCD1602 液晶控制器内部 RAM 地址映射的对应关系

LCD1602 液晶控制有 11 个控制指令，单片机通过向 LCD1602 发送相应的指令以完成对液晶的控制，LCD1602 模块控制指令表见表 4.3。其中 DDRAM：显示数据 RAM，用来寄存待显示的字符代码；CGROM：字符发生存储器；CGRAM：用户自定义的字符图形 RAM。

表 4.3 LCD1602 模块控制指令表

序号	指 令	功 能
1	清屏	清 DDRAM 和 AC 值
2	归零	使光标和光标所在的字符回到 HOME 位
3	输入方式选择	设置光标、画面移动方式
4	显示开关控制	设置显示、光标、闪烁开或关
5	光标、画面移动	光标、画面移动，不影响 DDRAM
6	功能设置	工作方式设置（初始化指令）
7	CGRAM 地址设置	设置 CGRAM 地址指针，地址码范围为 0～63
8	DDRAM 地址设置	设置 DDRAM 地址指针，地址码范围为 0～127
9	读 BF 和 AC 指令	读忙标志 BF 值和地址计数器 AC 值
10	写数据	数据写入 DDRAM 或 CGRAM
11	读数据	从 DDRAM 或 CGRAM 读出数据

（1）清屏指令：用于清除液晶显示和地址计数器 AC 的值，即将 DDRAM 的内容全部填入 ASCII 码 20H，AC 值设为 0，如表 4.4 所示。

表 4.4 LCD1602 的清屏指令

RS	R/W	DB7	DB6	DB5	DB4	DB3	DB2	DB1	DB0
0	0	0	0	0	0	0	0	0	1

（2）归零指令：将 LCD1602 屏幕的光标（当前字符显示点）回归原点，如表 4.5 所示。

表 4.5 LCD1602 的归零指令

RS	R/W	DB7	DB6	DB5	DB4	DB3	DB2	DB1	DB0
0	0	0	0	0	0	0	0	1	*

（3）输入方式选择指令：用于设置 LCD1602 的光标和画面移动方式，如表 4.6 所示。

其中：

I/D = 1 表示数据读、写操作后，AC 自动加 1；I/D = 0 表示数据读、写操作后，AC 自动减 1。

S = 1 表示数据读、写操作，画面平移；S = 0 表示数据读、写操作，画面保持不变。

表4.6　LCD1602的输入方式选择指令

RS	R/W	DB7	DB6	DB5	DB4	DB3	DB2	DB1	DB0
0	0	0	0	0	0	0	1	I/D	S

(4) 显示开关控制指令：用于设置显示、光标及闪烁开和关，如表4.7所示。

其中：

D表示显示开关，D=1为开，D=0为关；

C表示光标开关，C=1为开，C=0为关；

B表示闪烁开关，B=1为开，B=0为关。

表4.7　LCD1602的显示开关控制指令

RS	R/W	DB7	DB6	DB5	DB4	DB3	DB2	DB1	DB0
0	0	0	0	0	0	1	D	C	B

(5) 光标和画面移动指令：用于在不影响DDRAM的情况下使光标、画面移动，如表4.8所示。

其中：

S/C=1表示画面平移一个字符位；S/C=0表示光标平移一个字符位。

R/L=1表示右移；R/L=0表示左移。

表4.8　LCD1602的光标和画面移动指令

RS	R/W	DB7	DB6	DB5	DB4	DB3	DB2	DB1	DB0
0	0	0	0	0	1	S/C	R/L	*	*

(6) 功能设置指令：用于设置工作方式，如表4.9所示。

其中：

DL=1表示8位数据接口；DL=0表示4位数据接口。

N=1表示分两行显示；N=0表示在同一行显示。

F=1表示5×10点阵字符；F=0表示5×7点阵字符。

表4.9　LCD1602的功能设置指令

RS	R/W	DB7	DB6	DB5	DB4	DB3	DB2	DB1	DB0
0	0	0	0	1	DL	N	F	*	*

(7) CGRAM设置指令：用于设置CGRAM的地址，A5～A0对应地址为0x00～0x3F，如表4.10所示。

表4.10　LCD1602的CGRAM设置指令

RS	R/W	DB7	DB6	DB5	DB4	DB3	DB2	DB1	DB0
0	0	0	1	A5	A4	A3	A2	A1	A0

(8) DDRAM设置指令：用于设置DDRAM的地址，如表4.11所示。在一行显示时，A6～A0的地址对应为0x00～0x4F；分两行显示时，则首行A6～A0对应0x00～0x0F，次

行对应 0x40 ～0x4F。

表 4.11 LCD1602 的 DDRAM 设置指令

RS	R/W	DB7	DB6	DB5	DB4	DB3	DB2	DB1	DB0
0	0	1	A6	A5	A4	A3	A2	A1	A0

（9）读 BF 和 AC 指令：BF = 1 表示忙，BF = 0 表示准备好，此时 AC 值为最近一次地址设置，如表 4.12 所示。

表 4.12 LCD1602 的读 BF 和 AC 指令

RS	R/W	DB7	DB6	DB5	DB4	DB3	DB2	DB1	DB0
0	1	BF	AC6	AC5	AC4	AC3	AC2	AC1	AC0

（10）写数据指令：用于将地址写入 DDRAM 使 LCD1602 液晶显示出相应的图形，或将用户自创的图形存入 CGRAM 内，如表 4.13 所示。若 D7 ～ D0 不为数据，而为指令值，则为写指令。

表 4.13 LCD1602 的写数据指令

RS	R/W	DB7	DB6	DB5	DB4	DB3	DB2	DB1	DB0
1	0	D7	D6	D5	D4	D3	D2	D1	D0

（11）读数据指令：根据当前设置的地址，把 DDRAM 或 CGRAM 数据读出，如表 4.14 所示。若 D7 ～ D0 不为数据，而为状态字，则为读状态。

表 4.14 LCD1602 的读数据指令

RS	R/W	DB7	DB6	DB5	DB4	DB3	DB2	DB1	DB0
1	1	D7	D6	D5	D4	D3	D2	D1	D0

一般厂商提供的数据手册中，除了控制指令外，还会提供时序图。图 4.16、图 4.17 分别为 LCD1602 液晶读、写操作时序图。液晶主要用来显示，在此主要讲解如何写数据及写命令，关于读操作就留给读者自行研究。

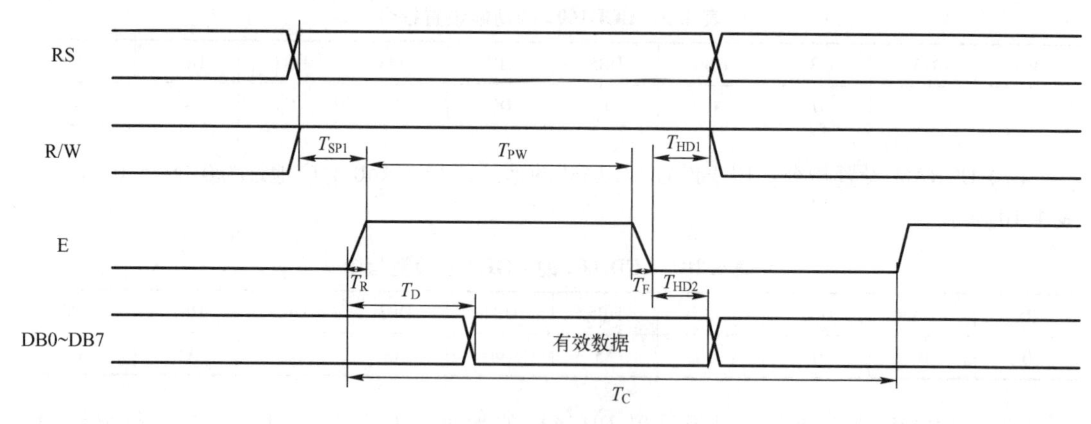

图 4.16 LCD1602 液晶的读操作时序图

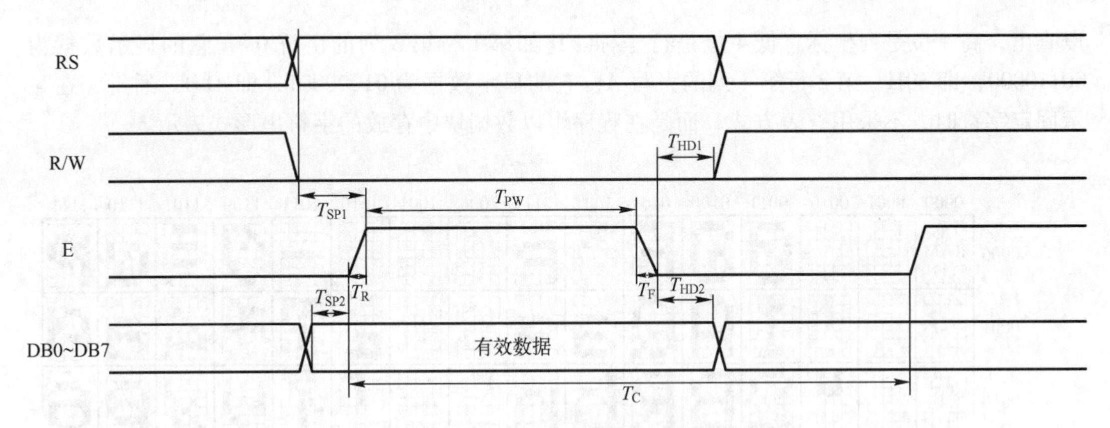

图 4.17　LCD1602 液晶的写操作时序图

一般时序图，会把信号按照时间的有效顺序从上到下排列，所以操作的顺序也是先从最上边的信号开始，依次向下操作。如图 4.17 所示，先通过 RS 来确定是写数据还是写命令，若是写数据，指的是显示的内容，而写命令包括显示的位置、光标、移屏等，故写命令应先拉低 RS，写数据则令 RS 为 1；读/写控制端口设置为写模式，即 R/W =0；将数据或命令送达到数据线 DB0 ～ DB7 上；给 E 一个下降沿，将数据送入液晶内部的控制器，这样就完成一次写操作。因而得到软件的写操作顺序语句：

```
RS =0;
RW =0;
E =1;
_nop_();
P0 =Commend;
E =0;
```

时序图中每条命令、数据时序线同时运行，只是有效时间不同，详见表 4.15 所示的时序参数表。关于时序图中的各个延时，不同厂家生产的液晶也会有所不同，读者需要根据实物自行查阅研究。

表 4.15　时序参数表

时序名称	符　号	极限值/ns		测试条件
		最小值	最大值	
E 信号周期	T_C	400		引脚 E（EN）
E 脉冲宽度	T_{PW}	150		
E 上升沿/下降沿时间	T_R、T_F		25	
地址建立时间	T_{SP1}	30		引脚 E、RS、R/W
地址保持时间	T_{HD1}	10		
数据建立时间	T_{SP2}	40		引脚 DB0～DB7
数据保持时间	T_{HD2}	10		

控制器 HD44780 模块的 CGROM 中存放的字符及其显示代码如图 4.18 所示。用户可以选择图中 192 个字符来显示，也可以自行编程定义其他字符。显示数据按照表中的行、列坐标可

以查出，高 4 位是列坐标，低 4 位是行坐标。比如第 1 行第 3 列的字符'0'，它的显示数据为 00110000，即 30H；第 2 行第 4 列的大写 A，它的显示数据为 01000001，即 41H。通常，在显示固定字符时，不采用查表方式，而是在程序中以数据块中存放的字符串形式表示。

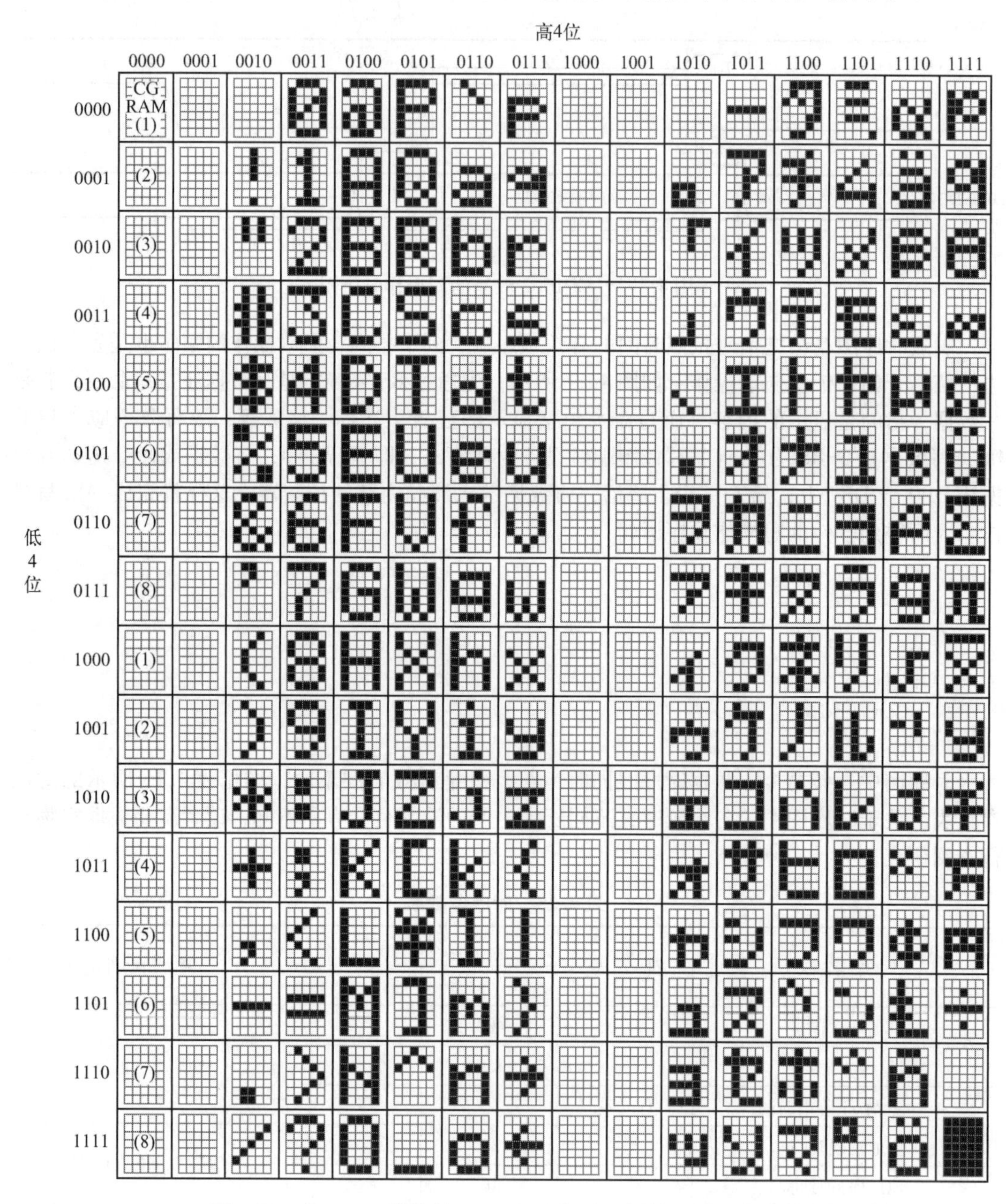

图 4.18　HD44780 模块的 CGROM 中存放的字符及其显示代码

4.3.3　LCD1602 字符型液晶的应用实例

单片机扩展 LCD1602 液晶的初始化设置。详细操作步骤如下：

(1) 写指令 0x38，用于设置 LCD1602 的功能，然后延时（约 5 ms）；

(2) 再次写指令 0x38，延时；

(3) 再次写指令 0x38，延时（连续设置 3 次，确保初始化成功）；

(4) 写指令 0x01，用于清除液晶当前显示，延时；

(5) 写指令 0x06，用于选择不同输入方式，延时；

(6) 写指令 0x0C，用于显示开关控制，延时。

【例 4.6】使用单片机驱动 LCD1602 液晶显示字符串“Hello World!”及日期。在 Proteus 中可以使用 LM016L 仿真 LCD1602 液晶，电路连接图如图 4.19 所示（Proteus 绘制）。

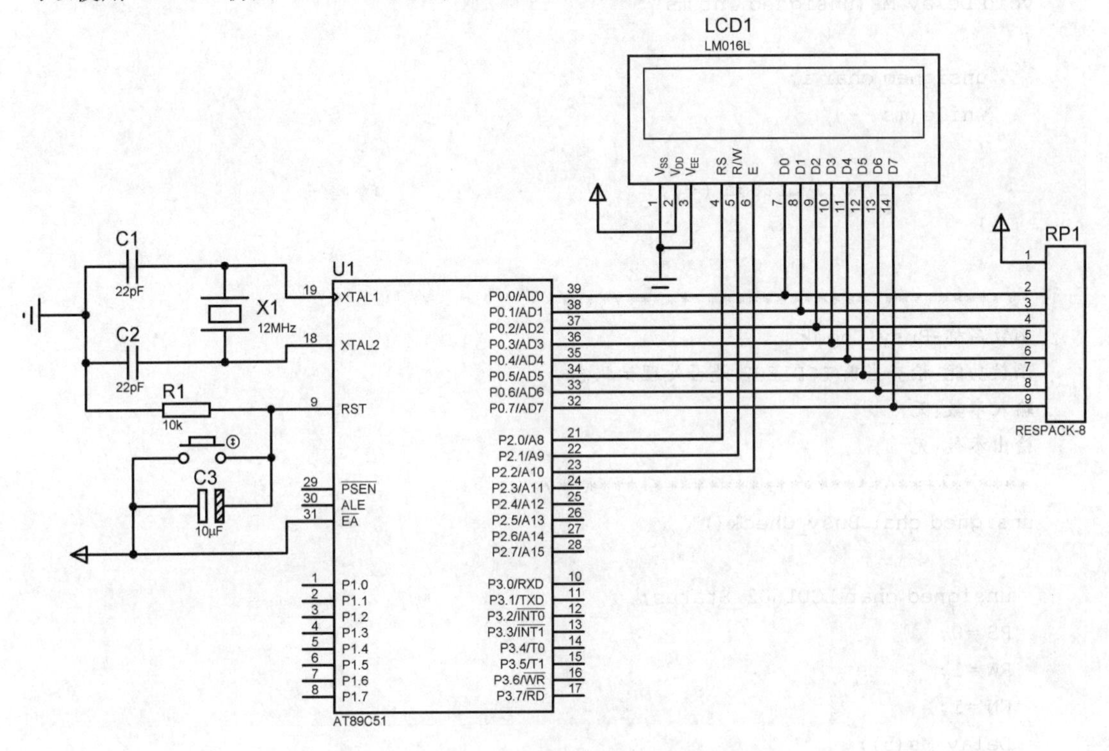

图 4.19　LCD1602 液晶显示电路连接图

分析：驱动 LCD1602 液晶，需要先定义数据端口及控制引脚，根据控制字和时序图，写出驱动函数，在主函数中进行调用。

程序代码如下：

```
/***********************************
用51单片机驱动LCD1602液晶显示字符串"Hello World!"及日期
***********************************/
#include <reg52.h>
#define DATA_PORT P0                          //定义数据端口
sbit  RS = P2^0;                              //控制引脚
sbit  RW = P2^1;
sbit  EN = P2^2;
unsigned char code str_data1[] = {"Hello World!"};
```

```
unsigned char code str_data2[] = {"2016-12-03"};

/*************************************
函数名称:Delay_Ms
函数功能:延时毫秒级别
输入参数:要延时的毫秒数
输出参数:无
*************************************/
void Delay_Ms(unsigned int ms)
{
    unsigned char i;
    while(ms--)
    {
        for(i=0;i<120;i++);
    }
}
/*************************************
函数名称:Busy_Check
函数功能:检查当前 LCD1602 是否处理忙状态
输入参数:无
输出参数:无
*************************************/
unsigned char Busy_Check()
{
  unsigned char LCD1602_Status;
  RS=0;
  RW=1;
  EN=1;
  Delay_Ms(5);
  LCD1602_Status=DATA_PORT;                    //读取 LCD1602 的状态
  EN=0;
  return LCD1602_Status;
}
/*************************************
函数名称:Write_LCD_Command
函数功能:向 LCD1602 写入控制字
输入参数:cmd 表示要写入的控制字
输出参数:无
*************************************/
void Write_LCD_Command(unsigned char cmd)
{
  while((Busy_Check()&0x80)==0x80);       //检测 BF 为 1,当前忙,等待
  RS=0;
```

```
  RW = 0;
  EN = 0;
  DATA_PORT = cmd;
  Delay_Ms(5);
  EN = 1;
  Delay_Ms(5);
  EN = 0;                                    //产生负跳变,执行命令
}
/***********************************
函数名称:Write_LCD_Data
函数功能:向 LCD1602 写入数据
输入参数:dat 表示要写入的数据
输出参数:无
***********************************/
void Write_LCD_Data(unsigned char dat)
{
  while((Busy_Check()&0x80)==0x80);       //检测 BF 为 1,当前忙,等待
  RS = 1;
  RW = 0;
  EN = 0;
  DATA_PORT = dat;
  Delay_Ms(5);
  EN = 1;
  Delay_Ms(5);
  EN = 0;
}
/***********************************
函数名称:Init_LCD
函数功能:初始化液晶
输入参数:无
输出参数:无
***********************************/
void Init_LCD()
{
  EN = 0;
  Write_LCD_Command(0x38);          //初始化功能设置
  Delay_Ms(1);
  Write_LCD_Command(0x0C);          //显示开关控制,开显示、关光标、关闪烁
  Delay_Ms(1);
  Write_LCD_Command(0x06);          //输入方式选择,数据读/写后 AC +1,输出显示保持不变
  Delay_Ms(1);
  Write_LCD_Command(0x01);          //清屏
  Delay_Ms(1);
```

```
}
/ ***********************************
函数名称:Show_String
函数功能:在指定坐标点 XY 上写入字符串
输入参数:x、y 为坐标位置
         * str 要显示字符串的首地址
         len 为字符串长度
输出参数:无
*********************************** /
void Show_String(unsigned char x,unsigned char y,unsigned char * str,unsigned
char len)
{
  unsigned char i =0;
  if(y==0)  Write_LCD_Command(0x80 |x);     //第 1 行,指针初始化
  if(y==1)  Write_LCD_Command(0xC0 |x);     //第 2 行
  for(i =0;i < len;i ++)
    {
      Write_LCD_Data(str[i]);
    }
}
/ ***********************************
函数名称:main
函数功能:主函数
输入参数:无
输出参数:无
*********************************** /
void main()
{
  Init_LCD();
  Show_String(0,0,str_data1,sizeof(str_data1) -1);
  Show_String(16 - sizeof(str_data2) +1,1,str_data2,sizeof(str_data2) -1);
  while(1);
}
```

运行后可看到 LCD1602 液晶上显示仿真结果，如图 4.20 所示。第 1 行显示“Hello World!”由最左边开始显示（地址 0），第 2 行显示“2016 - 12 - 03”，显示靠右，因此首地址由字符长度决定［地址 16 - sizeof(str_data2)］。

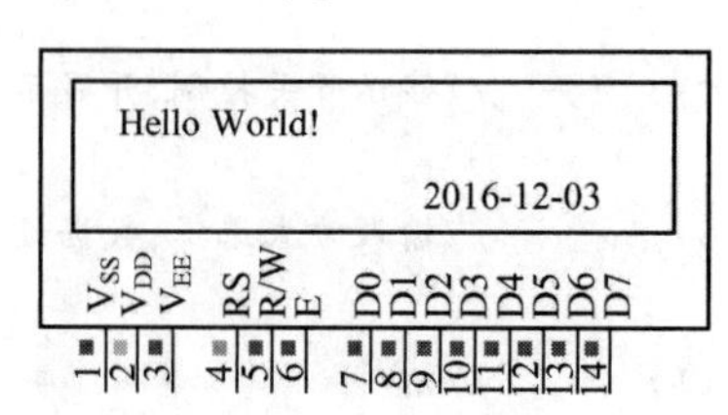

图 4.20　LCD1602 液晶显示仿真结果

4.4　键盘设计

4.4.1　独立按键介绍

独立按键是单片机应用系统中最常用到的输入通道部件，可用于多种状态的输入或选择。独立按键通常只有“接通”或者“断开”两种工作状态，对应到电路逻辑中就是把电平“0”或“1”提供给单片机。图4.21所示为几种常见的独立按键。

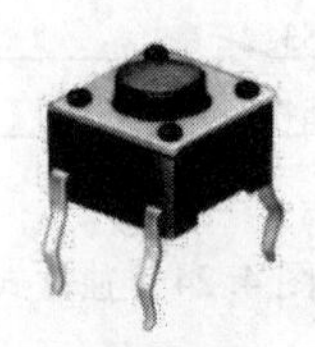

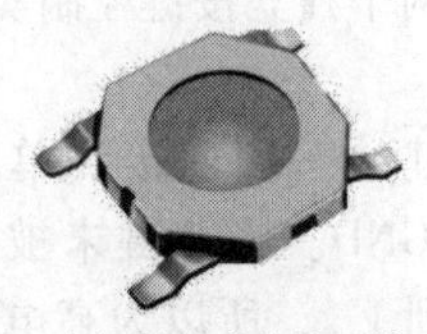

（a）弹性按键开关　（b）自锁式按键开关　（c）贴片式按键开关

图4.21　几种常见的独立按键

弹性按键开关按下时，开关闭合；松开时，开关断开。自锁式按键开关按下时，开关闭合并能自动锁住状态；当再次按下时，才能弹起断开。贴片式按键开关与弹性按键开关相同，只是封装不同。

弹性按键开关的基本工作原理是被按下时两个触点接通，被释放时两个触点断开。在单片机系统的典型应用中，将按键的一个点连接到高电平（逻辑“1”）上，另一个点连接到低电平（逻辑“0”）上，然后把其中一个点连接单片机的I/O引脚，当按键被按下或释放时，单片机引脚上的电平将发生变化，如图4.22所示，电平的变化有一个抖动的过程。这是由于键的按下与释放是通过机械触点的闭合与断开来实现的，因机械触点的弹性作用，可能出现多次抖动，一般时间在5～10 ms之间。

这个抖动会使得CPU在检测时产生误判，因此必须消除抖动，才能准确地判断按键的状态。常用的消抖方式有硬件消抖和软件消抖两种。硬件消抖是使用RS触发器消抖电路，需要增加硬件成本，且设计上也较复杂，其原理图如图4.23所示。因此，一般采用软件延时的消抖方法，即程序检测到按键被按下时，延时10 ms后再次检测，若延时前后两次的状态一致，则确定是一次有效的按下，否则就是无效。

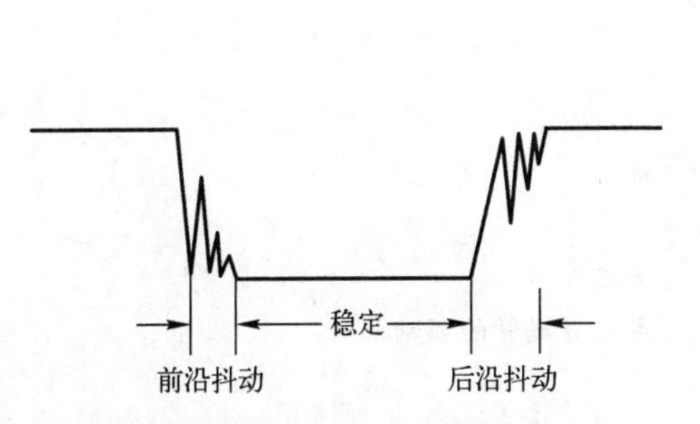

图4.22　按键的电平变化过程

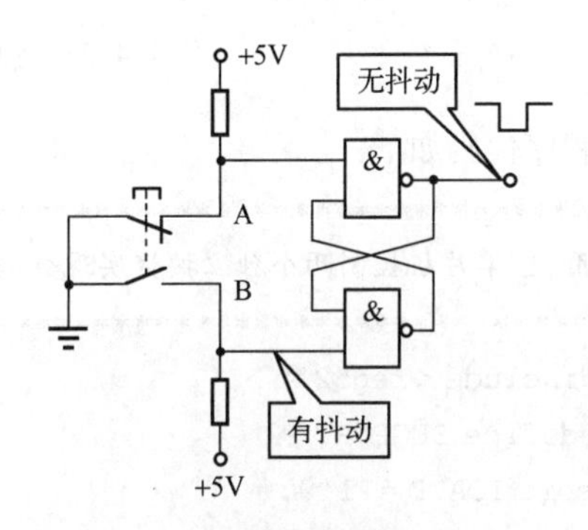

图4.23　硬件消抖电路原理图

4.4.2 独立式键盘的应用

独立式键盘的接口电路如图 4.24 所示，每个按键的电路均是独立的，占用一个 I/O 口。当按下任意按键时，单片机能检测到相应 I/O 口上的电平变化，从而识别出按键的状态。

单片机与独立式键盘连接，遵循尽可能不扩展的原则，4 个基本并行口均可使用。独立式键盘的控制较为简单，缺点是占用接口太多，浪费了宝贵的 I/O 资源。下面以一个例子说明独立式键盘的控制。

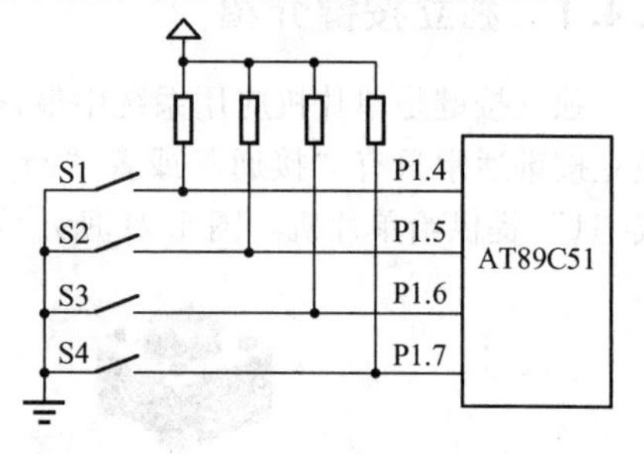

图 4.24　独立式键盘的接口电路

【例 4.7】采用两个独立按键控制实现数码管加减计数。

分析：独立按键的一端连接到单片机的 I/O 引脚上，另一端连接 GND。当按键未被按下时，引脚由于通过上拉电阻到 V_{CC}，所以为高电平；当按键被按下时，对应引脚连到 GND，为低电平。按键 1 作为数码管计数加，按键 2 作为数码管计数减。

独立按键加减计数应用电路如图 4.25 所示（Proteus 绘制）。单片机控制 P1.0 和 P1.1 引脚分别驱动了加减两个按键，同时使用 P2 口驱动一个共阴极数码管。采用 Proteus 仿真，按键选择 BUTTON。

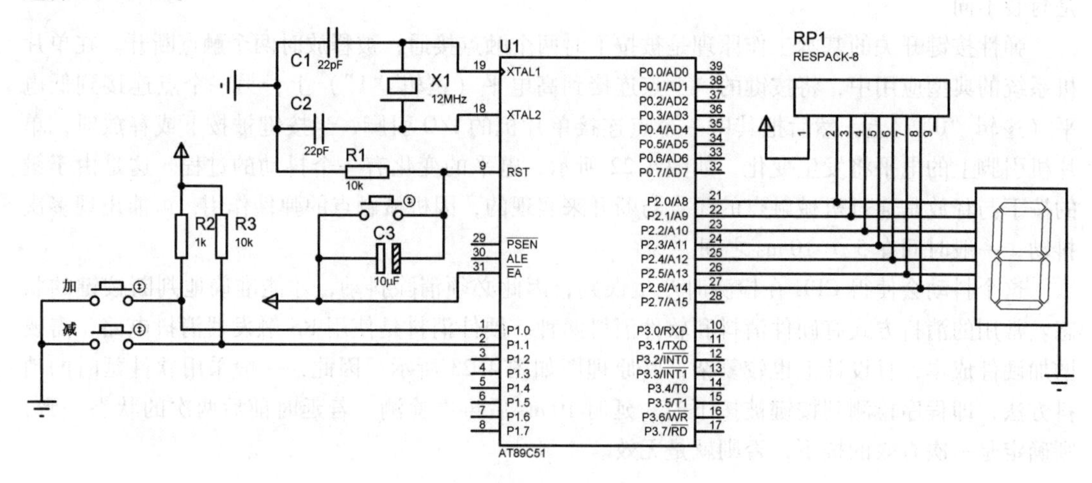

图 4.25　独立按键加减计数应用电路

程序代码如下：

```
/************************************
用 51 单片机控制两个独立按键实现数码管加减计数
************************************/
#include <reg52.h>                    //头文件
#define SEGPORT P2                    //定义数码管的驱动端口
sbit IOADD = P1^0;
sbit IOSUB = P1^1;
/***** 共阴极数码管的字形码表"0123456789" *****/
```

```
unsigned char code ledTab[] = {0x3F,0x06,0x5B,0x4F,0x66,0x6D,0x7D,0x07,0x7F,
0x6F};
/************************************
函数名称:Delay_Ms
函数功能:延时毫秒级别
输入参数:要延时的毫秒数
输出参数:无
************************************/
void Delay_Ms(unsigned int ms)
{
    unsigned char i;
    while(ms--)
    {
        for(i=0;i<120;i++);
    }
}
/************************************
函数名称:main
函数功能:主函数
输入参数:无
输出参数:无
************************************/
void main()
{
   unsigned char counter=0;

   while(1)
   {
     SEGPORT=ledTab[counter%10];   //查表,输出字形码
     if(IOADD==0)
     {
       Delay_Ms(150);              //软件延时
       if(IOADD==0)                //若两次读取状态一致,则说明按键被按下
         counter++;
     }
     if(IOSUB==0)
     {
       Delay_Ms(150);
       if(IOSUB==0)
         counter--;
     }
   }
 }
```

运行时可看到数码管显示数据在0～9之间。按“加”按键时，数码管显示加1；按“减”按键时，数码管显示减1。此例仿真中，软件延时选用 Delay_Ms(150)，若是连接实际电路，该延时应根据实际情况调整。

4.4.3 矩阵式键盘的应用

当键盘中按键数量较多时，为了减少I/O口占用，通常将按键排列成矩阵形式，即将多个独立按键按照行、列的结构组合起来构成一个 $M \times N$ 行列键盘。一个典型的 4×4 矩阵式键盘的接口电路如图4.26所示，分别有4根行线和4根列线，每根行线和列线交叉点处即为一个按键。

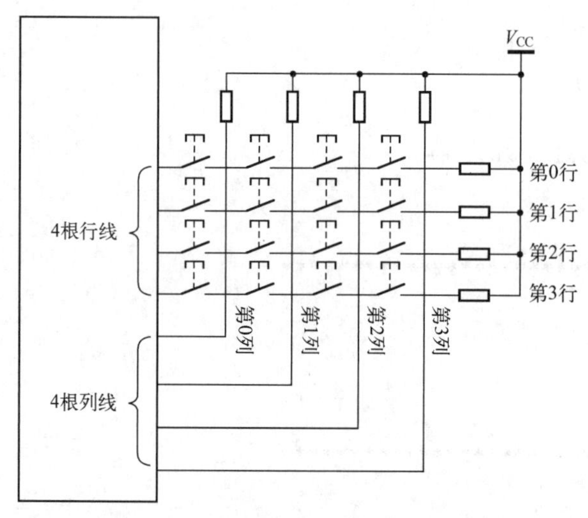

图4.26 典型的 4×4 矩阵式键盘的接口电路

矩阵式键盘同独立式键盘一样，也是通过检测接口线上的电平来判断按键是否被按下，但矩阵式键盘的检测相对复杂得多。检测方法主要有两种：一种是逐行扫描法，另一种是中断辅助判断法。若采用中断辅助判断法判断是否有按键按下，则需要将列线通过与门电路连接到外部中断输入口，此方法的好处是响应快，当有按键按下时很快能得到单片机的响应，但是硬件相对复杂，并且占用了一个外部中断。因此，最常采用的检测方法是逐行扫描法。

逐行扫描法的详细步骤如下：

（1）将所有的行线都置为低电平，读取列线状态；

（2）逐行扫描，依次将所有的行线都置为低电平，然后读取列线状态；

（3）如果对应的行列线上有按键被按下，则读入的列线为低电平；

（4）输出按键编码。

假设矩阵式键盘的行线接 P1.0～P1.3，列线接 P1.4～P1.7，行线输出扫描码，使按键逐行动态接地，列线输入按键状态，回馈信号。如图4.27所示，16个按键符号依次为 S1～S16。首先 CPU 对4条行线置0（P1 = 0xF0），然后从列线读入数据，若读入的数据全为1（(P1&0xF0) == 0xF0），表示无按键按下。只要读入的数据有一个不为1（(P1&0xF0)! = 0xF0），则表示有键被按下。然后令第1行为0，其他3行为1（P1 = 0xFE），再次读入全部列值，若全为1，表示按键不在此行，需要继续扫描下一行。接下来重复行扫描步骤，直到第X行为0时，第Y列也为0，则表明该按键位于第X行第Y列。键盘扫描程序流程图如图4.28所示。

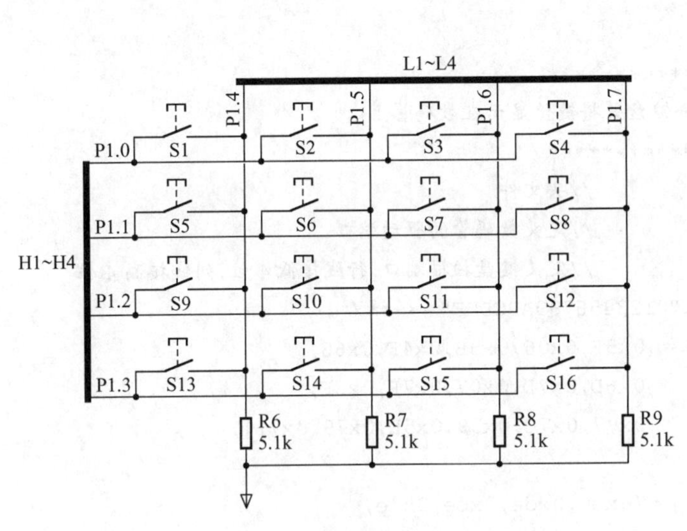

图4.27 矩阵式键盘的电路结构

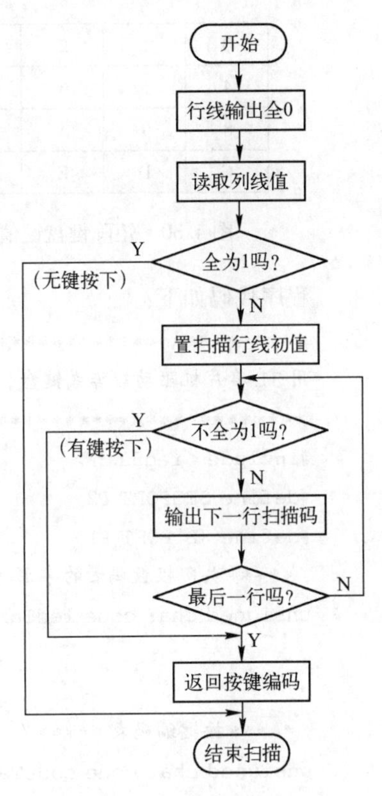

图4.28 键盘扫描程序流程图

【例4.8】单片机驱动矩阵式键盘，扫描键盘并将键值显示在数码管上。

分析：实例的应用电路如图4.29所示（Proteus绘制）。P2使用74HC244驱动一个共阴极数码管，P1口以逐行扫描方式接了16个按键。初始状态下，数码管无显示，当键盘扫描有按键按下时，把键值显示在数码管上。键值表及按键编码表如图4.30、图4.31所示。

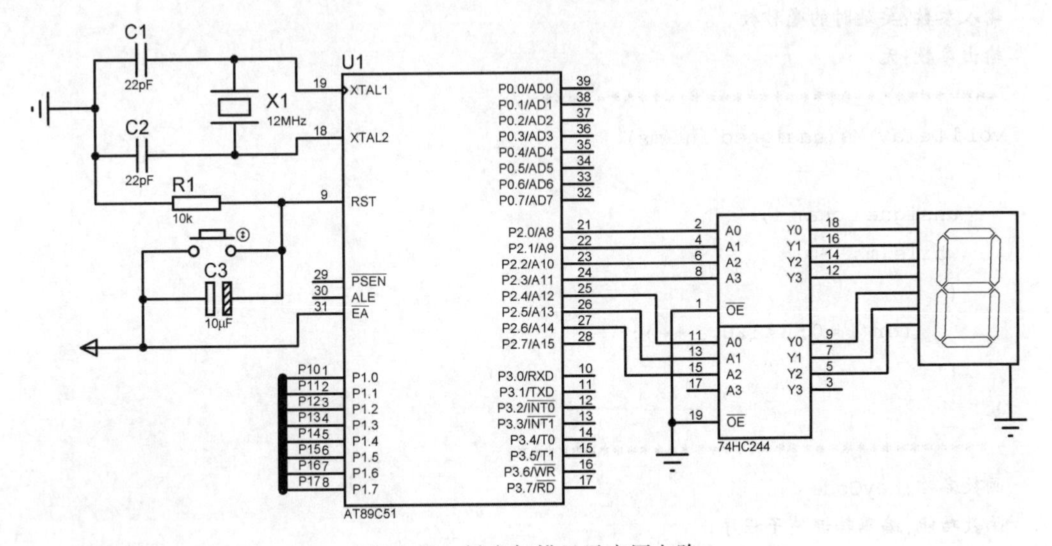

图4.29 键盘扫描显示应用电路

0	1	2	3
4	5	6	7
8	9	A	B
C	D	E	F

图 4.30　矩阵键盘键值表

0xEE	0xDE	0xBE	0x7E
0xED	0xDD	0xBD	0x7D
0xEB	0xDB	0xBB	0x7B
0xE7	0xD7	0xB7	0x77

图 4.31　矩阵键盘按键编码表

程序代码如下：

```
/************************************
用 51 单片机驱动矩阵式键盘,扫描键盘并将键值显示在数码管上
************************************/
#include <reg52.h>                    //头文件
#define SEGPORT P2                    //定义数码管的驱动端口
#define KB_PORT P1                    //定义键盘扫描端口,行线接低 4 位,列线接高 4 位
/*****共阴极数码管的字形码表"0123456789ABCDEF"*****/
unsigned char code ledTab[] = {0x3F,0x06,0x5B,0x4F,0x66,
                               0x6D,0x7D,0x07,0x7F,0x6F,
                               0x77,0x7C,0x39,0x5E,0x79,0x71};
/*****按键编码表*****/
unsigned char code codeTab[] = {0xee,0xde,0xbe,0x7e,
                                0xed,0xdd,0xbd,0x7d,
                                0xeb,0xdb,0xbb,0x7b,
                                0xe7,0xd7,0xb7,0x77};
/************************************
函数名称:Delay_Ms
函数功能:延时毫秒级别
输入参数:要延时的毫秒数
输出参数:无
************************************/
void Delay_Ms(unsigned int ms)
{
    unsigned char i;
    while(ms--)
    {
        for(i=0;i<120;i++);
    }
}
/************************************
函数名称:KeyCode
函数功能:编码转键值子程序
输入参数:keycode 表示键值编码
```

```
输出参数:若键值编码正确,则返回实际键值,否则返回0
************************************/
unsigned char KeyCode(unsigned char keycode)
{
  unsigned char i;
  for(i=0;i<16;i++)
  {
    if(keycode==codeTab[i])
    {
      return(i);
    }
  }
  return(0);
}
/************************************
函数名称:KeyBoardScan
函数功能:键盘扫描子程序
输入参数:无
输出参数:若有按键被按下,则返回键值,否则返回0xff
************************************/
unsigned char KeyBoardScan()
{
  unsigned char scancode,tempcode,keycode;
  KB_PORT=0xf0;                    //行线输出全0
  if((KB_PORT&0xf0)!=0xf0)
  {
    Delay_Ms(10);
    if((KB_PORT&0xf0)!=0xf0)       //延时确认有按键被按下
    {
      scancode=0xfe;               //扫描第1行
      while(scancode!=0xef)
      {
        KB_PORT=scancode;
        if((KB_PORT&0xf0)!=0xf0)  //该行有键被按下
        {
          tempcode=(KB_PORT&0xf0)|(scancode&0x0f);  //得按键编码
          keycode=KeyCode(tempcode);                //查编码表,转键值
          return(keycode);
        }
        else
        {
```

```
          scancode = (scancode << 1) |0x01;          //下一行
        }
      }
    }
  }
  return (0xff);
}

/ ***********************************
函数名称:main
函数功能:主函数
输入参数:无
输出参数:无
*********************************** /
void main()
{
  unsigned char pre_key;
  SEGPORT = 0x00;
  while(1)
  {
    pre_key = KeyBoardScan();
    if(pre_key! = 0xff)
    {
      SEGPORT = ledTab[pre_key];
    }
  }
}
```

键盘扫描时，通过行列值可拼出键值编码，再通过该编码查表得到实际键值。因此调用KeyBoardScan()子函数，若有按键被按下，则返回键值；若无按键被按下，则返回0xff。

小　　结

本章以最常用的外围设备扩展了单片机I/O端口的实际应用，其中作为显示模块的是LED数码管、LED点阵屏、LCD液晶，作为输入设备的是键盘。实际上，就是发光二极管和开关的使用。单片机的接口有限，在控制外设时多采用动态扫描方式，通过软件算法的复杂度来弥补硬件的缺陷。仔细理解本章中的各个实例，即可掌握单片机控制外设的基本原理。

习　　题

1. 数码管有哪两种接口控制方式？在实际应用中，两种方式应该如何选择？
2. 编写程序，控制图4.5中的数码管，使“0”能流水显示在8个数码管上。

3. LED 点阵屏与数码管有何异同？请从结构和控制两方面简要阐述。
4. 在例 4.4 的基础上，将点阵屏改为共阳极数码管，则程序代码应该如何修改？
5. 什么是 LCM？市面上的液晶多种多样，使用上的不同主要由哪部分决定？
6. 简述 LCD1602 中的内部 RAM 分为哪几部分？地址分布情况如何？
7. 按键使用时会出现弹性抖动，这种现象该如何消除？
8. 独立式键盘与矩阵式键盘的区别是什么？各有什么优缺点？

第5章 单片机中断系统与定时器/计数器

在使用按键控制数码管显示的实例中（见第4章），即使按键没有被按下，也需要一直检测与独立按键相连的I/O口状态。单片机的大量时间就浪费在查询操作上。实际应用中希望仅在按键按下的时候单片机才处理按键事件，消除无谓的等待，提高单片机的工作效率和实时性，这就需要采用中断技术，也就是本章要介绍的主要内容，第4章使用的是查询技术。

什么是中断呢？假设你正在计算机面前输入代码，突然宿舍电话响了，你马上停下来，去接电话，接完电话后回来继续输入代码。这就是生活中的“中断”现象。最早提出中断是为了解决快速CPU与慢速外围设备间的矛盾，随着计算机技术的不断发展，中断技术已成为单片机实时测控的主要手段。本章主要介绍89C51中断系统的硬件结构和工作原理，以及片内定时器/计数器的结构与功能。通过本章学习，应能够利用单片机中断系统完成计数、定时以及突发事件处理。

5.1 中断技术概述

CPU正在工作时（如执行主程序），出现紧急情况（来自单片机外部或者内部）请求CPU立即去处理，于是CPU暂停正在进行的工作，转而去执行相应的处理程序，待处理完成后，再回到原来被中止的地方继续工作（如继续执行主程序），这称为中断。

从中断的概念可以看出，中断包含以下要素：

（1）中断源：引起中断的原因和发出中断请求信号的来源，既可以来自单片机内部也可以来自单片机外部，并且中断的产生是随机不确定的。

（2）中断请求：中断源向CPU提出服务请求。

（3）中断响应：CPU处理中断请求的过程，即中断响应过程，如图5.1所示。从图中不难发现，中断响应需要CPU执行相应的中断服务程序，不仅如此，CPU还必须进行保护现场，目的是为了CPU在执行完中断服务程序后还能回到被暂停的地方继续工作。

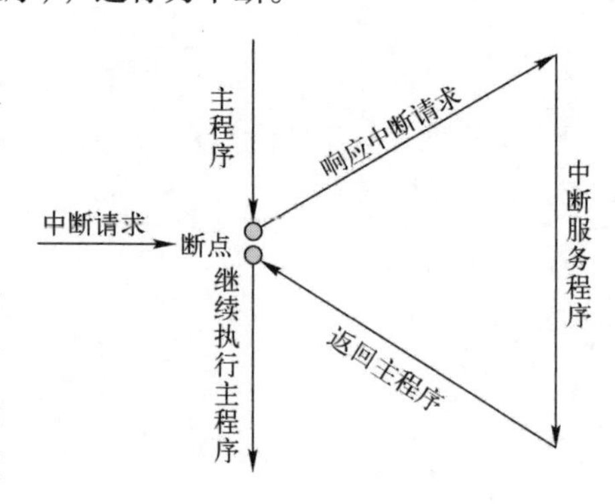

图5.1 中断响应过程

能够实现中断处理的系统称为中断系统，中断工作方式优势明显，因此单片机内部结构中都有中断系统，不同型号单片机具有的中断系统略有差异。下面主要介绍89C51中断系统的硬件结构和工作原理。

5.1.1　89C51的中断系统结构

89C51单片机内部的中断系统结构示意图如图5.2所示，该系统有5个中断源，具有2个中断优先级，可实现1级中断服务程序嵌套。每一个中断源都可以通过软件设置相应寄存器的值进行独立控制，允许或者屏蔽此中断；5个中断源的优先级也可通过软件置位寄存器的值进行设置。单片机内部的中断系统只是提供了能够实现中断机制的平台，是否响应中断，如何响应及响应的优先顺序则是通过编程对寄存器写入不同的值进行控制的。下面就分别介绍89C51的5个中断源以及与中断相关的寄存器。

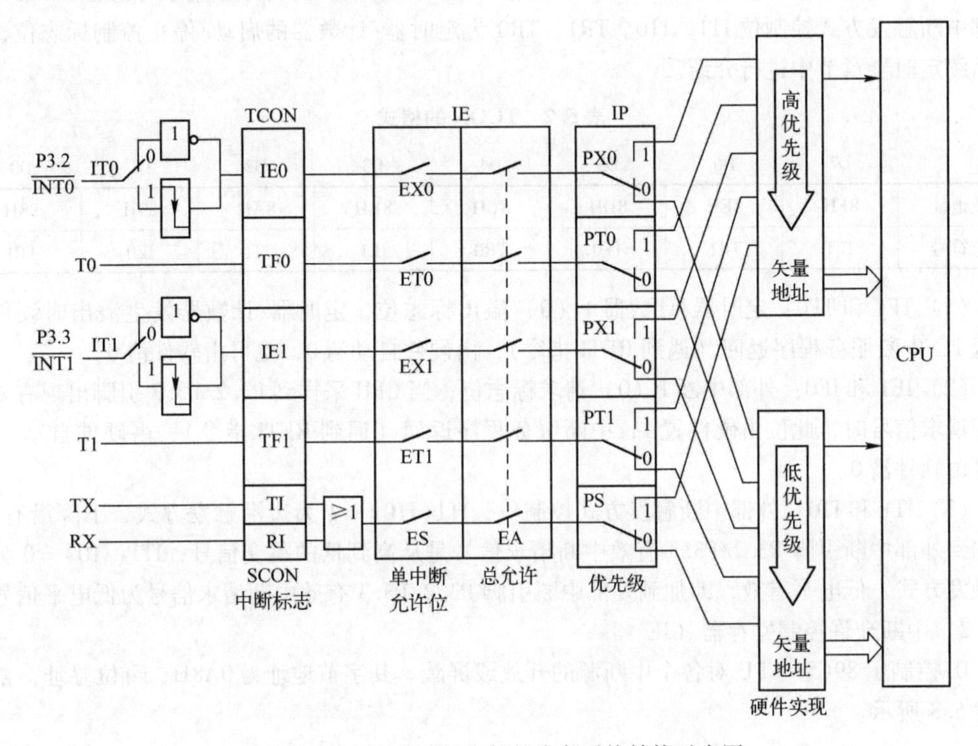

图5.2　89C51单片机内部的中断系统结构示意图

1. 中断源

89C51单片机中断源如表5.1所示。中断源产生有效的中断请求信号后，单片机的中断系统会硬件置位相应的中断请求标志位，若CPU响应中断，则会执行对应编号的中断服务程序，进行中断响应。

表5.1　89C51单片机中断源

中　断　源	说　　明	中断请求信号	中断请求标志位
$\overline{INT0}$	外部中断0	由P3.2引脚输入	IE0
T0	定时器/计数器0溢出中断	定时器/计数器0计数溢出	TF0
$\overline{INT1}$	外部中断1	由P3.3引脚输入	IE1
T1	定时器/计数器1溢出中断	定时器/计数器1计数溢出	TF1
串行口	串行口中断	串行通信完成1帧数据传输	发送TI/接收RI

2. 中断相关的寄存器

从图5.2中可以看出，89C51单片机通过对如下4个特殊功能寄存器的配置实现中断系统的控制，即TCON（外部中断/定时器控制寄存器）；SCON（串行口控制寄存器）；IE（中断允许控制寄存器）；IP（中断优先级控制寄存器）。其中，SCON是与串行口有关的寄存器，将在第7章中介绍。

1）外部中断/定时器控制寄存器（TCON）

TCON是外部中断/定时器控制寄存器，字节地址为88H，可位寻址，格式如表5.2所示。该寄存器包括了定时器的溢出中断请求标志位TF1、TF0，以及外部中断请求标志位IE1、IE0，外部中断触发方式控制位IT1、IT0。TR1、TR0为定时器/计数器的启动/停止控制标志位，将在后续定时器章节中进行介绍。

表5.2　TCON的格式

	D7	D6	D5	D4	D3	D2	D1	D0
位地址	8FH	8EH	8DH	8CH	8BH	8AH	89H	88H
位符号	TF1	TR1	TF0	TR0	IE1	IT1	IE0	IT0

（1）TF1和TF0：定时器/计数器1（0）溢出标志位，定时器/计数器发生溢出时硬件自动置1，中断服务程序返回（遇到RETI指令），由硬件自动清0，也可由软件清0。

（2）IE1和IE0：外部中断1（0）请求标志位，当CPU采样到P3.2/P3.3引脚出现有效的中断请求信号时，此位由硬件置1，中断服务程序返回（遇到RETI指令），由硬件自动清0，也可由软件清0。

（3）IT1和IT0：外部中断触发方式控制位，IT1(IT0)=1为边沿触发方式，下降沿有效，即加到外部中断引脚P3.2/P3.3有效中断请求信号是从高到低的跳变信号；IT1(IT0)=0为电平触发方式，低电平有效，即加到外部中断引脚P3.2/P3.3有效中断请求信号为低电平信号。

2）中断允许控制寄存器（IE）

IE控制了89C51 CPU对各个中断源的开放或屏蔽。其字节地址为0A8H，可位寻址，格式如表5.3所示。

表5.3　IE的格式

	D7	D6	D5	D4	D3	D2	D1	D0
位地址	0AFH	0AEH	0ADH	0ACH	0ABH	0AAH	0A9H	0A8H
位符号	EA	—	—	ES	ET1	EX1	ET0	EX0

（1）EA：总中断允许控制位。EA=1，允许总中断；EA=0，禁止所有中断。

（2）ES：串行口中断允许控制位。ES=1，允许串行口中断；ES=0，禁止串行口中断。

（3）ET1和ET0：定时器/计数器中断允许控制位。ET1(ET0)=1，允许定时器/计数器中断1(0)；ET1(ET0)=0，禁止定时器/计数器中断1(0)。

（4）EX1和EX0：外部中断允许控制位。EX1(EX0)=1，允许外部中断1(0)；EX1(EX0)=0，禁止外部中断1(0)。

89C51复位后，IE寄存器被清0。由图5.2可知，若使某个中断源被允许中断，不仅需要把IE寄存器相应的位置1，还需要开总中断，即EA=1。

3）中断优先级控制寄存器（IP）

在本章开始提到当你正在输入代码，电话响了的过程就是生活中“中断”的例子。生活中还会出现这样的情况，你接电话的时候，有人来敲门，你可以先接完电话再去开门，也可以放下电话去开门，实际我们是根据事情的轻重缓急做选择的。计算机中的中断系统也和人类的社会生活一样，存在中断优先级和中断嵌套。

89C51的中断源有高、低两个中断优先级，通过设置中断优先级控制寄存器IP的值来控制每一个中断源的优先级。低优先级和高优先级都可以中断主程序（正常程序）。高优先级的中断源能中断低优先级正在执行的中断服务程序，称为中断嵌套。89C51有2个中断优先级，能实现1级中断嵌套，中断嵌套过程如图5.3所示。IP的格式如表5.4所示，字节地址为0B8H，可位寻址。

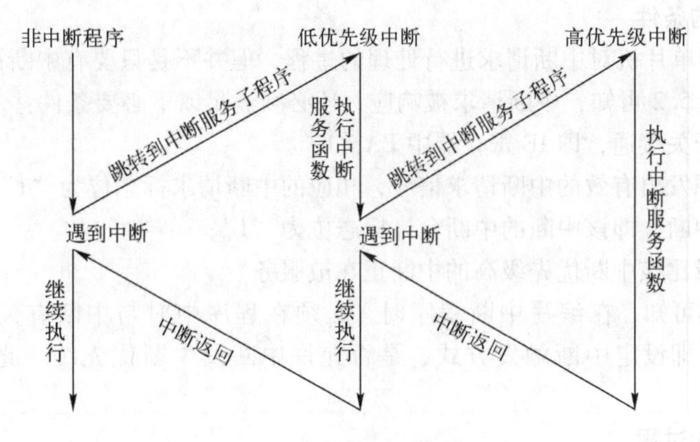

图5.3　中断嵌套过程

表5.4　IP的格式

	D7	D6	D5	D4	D3	D2	D1	D0
位地址	0BFH	0BEH	0BDH	0BCH	0BBH	0BAH	0B9H	0B8H
位符号	—	—	—	PS	PT1	PX1	PT0	PX0

（1）PS：串行口中断优先级控制位。

（2）PT1和PT0：定时器/计数器优先级控制位。

（3）PX1和PX0：外部中断优先级控制位。

向各自对应的优先级控制位写入“1”，设置为高优先级；若为“0”，则是低优先级。如果没有设置优先级，则同为低优先级。如果设置了优先级标志位，则CPU在响应中断源请求时遵循以下规则：

（1）低优先级中断能被高优先级中断请求所中断从而形成中断嵌套，高优先级中断不能被低优先级中断所中断。

（2）任何一种中断（无论优先级高低）一旦得到响应，不会再被同级的中断请求所中断。

（3）当同一优先级别的中断请求同时发生时，响应顺序取决于内部的查询顺序，如表5.5所示。由表5.5可知，所有中断源在同一个优先级时，外部中断0的优先权最高，串行口中断的优先权最低。

表 5.5 同级中断查询顺序

中 断 源	同级优先顺序
外部中断 0	最高 ↓ 最低
定时器/计数器 0	
外部中断 1	
定时器/计数器 1	
串行口中断	

5.1.2 中断响应

1. 中断响应的条件

中断响应是指单片机对中断请求进行处理的过程，但并不是只要有中断请求，就一定会被单片机响应。由图 5.2 可知，中断请求被响应，还必须满足以下必要条件：

（1）总中断开关接通，即 IE 寄存器中 EA = 1；

（2）该中断源发出有效的中断请求信号，相应的中断请求标志位为“1”；

（3）允许该中断，即该中断的中断允许标志位为“1”；

（4）无同级或比该中断优先级高的中断正在被服务。

从上面的叙述可知，在编写中断程序时，必须在程序中对与中断有关的寄存器 TCON，IE，IP 进行设置，即设定中断触发方式、是否允许中断及中断优先级。此过程称为中断初始化。

2. 中断响应的过程

单片机进行中断响应的详细过程如图 5.4 所示。涉及的操作如下：

（1）CPU 在每个机器周期的 S5P2 时刻对各中断标志位进行采样；

（2）下一个机器周期，CPU 按照中断优先级顺序依次查询各中断事件；

（3）响应最高优先级的中断请求，同时屏蔽同优先级的中断；

（4）执行长跳转（LCALL 指令）跳转到各中断请求对应的入口地址；

（5）执行中断服务函数；

（6）中断返回（RETI 指令），将中断标志位清 0。

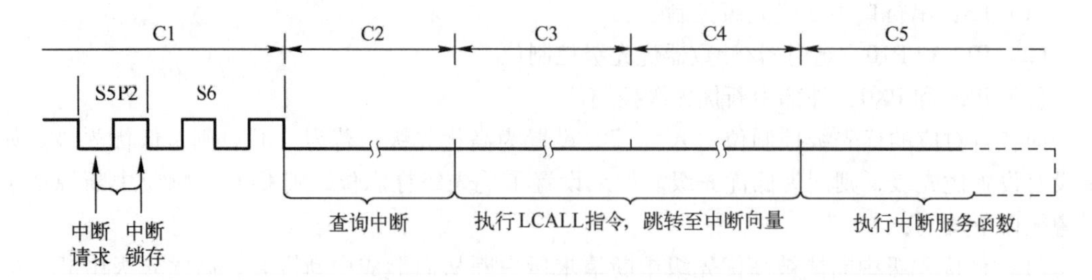

图 5.4 中断响应的详细过程

5.1.3 中断服务函数的设计

单片机进行中断响应的最终目的是执行中断服务函数，处理紧急事件，因此中断程序编写的重点就是中断服务函数的设计。

在标准C语言中没有处理中断的函数定义，为了方便用户设计中断服务函数，C51定义了中断服务函数。通过中断服务函数的定义，C51编译器可以自动生成中断向量（中断服务程序的入口地址），保护现场，中断返回后恢复现场，减小用户编写中断服务函数的复杂程度。

中断服务函数的标准形式为

```
void 函数名称()interrupt n using m
{
  //添加程序代码
}
```

interrupt和using是C51的关键字。interrupt表示该函数是一个中断服务函数，n是中断编号，取值范围为0～4，表示该中断服务函数所对应的中断源。每个中断编号对应唯一的中断入口地址，编译器从地址为（8×n+3）得到该中断源的入口地址。中断编号、中断源、中断入口地址的对应关系如表5.6所示。在89C51单片机中，片内RAM的地址0x00～0x1F一共32B，分为4个工作寄存器组，共同映射到R0～R7寄存器。到底对哪个工作组操作，由PSW寄存器中的RS0和RS1标志位决定。关键字using后面的m指该中断服务函数使用4个工作寄存器组的哪一组，由于C51编译器会自动分配，因此使用C51编写中断服务函数时这一句通常可以不写。

例如，外部中断0（$\overline{INT0}$）的中断服务函数可写成如下形式：

```
void  int0(void)  interrupt  0     //外部中断0中断服务函数
{
  //添加程序代码
}
```

在C51中编写中断服务函数还要注意以下几点：

（1）中断服务函数与标准C的函数调用是不一样的，当中断请求被响应后，中断服务函数被自动调用，因此中断服务函数既没有形式参数，也没有返回参数，也不能被直接调用，否则产生编译错误；

（2）中断服务函数名不能与C51的关键字重复；

（3）中断技术是为了实时处理，提高单片机的工作效率，因此在中断服务函数中不应该包含有死循环程序，且代码不宜过长。

表5.6　中断编号、中断源、中断入口地址的对应关系

中断编号	中断源	入口地址
0	外部中断0（$\overline{INT0}$）	0003H
1	定时器/计数器0（T0）	000BH
2	外部中断1（$\overline{INT1}$）	0013H
3	定时器/计数器1（T1）	001BH
4	串行口（TI/RI）	0023H

5.1.4　外部中断的应用

中断系统必须在正确的中断程序配合下才能正常运行。设计中断程序包括以下任务：

（1）设置中断允许控制寄存器 IE，允许响应中断请求源的中断；

（2）设置中断优先级控制寄存器 IP，确定中断源的优先级；

（3）若是外部中断源，必须设置中断触发方式；

（4）编写中断服务函数，处理中断请求。

89C51 单片机一共有 2 个外部中断源：$\overline{\text{INT0}}$和$\overline{\text{INT1}}$，分别对应单片机 P3.2 引脚和 P3.3 引脚，根据 IT0/IT1 的状态，可被配置为低电平触发或者下降沿触发（常用），利用边沿触发特性，可外接按键（键盘）或者对外部脉冲个数进行计数。扩展外围芯片时，外围芯片可利用此功能通知单片机 CPU 进行相关处理。

【例 5.1】 89C51 单片机的 P0 口接有 8 个 LED。利用引脚 P3.2 接的消抖开关产生中断请求，每来回拨动一次开关，触发$\overline{\text{INT0}}$中断，LED 显示图样发生变化。硬件电路图如图 5.5 所示（Proteus 绘制）。

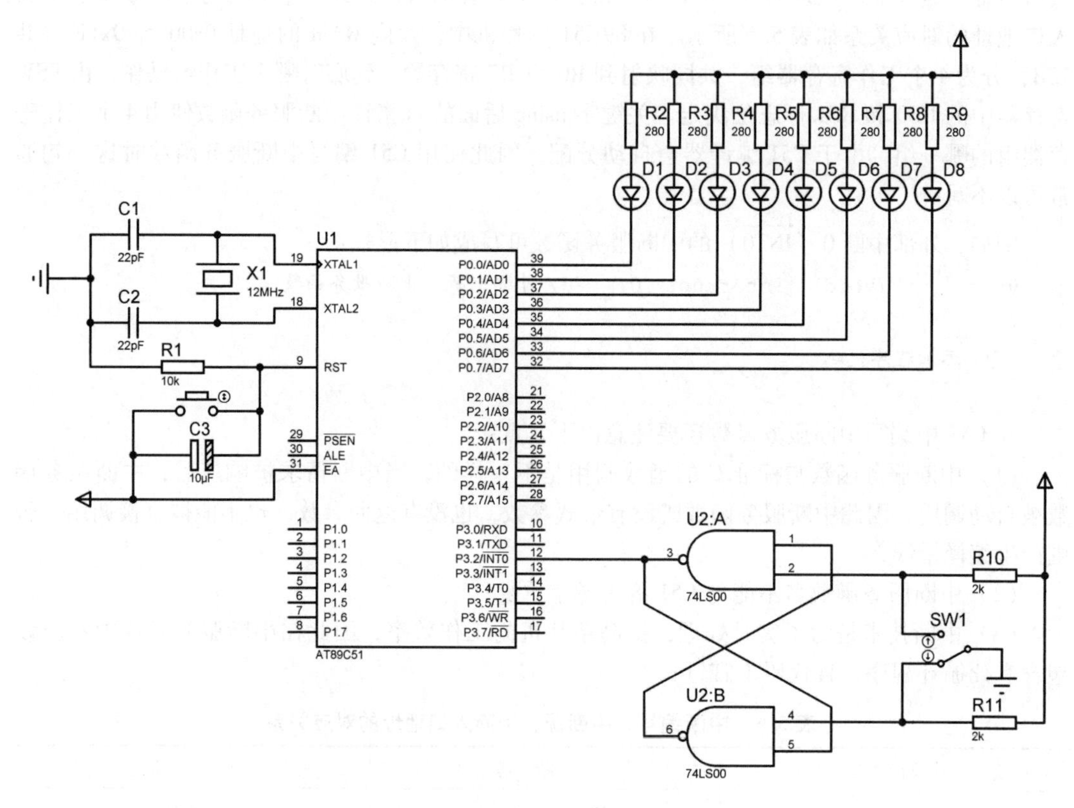

图 5.5 $\overline{\text{INT0}}$控制霓虹灯闪烁的硬件电路图

在第 4 章的例程中，通过查询方法检测 I/O 口状态控制 LED。在本例中，使用的是中断技术，开关拨动产生中断触发信号。硬件电路中，通过 RS 触发器进行硬件消抖。例程中包含中断系统初始化和中断服务函数的编写，其中中断编号为 0。

中断系统初始化包括：允许外部中断 0（单独设置 EA、EX0，也可直接设置 IE），设置外部中断的触发方式为下降沿有效（设置 IT0）。另一部分是中断服务函数的编写，其中中断编号为 0。主程序中的 while(1)看起来没有进行任何操作，而如果删除此行，主程序很快结束，中断请求得不到响应。本例中使用的是中断计数，当P3.2引脚产生有效的中断请求信号时触发中断，自动进入中断服务函数执行。本例也可使用查询方式，通过检查外部中断的中断请求标志位是否为1，来确定是否有中断请求。有中断请求时，执行相应的代码。

```
/***********************************
消抖开关产生外部中断请求信号,控制 LED 显示图样
***********************************/
#include <reg52.h>
#include <intrins.h>
#define uchar unsigned char
#define uint unsigned int

uchar i;
uchar code Figure[] =
{0xFC,0xF9,0xF3,0xE7,0xCF,0x9F,0x3F,0x7F,
0xFF,0xE7,0xDB,0xBD,0x7E,0xBD,0xDB,0xE7};     //LED 显示图样表
/***********************************
函数名称:main
函数功能:主函数
输入参数:无
输出参数:无
***********************************/
void main()
{
    P0 = 0xFF;                               //LED 全灭
    EA = 1;                                  //开总中断
    EX0 = 1;                                 //允许外部中断 0
    IT0 = 1;                                 //设置中断触发方式为边沿触发
    while(1);                                //循环,等待外部中断 0
}
/***********************************
函数名称:Int0
函数功能:外部中断 0 的中断服务函数,控制 LED 显示图样
输入参数:无
输出参数:无
***********************************/
void Int0() interrupt 0
{
    P0 = Figure[i++%16];                     //改变 LED 显示图样
}
```

【例5.2】89C51单片机的P0口接一只共阴极数码管。利用P3.3引脚接的消抖开关产生中断请求，每来回拨动一次开关，触发$\overline{\text{INT1}}$中断，数码管显示中断次数。硬件电路图如图5.6所示（Proteus绘制）。

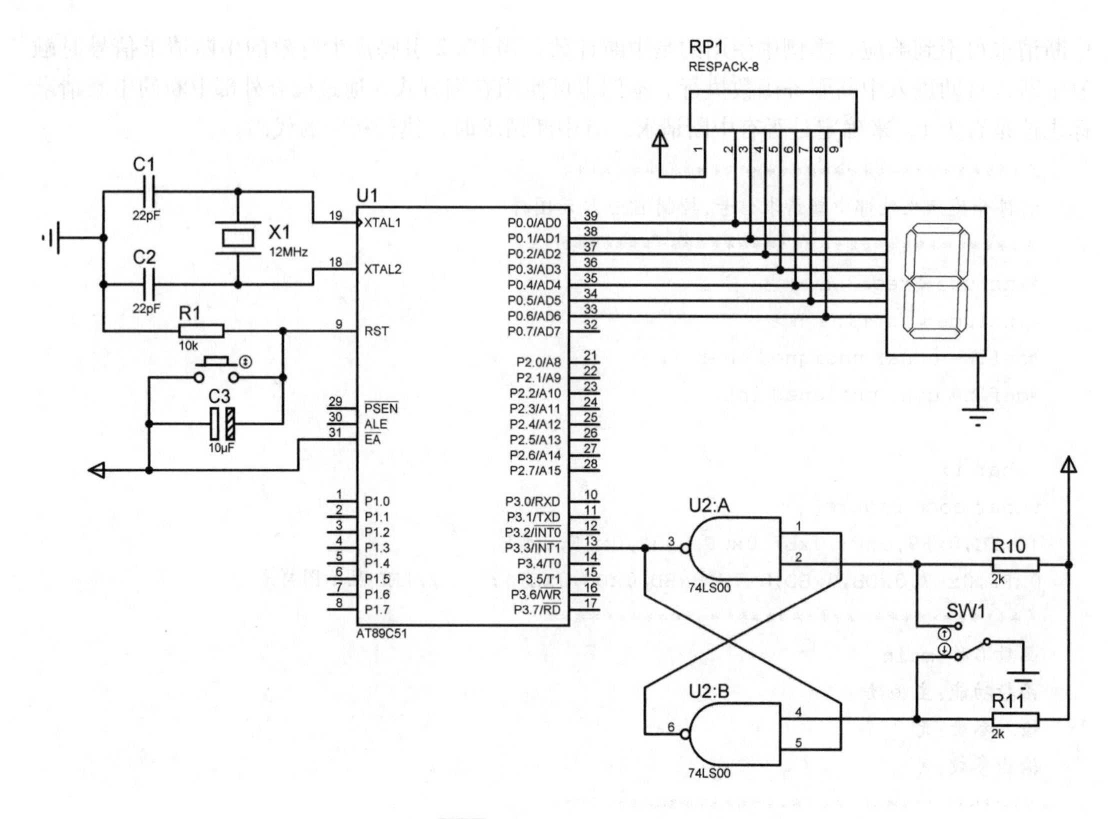

图 5.6 $\overline{\text{INT1}}$中断次数计数的硬件电路图

与例 5.1 相比，本例使用的是外部中断 1，需要引起注意的是中断编号是 2，而不是 1。

```
/ ***********************************
消抖开关产生外部中断请求信号,对中断次数计数
 ***********************************/
#include <reg52.h>
#define uchar unsigned char
#define uint unsigned int

uchar count_times;                              //中断次数
unsigned char code ledTab[ ] =
{0x3F,0x06,0x5B,0x4F,0x66,0x6D,0x7D,0x07,
0x7F,0x6F,0x77,0x7C,0x39,0x5E,0x79,0x71};       //共阴极数码管字形码表"0 ~9,A ~F"
/ ***********************************
函数名称:main
函数功能:主函数
输入参数:无
输出参数:无
 ***********************************/
void main()
{
```

```
    P0 = 0x00;                              //关数码管
    EA = 1;                                 //开总中断
    EX1 = 1;                                //允许外部中断 1
    IT1 = 1;                                //设置中断触发方式为边沿触发
    while(1)
    {
        P0 = ledTab[count_times% 16];       //数码管显示中断次数
    }
}
/*************************************
函数名称:int1
函数功能:外部中断 1 的中断服务函数,对中断次数进行计数
输入参数:无
输出参数:无
*************************************/
void int1() interrupt 2
{
    count_times ++;                         //中断次数加 1
}
```

5.2　单片机定时器/计数器

5.2.1　计数定时原理

计数是指对某一事件进行累计，电路中的计数实质是指对“脉冲”进行计数。在电路中又是如何产生固定的脉冲，实现定时的呢？从生活中计时的原理可知，定时的实质是对基准时间进行计数。比如对秒计数 60 次就完成定时 1 min。在单片机内部，定时器、计数器本质上是同一个电路模块。对于计数功能，单片机的输入“脉冲”来自芯片外部；对于定时功能，单片机的输入“脉冲”来自芯片内部的时钟电路。通过第 2 章的学习可知，单片机时钟电路的振荡信号是由外部晶体振荡器提供的。该振荡信号经过分频处理后能为单片机提供一个稳定的“脉冲”信号，作为定时的基准信号。

89C51 内部有 2 个 16 位可编程定时器/计数器 T0，T1，它们既是定时器也是计数器。通过对特殊功能寄存器的设置决定是计数模式还是定时模式。计数器是加 1 计数，即单片机 P3.4/P3.5 引脚每来一个“脉冲”信号，计数初值加 1 计数，直至达到计数器的最大值，计数溢出后本次计数结束。89C51 是 16 位的计数器，因此每个计数器的计数最大值是 65 536（$2^{16}=65\,536$）。根据计数原理，可以计算出计数初值。例如某生产线上每 24 个易拉罐需要打包成一箱，即每计数到 24 个就需要自动打包机进行打包。计数初值为 65 536 − 24 = 65 512，计够 24 个易拉罐后，计数器计满产生溢出中断，触发自动打包机工作。计数值存在计数寄存器 TH0，TL0（T0），TH1，TL1（T1）中。其中，TH0（TH1）存放计数值的高 8 位，TL0（TL1）存放计数值的低 8 位。在上面的例子中（若使用 T0），设定计数器的初值为 TH0 = 0xFF，TL0 = 0xE8。

89C51 的定时计数脉冲来自振荡电路 12 分频后的脉冲信号，即单片机的机器周期。例如，单片机的振荡频率f_{osc} = 12 MHz，则计数的脉冲周期为 12/f_{osc} = 1 μs。定时器的计数寄存器也是 16 位的情况下，已知定时时间，就可以计算出计数器的初值。例如，需要定时时间为 5 ms，则需要计数的基准脉冲个数为 5 ms/1 μs = 5 000，计数器初值为 65 536 − 5 000 = 60 536，TH0 = 0xEC，TL0 = 0x78。

5.2.2 定时器/计数器的结构

89C51 单片机的定时器/计数器结构框图如图 5.7 所示，两个定时器/计数器（T1，T0）结构一致。二者都是加 1 计数器，都有定时、计数两种工作模式。工作在计数模式下，脉冲信号来源于 P3.4(T0)，P3.5(T1)；工作在定时模式下，脉冲信号来源于单片机系统时钟信号 12 分频后的内部脉冲。特殊功能寄存器 TMOD 用于选择 T0、T1 的工作方式和工作模式，TCON 用于控制 T0、T1 的启动和停止及当前是否计数溢出。

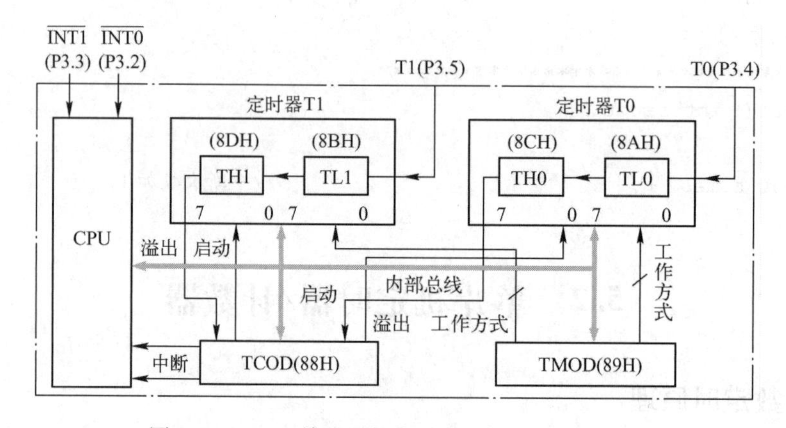

图 5.7 89C51 单片机的定时器/计数器结构框图

T0 和 T1 工作在定时器模式和计数器模式下都不会影响 CPU 的正常运行，直到计数溢出产生中断请求时，CPU 才会停下来执行定时器/计数器的中断服务程序。这就好比设定闹钟，定时时间到，闹钟才会响。因此可以认为定时器/计数器与 CPU 是并行工作的。这与前面用到的延时函数不同，延时函数是利用空指令，在时间上留下痕迹。在延时时间里，CPU 一直在执行空指令。

5.2.3 定时器/计数器的控制寄存器

1. 工作方式控制寄存器（TMOD）

89C51 的定时器/计数器工作方式控制寄存器 TMOD，用于选择定时器/计数器的工作方式及工作模式，字节地址为 89H，不能位寻址，只能对 TMOD 按整个字节设置，其格式如表 5.7 所示。高 4 位控制 T1，低 4 位控制 T0。各个位的含义如下（以高 4 位为例）：

表 5.7 TMOD 的格式

位符号	GATE	$C/\overline{T}$	M1	M0	GATE	$C/\overline{T}$	M1	M0
	←定时器T1→				←定时器T0→			

（1）GATE：门控位。

GATE = 1 时，定时/计数器的运行受 P3.2/P3.3 引脚控制；

GATE = 0 时，定时/计数器的运行不受 P3.2/P3.3 引脚控制。

（2）$C/\overline{T}$：定时/计数功能选择位。

$C/\overline{T}=1$ 时，计数方式，在每个机器周期的 S5P2 节拍对 P3.5 引脚的脉冲进行采样，相邻2个机器周期出现下降沿，则计数值加1。

$C/\overline{T}=0$ 时，定时方式，以晶振 12 分频为脉冲信号源，当采用 12 MHz 晶振时，计数频率为 1 MHz，即 1 μs 计数值加 1；

（3）M1、M0：工作方式选择位。

M1、M0 的 4 种编码，对应 4 种工作方式，如表 5.8 所示。

表 5.8　M1、M0 工作方式选择

M1	M0	工作方式	功　能
0	0	工作方式 0	13 位计数器
0	1	工作方式 1	16 位计数器
1	0	工作方式 2	8 位计数器，有自动装载功能
1	1	工作方式 3	定时器 T0：分成两个 8 位计数器；定时器 1：停止计数

2. 定时器/计数器控制寄存器（TCON）

定时器/计数器控制寄存器 TCON 已在 5.1.1 节进行了介绍。这里仅介绍与定时器/计数器有关的高 4 位功能，如表 5.9 所示。

表 5.9　TCON 的格式

	D7	D6	D5	D4	D3	D2	D1	D0
位地址	8FH	8EH	8DH	8CH	8BH	8AH	89H	88H
位符号	TF1	TR0	TF0	TR1	IE1	IT1	IE0	IT0

（1）TF0 和 TF1：定时器/计数器 0(1) 溢出标志位。

定时器/计数器发生溢出时，由硬件置 1；

中断子程序返回（遇到 RETI 指令），由硬件自动清 0。

（2）TR0 和 TR1：定时器/计数器 0(1) 启动/停止位。

TR0(TR1) = 1：启动计数；

TR0(TR1) = 0：停止计数。

5.2.4　定时器/计数器的 4 种工作方式

下面以 T0 为例，详细介绍定时器/计数器的 4 种工作方式。

1. 工作方式 0

定时器/计数器工作方式 0 的逻辑结构图如图 5.8 所示。从图中可以看出 $C/\overline{T}$ 是工作模式的选择开关。当 $C/\overline{T}=0$ 时，定时器/计数器工作在定时模式，计数的脉冲来源是晶振 12 分频后的信号；当 $C/\overline{T}=1$ 时，定时器/计数器工作在计数模式，计数的脉冲来自 P3.4 引脚的外部输入脉冲。GATE 的取值决定了定时器/计数器的正常工作仅受控于 TRO，还是同时受控于 TRO 和$\overline{INT0}$引脚状态。当 GATE = 0 时，只要 TR0 = 1 就能启动定时器/计数器工作；当 GATE = 1 时，只有$\overline{INT0}$引脚状态为 1 且 TR0 = 1 时才能使控制开关闭合。在工作方式 0 时，定时器/计数器以 13 位模式工作，高 8 位仍然为 TH0，但 TL0 只使用低 5 位。一旦启动定时器，每个“有效脉冲”将触发 T0 的工作寄存器增 1，当 TH0 = 0xFF，TL0 = 0x1F 时，再来一个脉冲，TH0 = TL0 = 0x00，置位定时器溢出标志位 TF0。

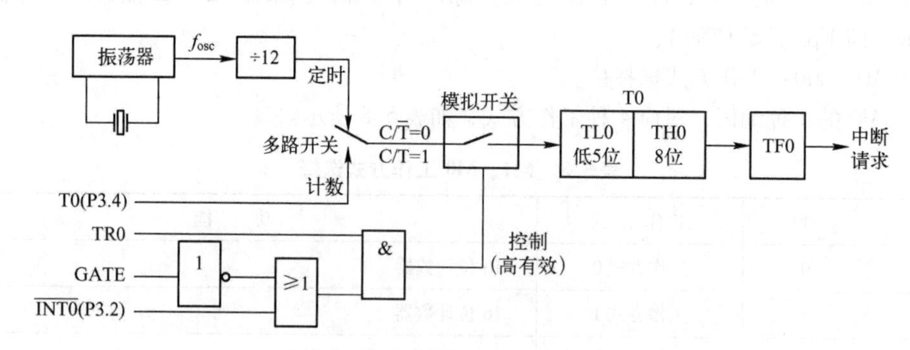

图 5.8　定时器/计数器工作方式 0 的逻辑结构图

2. 工作方式 1

工作方式 1 是最常用的工作方式，其工作原理与工作方式 0 相似，从图 5.9 工作方式 1 的逻辑结构图可以看出，工作方式 1 和工作方式 0 的差别是在工作方式 1 是 16 位定时器/计数器，高 8 位和低 8 位分别为 TH0 和 TL0。一旦启动定时器，每个“有效脉冲”将触发 T0 的工作寄存器增 1，当 TH0 = TL0 = 0xFF 时，再来一个脉冲，TH0 = TL0 = 0x00，置位定时器溢出标志位 TF0。

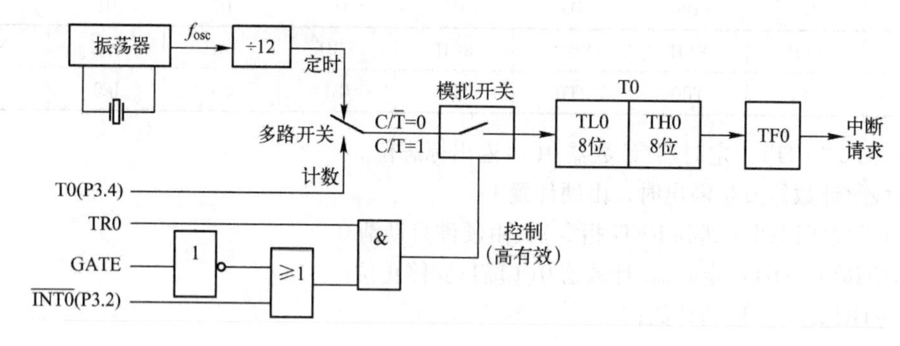

图 5.9　定时器/计数器工作方式 1 的逻辑结构图

3. 工作方式 2

在工作方式 0 和工作方式 1 中，当计数器计满后，不仅置位溢出标志位，而且计数器归零。在编写循环计数或循环定时程序时（比如编写秒表程序）必须在程序中重新装入计数器初值。工作方式 2 最大的特点就是能够自动装载计数初值。此时定时器/计数器 T0 的工作寄存器 TH0、TL0 分为两个独立的 8 位寄存器，TL0 为 8 位独立计数器，TH0 用来存储计数器初始值。初始化时，应设置为 TH0 = TL0。一旦启动定时器，每个“有效脉冲”将触发 T0 的工作寄存器 TL0 增 1，当 TL0 = 0xFF 时，再来一个脉冲，TL0 = TH0，并置位 TF0。定时器/计数器工作方式 2 的逻辑结构图如图 5.10 所示。

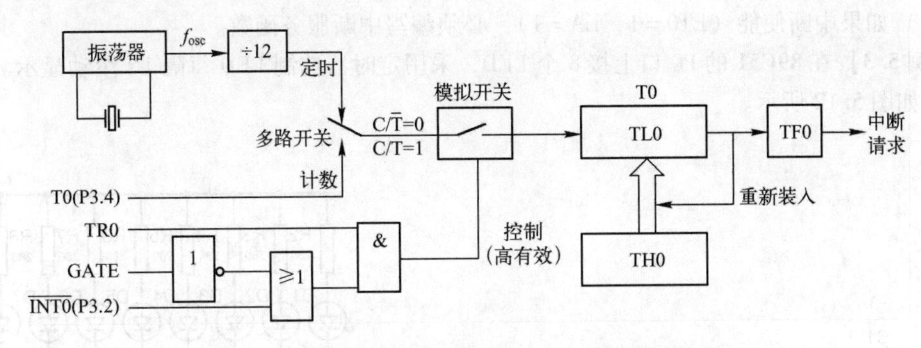

图 5.10　定时器/计数器工作方式 2 的逻辑结构图

4. 工作方式 3

只有 T0 能够工作在工作方式 3，T1 在工作方式 3 下停止计数。此时定时器/计数器 T0 的工作寄存器 TH0、TL0 分为两个，TL0 为 8 位独立计数器；TH0 使用 T1 的控制位 TR1 和 TF1，两个工作寄存器可同时工作，并分别申请中断。

一般情况下，T0 的工作方式 3 仅在 T1 在工作方式 2 且不要求中断才使用。比如使用 T1 作为串行口的波特率发生器时。因此工作方式 3 特别适合于单片机需要 1 个独立的定时器/计数器、1 个定时器及 1 个串行口波特率发生器的情况下。其工作原理如图 5.11 所示。

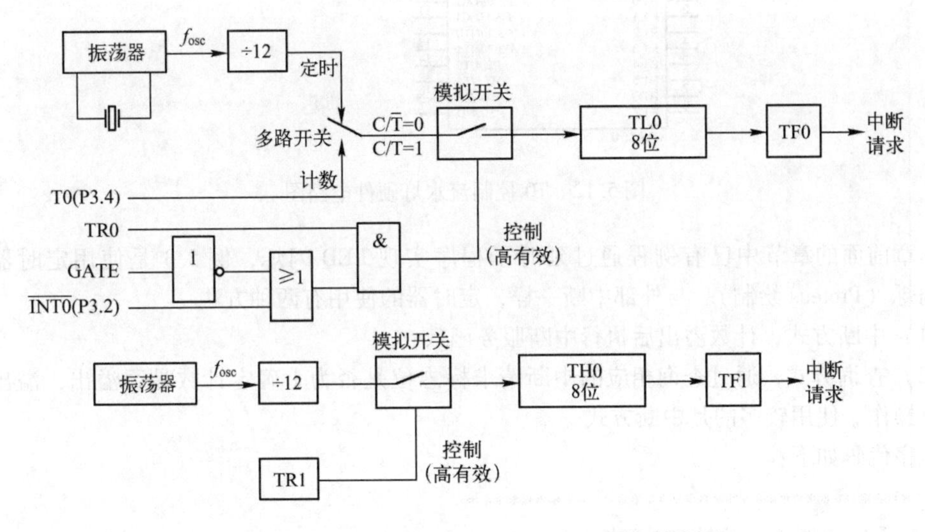

图 5.11　定时器/计数器工作方式 3 的逻辑结构图

5.2.5　定时器/计数器的应用

对定时器/计数器初始化的一般步骤（以 T0 为例）：

（1）计算定时器/计数器 T0 的初始值→设置 TH0、TL0 →设置 TMOD →设置 IP →设置 IE →设置 TCON；

（2）如果定时器/计数器 T0（T1）工作在计数模式下，要将计数信号加到单片机的 P3.4（P3.5）引脚上（满足高低电平要求）；

（3）如果发生溢出（中断），需要重新给 TH0、TL0 赋初值（工作方式 2 除外）；

（4）如果中断使能（ET0 = 1，EA = 1），必须编写中断服务函数。

【例 5.3】 在 89C51 的 P0 口上接 8 个 LED，采用定时器控制 LED 每隔 1 s 滚动显示。硬件电路图如图 5.12 所示。

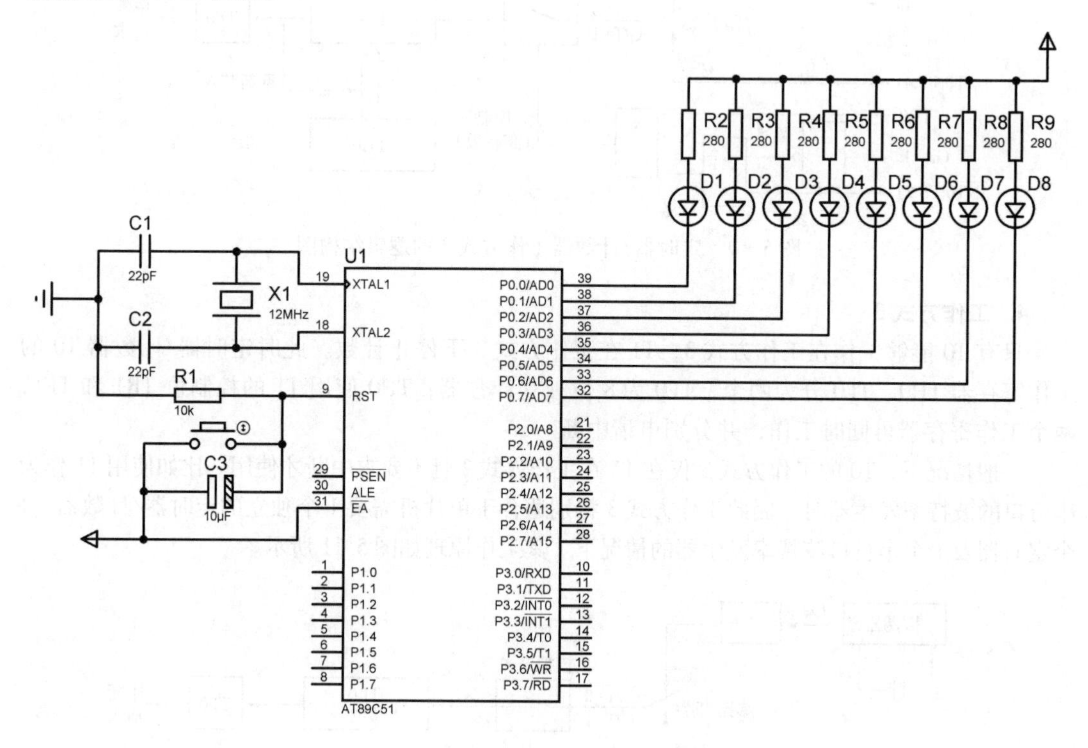

图 5.12　T0 控制流水灯硬件电路图

本章前面的章节中已有例程通过延时子程序实现 LED 闪烁，例 5.3 是使用定时器控制 LED 闪烁（Proteus 绘制）。与外部中断一样，定时器的使用有两种方法：

（1）中断方式，计数溢出后执行中断服务函数；

（2）查询方式，通过查询相应的中断请求标志位是否为 1 确定计数是否溢出，溢出后执行相应操作。使用较多的是中断方式。

程序代码如下：

```
/************************************
定时器 T0 定时 1 s,控制 LED 闪烁
************************************/
#include <reg52.h>
#include <intrins.h>
#define uchar unsigned char
#define uint unsigned int
```

```
uchar T_count =0;                    //循环次数
/************************************
函数名称:main
函数功能:主函数
输入参数:无
输出参数:无
************************************/
void main()
{
    TMOD =0x01;                      //设置定时器 T0 为工作方式 1
    TH0 = (65536 -50000)/256;        //向 TH0 写入初值的高 8 位
    TL0 = (65536 -50000)% 256;       //向 TL0 写入初值的低 8 位
    P0 =0xFE;                        //P0 口进行初始化
    EA =1;                           //开总中断
    ET0 =1;                          //允许定时器 T0 中断
    TR0 =1;                          //启动定时器 T0
    while(1);                        //循环,等待定时中断
}
/************************************
函数名称:timer0
函数功能:定时器 T0 的中断服务函数,控制 LED 闪烁
输入参数:无
输出参数:无
************************************/
void timer0() interrupt 1
{
    TH0 = (65536 -50000)/256;        //重装初值
    TL0 = (65536 -50000)% 256;
    if(++T_count ==20)               //对定时 50 ms 计数
     {
    P0 =_cror_(P0,1);                //点亮下一个 LED
        T_count =0;                  //循环次数清 0
     }
}
```

在本例中，通过设置定时器工作模式（设置 TMOD），定时器初值（设置 TH0/TL0），允许定时器中断（设置 IE），启动定时器（设置 TR0）完成了定时器中断初始化。在此过程中，最难的是定时器初值的计算。初值计算原理已在 5.2.1 节详细叙述，此处不再赘述。本例中定时器工作在工作方式 1，为 16 模式。高 8 位和低 8 位分别存放于 TH0 和 TL0。通过计数初值对 256 取整取余分别得到 TH0 和 TL0。在单片机晶振为 12 MHz 情况下，工作方式 1 的最大定时时间为 65.536 ms，无法满足定时时间为 1 s 的要求。本例中每隔 50 ms 触发中断，但并未点亮下一个 LED，而是累加全局变量 T_count，直到其值达到 20，即定时时间为 1 s 才点亮下一个 LED。

定时器应用中，难点是计数初值的计算，重点仍是中断服务函数的编写。对于工作方式1，没有自动装载初值功能，在计数溢出后，计数初值寄存器自动归0。如果希望定时器按照定时时间不断触发，必须在进入中断服务函数后再次装载初值。

【例5.4】 利用计数器T1的工作方式2对外部脉冲计数，硬件电路图如图5.13所示（Proteus绘制）。计数输入引脚P3.5外接消抖开关SW1，作为计数信号输入。SW1来回拨动5次后，LED灯状态改变。

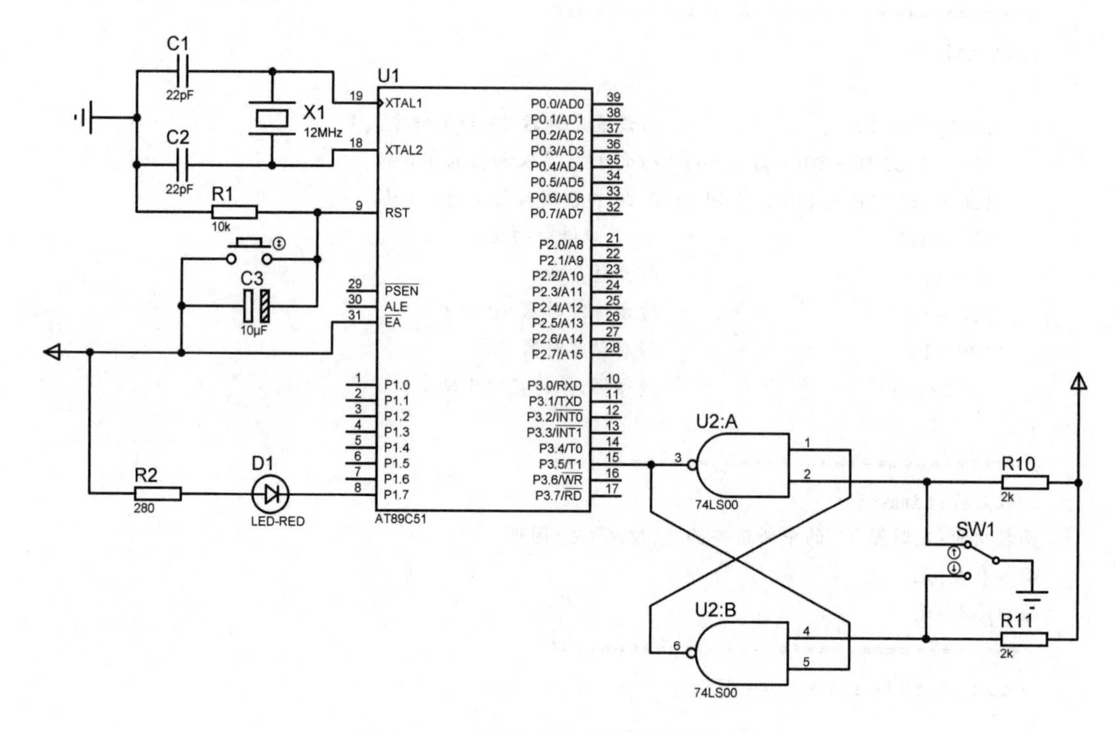

图5.13 T1对外部脉冲计数硬件电路图

与例5.3不同的是该例程使用的是定时器/计数器的计数模式，完成对外部脉冲个数的计数功能。

程序代码如下：

```
/***********************************
计数器T1对外部脉冲计数,控制LED
***********************************/
#include<reg52.h>
#include<intrins.h>
#define uchar unsigned char
#define uint unsigned int

sbit LED=P1^7;
/***********************************
函数名称:main
函数功能:主函数
```

```
输入参数:无
输出参数:无
*************************************/
void main()
{
    TMOD=0x60;              //设置计数器 T1 为工作方式 2
    TH1=251;                //向 TH0 写入初值
    TL1=251;                //向 TL0 写入初值
    LED=0;                  //LED 初始化
    EA=1;                   //开总中断
    ET1=1;                  //允许计数器 T1 中断
    TR1=1;                  //启动计数器 T1
    while(1);               //循环,等待计数溢出
}
/*************************************
函数名称:timer1
函数功能:计数器 T1 的中断服务函数,控制 LED
输入参数:无
输出参数:无
*************************************/
void timer0() interrupt 3
{
    LED=~LED;               //LED 状态取反
}
```

小　　结

本章首先介绍了中断的基本概念，并对单片机中断系统的硬件结构、工作原理及相关寄存器的应用进行了详细描述，并在此基础上介绍了外部中断的应用。接着介绍了单片机片内的定时器/计数器模块。重点介绍了定时器/计数器的结构和工作方式，最后介绍了定时器/计数器的应用实例。

习　　题

1. 中断技术有哪些特性？中断函数与一般普通函数有哪些相同和不同之处？
2. 中断响应的条件有哪些？
3. 89C51 有几个中断源？各个中断源的标志位如何产生？如何清除？
4. 定时器/计数器工作在计数模式下，对外部计数脉冲有何要求？
5. 定时器工作方式 2 有何特点？适用于哪些场合？
6. 单片机晶振频率为 6 MHz 时，定时器/计数器在工作方式 0，1，2 下，最大定时时间分别为多少？

7. 假设89C51单片机的两个外部中断已被使用，但是现在需要增加一个外部中断源，当外部中断发生时，控制接在P0口的8个LED状态改变。

8. 假设系统时钟频率为12 MHz，编写程序实现从P2.0引脚产生周期为2 ms的方波。

9. 结合第4章的数码管动态扫描例题4.3，用计数器中断实现100以内的按键计数。

10. 如何实现利用定时器的门控信号测量脉冲宽度，简述编程思路。

第6章 单片机的数-模与模-数转换

当单片机用于数据采集和过程控制时，采集对象往往是连续变化的物理量（如温度和压力等），但单片机所能处理的是离散的数字量（1为高电平，0为低电平），所以必须将连续变化的物理量进行采样、保持，然后转换为数字量再交给单片机进行处理和保存。单片机输出的数字量有时也要转换为模拟量才能去控制外部元件（如电动机）。D/A（数-模）转换器完成从数字量到模拟量的转换，A/D（模-数）转换器完成从模拟量到数字量的转换。

6.1 D/A 转换器

在单片机运行中，它向外界输出的信号是数字量，即高电平（1）或者低电平（0）。但在实际的应用中，如用单片机控制电动机的转动，就需要将数字量转换为模拟量。D/A 转换器是一种将数字信号转换成模拟信号的器件，它为计算机系统的数字信号与模拟环境的连续信号之间提供了一种转换接口。

6.1.1 D/A 转换原理

目前，D/A 转换电路多种多样，比较常用的是T型电阻解码网络。现以8位二进制 D/A 转换电路为例说明其工作原理，如图6.1所示。V_{ref}是标准的参考电压，由于运算放大器工作在深度负反馈区域，所以，可以将运算放大器看作理想运算放大器。利用“虚短”，则运算放大器两端的电位 $V_- = V_+ = 0$ V。所以，无论开关是接地还是接到运算放大器，整个电阻解码网络的总体等效电阻为 R，则

$$I = V_{ref}/R, I_7 = I/2, I_6 = I/2^2, I_5 = I/2^3, I_4 = I/2^4, I_3 = I/2^5, I_2 = I/2^6, I_1 = I/2^7, I_0 = I/2^8$$

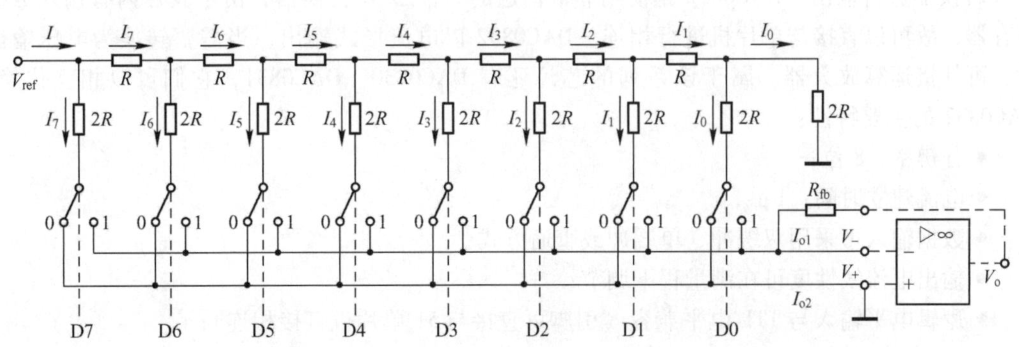

图6.1 T型电阻解码网络 D/A 转换器转换原理

二进制的每一位 Di($i=0,1,2,3,4,5,6,7$)都接着一个 $2R$ 的电阻，并由该 Di 值控制一个双向开关，当 D$i=0$ 时，开关接地；当 D$i=1$ 时，开关接到运算放大器上。例如，当输入

的数据 D7 ～ D0 的值为 11111111B 时，$I_{o1}=I_7+I_6+I_5+I_4+I_3+I_2+I_1+I_0=I/2^8\times(2^7+2^6+2^5+2^4+2^3+2^2+2^1+2^0)$ $I_{o2}=0$。若 $R_{fb}=R$，则 $V_o=-I_{o1}\times R_{fb}=-I_{o1}\times R=-(V_{ref}/2^8)\times(2^7+2^6+2^5+2^4+2^3+2^2+2^1+2^0)$。由此可见，输出电压与二进制数成比例关系，只要调整运算放大器的反馈电阻 R_{fb} 和参考电压 V_{ref}，就可以得到和 n 位二进制数成比例的输出电压 V_o。因此，将 T 型电阻解码网络和二进制数码开关集成在一个芯片内，便形成了各种各样的 D/A 转换器。

6.1.2 D/A 转换器的主要性能指标

1. 分辨率

D/A 转换器的分辨率是指输入数字量的最低有效位（LSB）发生变化时，所对应的输出模拟量（电压或电流）的变化量。如对于参考电压 $V_{ref}=5$ V 时，采用的是 8 位 D/A 转换器，则它的分辨率为 5 V/256 = 19.5 mV。分辨率反映了输出模拟量的最小变化值，D/A 转换器的位数越多，则它的分辨率就越高。

2. 精度

精度（绝对精度）主要是指在整个量程范围内，任一输入数字量所对应的模拟量实际输出值与理论值之间的最大误差。通常情况下，精度（即最大误差）应小于 1 个 LSB 的输出模拟量。

3. 建立时间

建立时间是指 D/A 转换器输入的数字量发生满刻度变化时，对应输出的输出模拟信号达到满刻度值的 ±1/2LSB 所需的时间，它是描述 D/A 转换器转换速率的一个动态指标。根据建立时间的不同，D/A 转换器分为超高速（ <1 μs）、高速（10 ～ 1 μs）、中速（100 ～ 10 μs）、低速（≥100 μs）几档。

6.1.3 DAC0832 的使用

目前，市场上的 D/A 转换芯片有两种：电压输出和电流输出。在实际应用中，常采用电流输出外加运算放大器实现电压输出，本节主要以 DAC0832 为例来讲解 51 单片机如何控制 D/A 转换器进行输出。DAC0832 是使用非常普遍的 8 位 D/A 转换器，由于其片内有输入数据寄存器，故可以直接与单片机进行相连。DAC0832 以电流形式输出，当需要转换为电压输出时，可外接运算放大器。属于该系列的芯片还有 DAC0830、DAC0831，它们可以相互代换。DAC0832 的主要特性：

- 分辨率：8 位；
- 电流建立时间：1 μs；
- 数据输入可采用双缓冲、单缓冲或直通方式；
- 输出电流线性度可在满量程下调节；
- 逻辑电平输入与 TTL 电平兼容（引脚可直接与 51 单片机直接相连）；
- 单一电源供电：5 ～ 15 V；
- 低功耗：20 mW。

（1）DAC0832 的内部结构和引脚。DAC0832 的内部结构如图 6.2 所示；各引脚功能说明如表 6.1 所示。

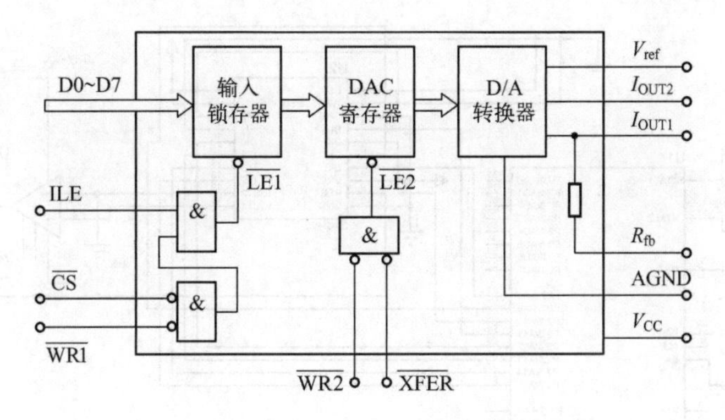

图 6.2　DAC0832 的内部结构

表 6.1　DAC0832 引脚功能说明

引脚名称	描　述
D0～D7	8 位数字量输入端，逻辑电平为 TTL，电平有效时间应大于 90 ns
ILE	数据锁存允许控制信号输入端，该引脚高电平有效
$\overline{CS}$	芯片的片选信号端，该引脚低电平有效
$\overline{WR1}$	输入锁存器写选通输入端，低电平有效。由引脚 ILE、$\overline{CS}$、$\overline{WR1}$的逻辑组合产生$\overline{LE1}$，当$\overline{LE1}$为低电平时，将输入数据进行锁存
$\overline{WR2}$	D/A 寄存器写选通输入端，低电平有效。由引脚$\overline{WR2}$、$\overline{XFER}$的逻辑组合产生$\overline{LE2}$，当$\overline{LE2}$为低电平时，将数据锁存器的内容送入 DAC 寄存器并开始 D/A 转换
$\overline{XFER}$	数据传输控制信号输入端，低电平有效
I_{OUT1}	电流输出端 1，其值随 DAC 寄存器的内容呈线性变化
I_{OUT2}	电流输出端 2，其值与 I_{OUT1} 值之和为一常数
R_{fb}	反馈信号输入端，改变 R_{fb} 端外接电阻值可调整转换满量程精度
V_{CC}	电源电压输入端，V_{CC} 的范围为 5～15 V
V_{ref}	基准电压输入端，V_{ref} 的范围为 -10～+10 V
AGND	模拟信号地

（2）DAC0832 和 51 单片机的接口。DAC0832 的工作方式有 3 种：单缓冲工作方式、双缓冲工作方式和直通工作方式，本章采用直通工作方式来介绍单片机如何控制 DAC0832 来进行 D/A 转换。当 DAC0832 芯片的片选信号、写信号及传送控制信号的引脚全部接地，允许输入锁存信号 ILE 引脚接 +5 V 时，DAC0832 芯片就处于直通工作方式，数字量一旦输入，就直接进入 DAC 寄存器，进行 D/A 转换。

6.1.4　D/A 转换的编程和仿真

下面以 DAC0832 直通工作方式为例进行介绍。该芯片与 51 单片机的接线如图 6.3 所示（Proteus 绘制）。DAC0832 的参考电压 V_{ref} 接 5 V，由于 DAC0832 是电流型转换芯片，为了得到电压，在 DAC0832 的输出端加了一个运算放大器。

【例 6.1】用单片机控制 DAC0832 输出电压 -1.95 V。

由前面的公式：$V_o = -I_{o1} \times R = -(V_{ref}/2^8) \times (2^7 + 2^6 + 2^5 + 2^4 + 2^3 + 2^2 + 2^1 + 2^0)$，即

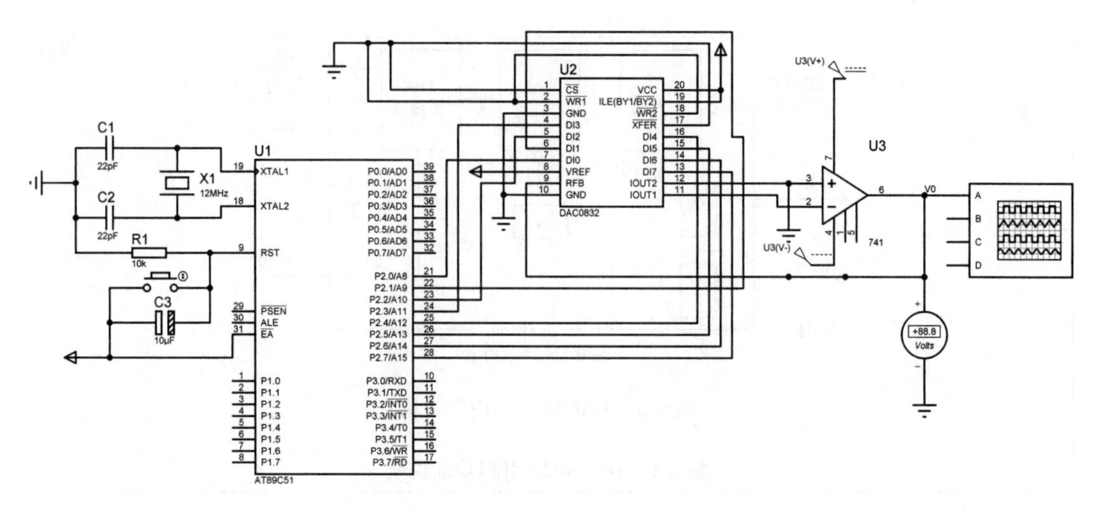

图 6.3　DAC0832 与 51 单片机的接线

$-(V_{ref}/2^8)\times D=-1.95$，计算可得 D = 100。由图 6.3，将 P2 接到 DAC0832 的输入数据口，则 P2 输出 100，可得 $V_o=-1.95$ V。具体程序代码如下：

```
/ *********************************
用 51 单片机控制 DAC0832 输出相应的电压
*********************************/
#include <reg52.h>
#include <absacc.h>
#define uint unsigned int
#define uchar unsigned char
/ *********************************
函数名称:Delay_Ms
函数功能:延时毫秒级别
输入参数:要延时的毫秒数
输出参数:无
*********************************/
void Delay_Ms(uint ms)
{
    uchar i;
    while(ms--)
    {
      for(i=0;i<120;i++);
    }
}
/ *********************************
函数名称:main
函数功能:程序入口
输入参数:无
输出参数:无
```

```
***********************************/
void main()
{
    P2 =100;
    while(1);
}
```

【例6.2】 输出方波（周期为10 ms）。

程序代码如下：

```
/ ***********************************
用51 单片机控制 DAC0832 输出方波
***********************************/
#include <reg52.h>
#include <absacc.h>
#define uint unsigned int
#define uchar unsigned char
/ ***********************************
函数名称:Delay_Ms
函数功能:延时毫秒级别
输入参数:要延时的毫秒数
输出参数:无
***********************************/
void Delay_Ms(uint ms)
{
    uchar i;
    while(ms--)
    {
        for(i=0;i<120;i++);
    }
}
/ ***********************************
函数名称:main
函数功能:程序入口
输入参数:无
输出参数:无
***********************************/
void main()
{
    while(1)
    {
        P2 =255;            //P2 口输出高电平
        Delay_Ms(5);        //延时5 ms
        P2 =0;              //P2 口输出低电平
```

```
        Delay_Ms(5);        //延时5ms
    }
}
```

6.2 A/D 转换器

单片机只能处理离散的信号量，所以要实现对某些连续的物理量的测量（如温度和压力等），必须将测量到的相应连续电信号进行数字量化。能实现模拟量转换为数字量的设备称为 A/D 转换器。

6.2.1 A/D 转换器概述

A/D 转换的基本过程：对模拟信号采样→保持→量化→编码→输出相应的数字量。目前，A/D 转换器分为双积分型 A/D 转换器、逐次逼近式 A/D 转换器和并行比较型 A/D 转换器。

双积分型 A/D 转换器：精度高、抗干扰性强、价格低廉，但转换速度慢，主要应用在对速度要求不高的仪器中。

逐次逼近式 A/D 转换器：在精度、转换速度和价格方面都适中，在单片机系统中广泛应用。

并行比较型 A/D 转换器：精度和转换速度最快，但是价格偏高，比较适用于视频 A/D 转换器等速度要求特别高的领域。

6.2.2 逐次逼近式 A/D 转换器的转换原理

由于逐次逼近式 A/D 转换器在单片机系统中广泛应用，所以本节专门对逐次逼近式 A/D 转换器的转换原理进行阐述。

8 位逐次逼近式 A/D 转换器的内部结构，如图 6.4 所示。数字量由 8 位寄存器产生，该寄存器使用“对分搜索法”产生数字量。8 位寄存器首先产生 8 位数字量的一半，即 10000000B，试探模拟量 V_i 的大小，若 $V_n > V_i$，清除最高位；若 $V_n < V_i$，保留最高位。在最高位确定后，8 位寄存器又以对分搜索法确定次高位，即以低 7 位的一半 y1000000B（y 为已确定位）试探模拟量 V_i 的大小。重复这一过程，直到 8 位数字量都被确定，这样一次转换就结束了。

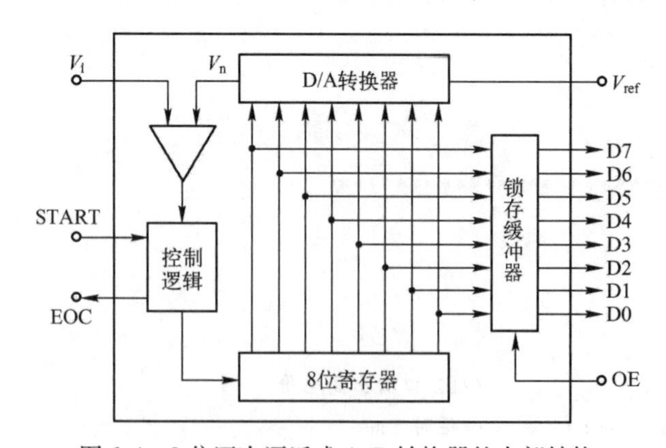

图 6.4 8 位逐次逼近式 A/D 转换器的内部结构

6.2.3　A/D 转换器的主要性能指标

1. 分辨率

A/D 转换器的分辨率是指使输出数字量变化一个相邻数码所需输入模拟电压的变化量。通常情况，用二进制的位数表示。例如，8 位 A/D 转换器的分辨率就是 8 位，一个 5 V 满刻度的 8 位 A/D 转换器能分辨输入电压变化最小值是 $5\ \mathrm{V} \times 1/(2^8) = 19.5\ \mathrm{mV}$。A/D 转换器的位数越多，那么它的分辨率就越高。

2. 转换时间

A/D 转换器的转换时间是指完成一次 A/D 转换所需的时间。

3. 绝对精度

在一个 A/D 转换器中，任何数码所对应的实际模拟量输入与理论模拟量输入之差的最大值，称为绝对精度。

6.2.4　ADC0809 的使用

目前，市场上的 A/D 转换芯片很多，本节以 ADC0809 为例来介绍单片机控制 A/D 转换器进行转换的过程。ADC0809 内部由 CMOS 组成，它不仅包括一个 8 位的逐次逼近式 A/D 转换器部分，而且还提供一个 8 通道的模拟多路开关和通道寻址逻辑。利用它可直接输入 8 个单端的模拟信号，分时进行 A/D 转换，在多点巡回检测、过程控制、运动控制中应用十分广泛。ADC0809 的主要特性：

- 分辨率：8 位。
- 转换时间：取决于芯片时钟频率。
- 单一电源供电：+5 V。
- 模拟输入电压范围：单极性 0 ～ 5 V；双极性 ±5 V，±10 V。

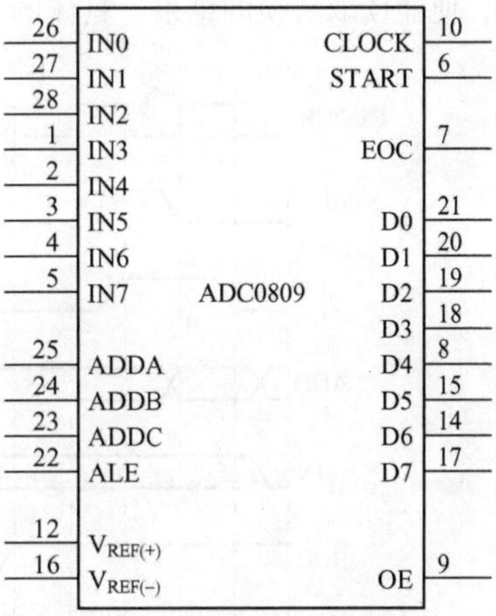

图 6.5　ADC0809 引脚排列

（1）ADC0809 的引脚。ADC0809 引脚排列如图 6.5 所示；ADC0809 引脚功能说明如表 6.2 所示。

表 6.2　ADC0809 引脚功能说明

引脚名称	描　　述
IN0～IN7	8 路模拟输入，通过 3 根地址译码线 ADDA、ADDB、ADDC 来选通一路
ADDA、ADDB、ADDC	模拟通道选择地址端，地址信号与选中通道对应关系，如表 6.3 所示
D0～D7	A/D 转换后的数据输出端，D7 为最高位，D0 为最低位
$V_{REF(+)}$、$V_{REF(-)}$	正、负参考电压的输入端。单极性输入时，$V_{REF(+)} = 5\ \mathrm{V}$，$V_{REF(-)} = 0\ \mathrm{V}$；双极性输入时，$V_{REF(+)}$、$V_{REF(-)}$ 分别接正、负极性的参考电压
ALE	地址锁存允许信号，高电平有效。在使用时，该信号常和 START 信号连在一起，以便同时锁存通道地址和启动 A/D 转换
START	A/D 转换启动信号，高电平有效
EOC	转换结束信号，高电平有效。该信号在 A/D 转换过程中为低电平，其余时间为高电平。该信号可作为被 CPU 查询的状态信号，也可作为对 CPU 的中断请求信号
OE	输出允许信号，高电平有效

表 6.3 ADC0809 通道选择

地址			选中通道
ADDC	ADDB	ADDA	
0	0	0	IN0
0	0	1	IN1
0	1	0	IN2
0	1	1	IN3
1	0	0	IN4
1	0	1	IN5
1	1	0	IN6
1	1	1	IN7

（2）ADC0809 的工作时序。ADC0809 的工作时序，如图 6.6 所示。当通道选择地址有效时，ALE 信号一出现，地址便马上被锁存，这时 A/D 转换启动信号 START（或与 ALE 同时出现）。START 信号后，EOC 信号将变为低电平，表明 A/D 转换器正在转换数据。转换完成后，EOC 将再次变为高电平。当微控制器收到转换完成的信号之后，只要使能 OE 信号，打开三态门，便能读取转换的结果，具体的可以参考 ADC0809 的数据手册（可以在网上下载）。

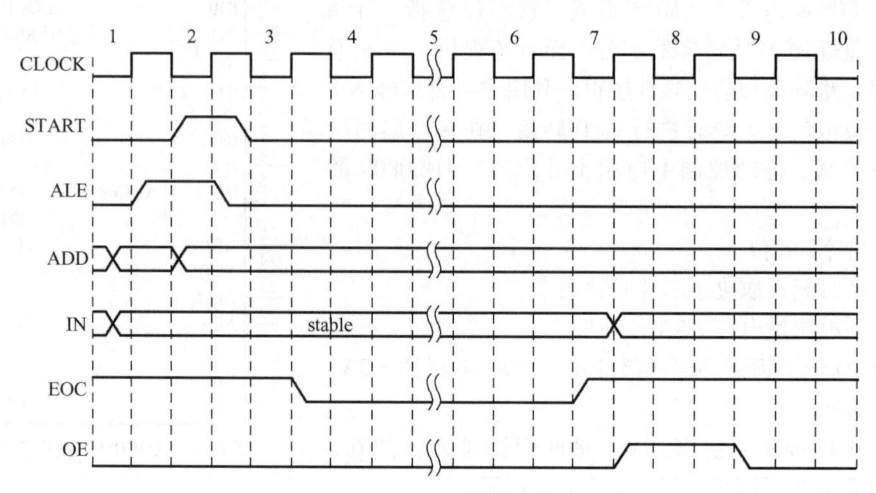

图 6.6 ADC0809 的工作时序

6.2.5 A/D 转换的编程和仿真

ADC0809 转换结束之后会发出 EOC 信号，该信号可供单片机进行查询或者向单片机发出中断请求，所以对 ADC0809 的信号处理可以采用两种方式：查询方式和中断方式。

查询方式：通过测试 EOC 的状态，即可确认转换是否完成，并接着进行数据传送。

中断方式：可将 EOC 信号接到单片机的外部中断引脚（如接到 P3.2 引脚或 P3.3 引脚），把表明转换完成的状态信号（EOC）作为中断请求信号，以中断方式进行数据传送。

【例 6.3】 单片机与 ADC0809 的接线，如图 6.7 所示（Proteus 绘制）。P3 口接 ADC0809 转换输出的数据，P1.0 接 OE 引脚，P1.1 接 EOC，P1.2 接 START 引脚，P1.3 接 CLOCK 引脚，P1.4、P1.5、P1.6 分别接地址引脚，采用查询方式将 ADC0809 转换的数据显示在数码管上。

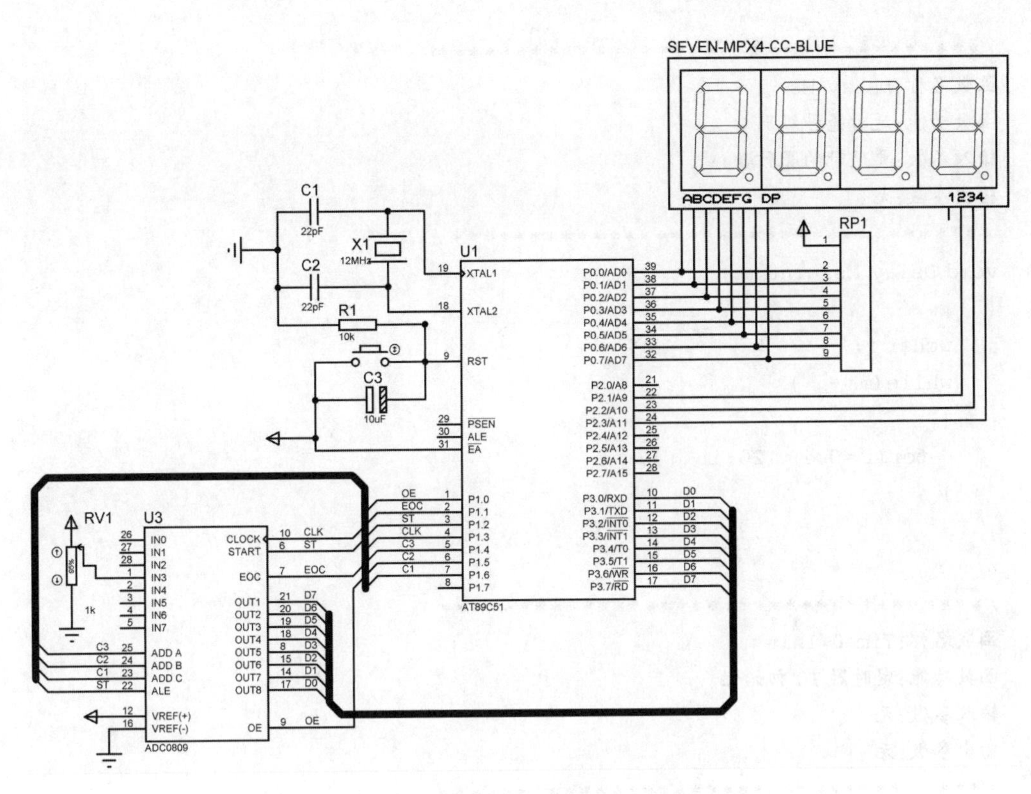

图6.7　单片机与ADC0809的接线

程序代码如下：

```
/*********************************
用51单片机控制ADC0809进行A/D转换,将转换的值显示在数码管上
*********************************/
#include <reg52.h>
#define uchar unsigned char
#define uint unsigned int

sbit OE = P1^0;
sbit EOC = P1^1;
sbit ST = P1^2;
sbit CLK = P1^3;
sbit C3 = P1^4;
sbit C2 = P1^5;
sbit C1 = P1^6;

uchar code SmgCode[] =
{
  0x3f,0x06,0x5b,0x4f,0x66,0x6d,0x7d,0x07,0x7f,0x6f
};
```

```
/************************************
函数名称:Delay_Ms
函数功能:延时毫秒级别
输入参数:要延时的毫秒数
输出参数:无
************************************/
void Delay_Ms(uint ms)
{
    uchar i;
    while(ms--)
    {
      for(i=0;i<120;i++);
    }
}

/************************************
函数名称:Time0_Init
函数功能:定时器T0初始化
输入参数:无
输出参数:无
************************************/
void Time0_Init()
{
    TMOD=0x02;                       //使用定时器T0,工作方式2
    TH0=256-20;                      //20μs中断一次
    TL0=256-20;

    EA=1;                            //开总中断
    ET0=1;                           //开定时器T0中断
    TR0=1;                           //启动定时器
}
/************************************
函数名称:Display
函数功能:将A/D转换的值显示在数码管上
输入参数:dat为要显示的值
输出参数:无
************************************/
void Display(uchar dat)
{
    P2=0xf7;
    P0=SmgCode[dat%10];
    Delay_Ms(5);
    P2=0xfb;
```

```
    P0 = SmgCode[dat% 100/10];
    Delay_Ms(5);
    P2 = 0xfd;
    P0 = SmgCode[dat/100];
    Delay_Ms(5);
}
/************************************
函数名称:main
函数功能:主函数
输入参数:无
输出参数:无
************************************/
void main()
{
    C1 = 0;
    C2 = 1;
    C3 = 1;                          //C1C2C3 = 011,即地址 011,选中 IN3 的电压进行转换
    Time0_Init();                    //初始化定时器 T0
    while(1)
    {
        ST = 0;
        ST = 1;
        ST = 0;
        Delay_Ms(1);
        while(! EOC);                //等待转换结束
        OE = 1;
        Display(P3);
        OE = 0;
    }
}
/***********************************************************
函数名称:Time0_Func
函数功能:定时器 T0 的中断服务函数,给 ADC0809 产生相应的工作频率
输入参数:无
输出参数:无
***********************************************************/
void Time0_Func() interrupt 1
{
    CLK = ~CLK;
}
```

小　　结

本章主要介绍了 D/A 转换器和 A/D 转换器的工作原理，并以 DAC0832 和 ADC0809 芯片

为例介绍单片机如何控制 D/A 转换器或者 A/D 转换器进行模拟量和数字量之间的转换。读者在学习完本章内容后，应重点掌握以下知识：

（1）掌握单片机控制 D/A 转换器进行数字量转换为模拟量输出。

（2）掌握单片机控制 A/D 转换器进行模拟量采集。

习　题

1. 试用一片 DAC0832 设计一个波形发生器，能产生方波（幅度可调）、锯齿波。
2. 试用一片 DAC0832 产生一个阶梯波，阶梯的电压幅度分别为 0 V、2 V、5 V。
3. 试用一片 ADC0809 通过中断方式采集通道的电压。
4. 试用一片 ADC0809 采集 8 通道的电压。

第7章 单片机串行接口及通信

单片机通信是指单片机与外界的信息传输，既包括单片机与单片机之间的信息传输，也包括单片机与外围设备，如打印机等设备之间的信息传输。在单片机的通信方式中，串行通信以硬件简单、低成本和抗干扰性强的优点在远距离通信上得到广泛应用。本章将介绍串行通信的概念、原理及51单片机串行通信接口、控制寄存器、工作方式等内容，并以实例说明串行通信接口的编程方法和基于串行接口的有线、无线通信。

7.1 串行通信概述

单片机系统与外围设备或其他系统交换信息的方式称为通信。根据每次传送数据位数的不同，单片机通信方式可分为并行通信和串行通信。这两种通信方式的电路连接如图7.1所示。

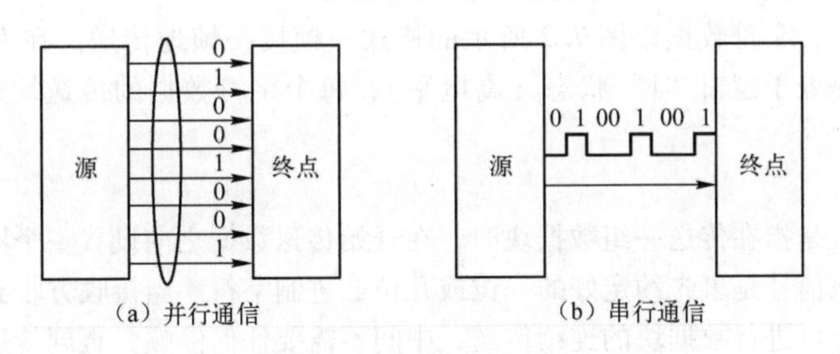

图7.1 串行通信和并行通信的电路连接

并行通信方式是指将组成一个数据的每个二进制位同时送出，例如1个8位二进制数（即1 B），需要通过8根导线完成一次性传送。该通信方式的特点是通信速度快，但传输线多、价格较高，因此并行通信适合近距离传输的场合。串行通信方式仅需要1～2根数据线，故在远距离传送数据时，比较经济；但由于它传送的每个字符都是按位传送，所以数据传输速率相对较慢。近年来，随着硬件技术的不断进步，串行通信的数据传输速率也有了很大的提高，使其完全可以满足现代通信的要求，所以在现代通信领域的应用较为广泛。

7.1.1 异步通信和同步通信

串行通信根据帧信息的格式分为异步通信和同步通信。

1. 异步通信

串行通信的数据或者字符是一帧一帧地传送的。在异步通信中，规定了字符数据传送的帧格式，每个数据以相同的帧格式传送。每一帧信息由起始位、数据位、奇偶检验位、停止位组成，如图7.2所示。

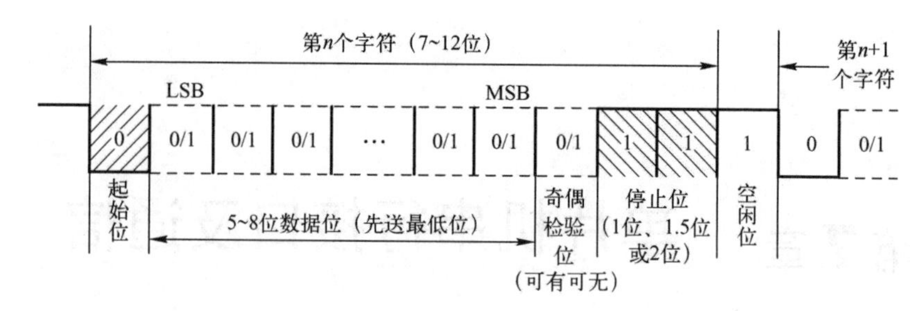

图 7.2　异步通信帧格式

（1）起始位。在通信线上没有数据传送时处于逻辑“1”状态。当发送设备要发送一个字符数据时，首先发出一个逻辑“0”，这个逻辑低电平就是起始位。起始位从发送设备通过通信线传向接收设备，当接收设备检测到这个逻辑低电平后，就开始准备接收数据位信号。因此，起始位所起的作用就是表示字符传送开始。

（2）数据位。当接收设备收到起始位后，紧接着就会收到数据位。数据位的个数可以是 5 位、6 位、7 位或 8 位。在字符数据传送过程中，数据位从最低位开始传送。

（3）奇偶检验位。数据位发送完之后，可以选择发送奇偶检验位。奇偶检验用于有限差错检测，通信双方在通信时须约定一致的奇偶检验方式。

（4）停止位。在奇偶检验位或数据位（没有奇偶检验时）之后发送的是停止位。可以是 1 位、1.5 位或 2 位。停止位是一个字符数据的结束标志。

在异步通信中，字符数据以图 7.2 所示的格式一帧接一帧地传送。在发送间隙，即空闲时，通信线路总是处于逻辑“1”状态（高电平），每个字符数据的传送均以逻辑“0”状态（低电平）开始。

2. 同步通信

同步通信方式是指在传送一组数据块时，在开始传送数据之前设置一个同步信号，指示数据传输的开始。该信号是事先约定好的一位或几位二进制字符。当接收方收到同步信号后，就开始接收，发送方可进行数据块的连续传送，中间不需要任何停顿，直到传送完毕，其通信帧格式如图 7.3 所示。

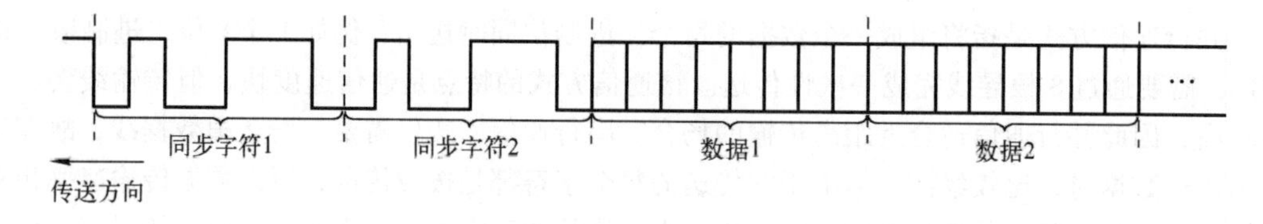

图 7.3　同步通信帧格式

同步通信方式传送效率较高、速度快，但要求收发双方有严格的同步时钟，为了保证传送的时钟严格同步，发送方除了要传送数据外，还要把时钟信号同时传送给接收方，故对设备硬件的技术要求较高。

7.1.2　串行通信的数据传送方向

根据通信双方的信息传送方向，可以把串行通信分为单工、半双工及全双工 3 种形式，如图 7.4 所示。

1. 单工通信

单工通信是对通信终端而言的，一方固定为发送方，另一方固定为接收方。因此单工通信只支持数据在一个方向上传送，如图7.4（a）所示。

2. 半双工通信

半双工通信允许数据在两个方向上传送，但是在某一时刻，只允许数据在一个方向上传送。即当一方在发送信息时，另一方只能接收而不能发送。它实际上是一种切换方向的单工通信。所谓的“双向性”只能出现在不同时刻，如图7.4（b）所示。

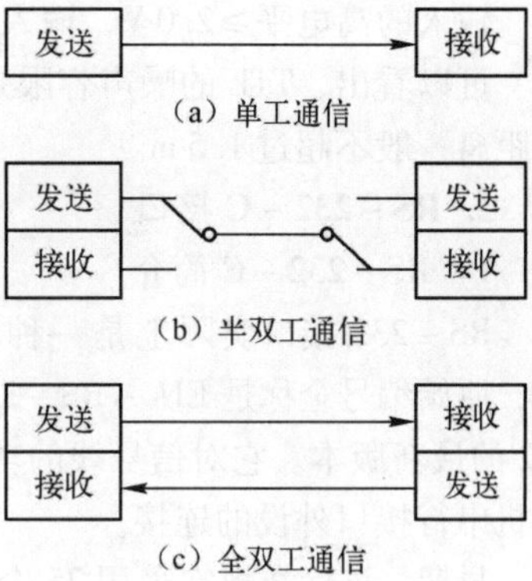

3. 全双工通信

全双工通信需要在通信终端之间连接两根传输导线，两根传输导线分别负责两个方向的数据传送。因此，在同一时刻，信息可以同时在两个方向上传送。它是两个单工通信方式的结合，该方式中发送方和接收方都有独立的接收和发送能力。51单片机配备的就是全双工的串行接口，可以同时实现信息的发送与接收，如图7.4（c）所示。

（a）单工通信

（b）半双工通信

（c）全双工通信

图7.4　串行通信的类型

7.1.3　串行通信的波特率

在数字系统中，携带数据信息的信号单元称为码元。每秒通过信道传输的码元的数量称为码元传输速率，简称波特率（Baud rate）。波特率的单位为Bd。

在两相调制通信系统中，波特率以每秒传送的位（bit）表示，即

$$1\ \text{Bd} = 1\ \text{bit/s}$$

通信线上的字符数据是按位传送的，每一位宽度（位信号持续时间）由数据传输速率确定。

例如：异步传送数据的速率为10字符/s，每个字符由1个起始位、8个数据位和1个停止位组成，则该传输系统的波特率为

$$10\ \text{bit/字符} \times 10\ \text{字符/s} = 100\ \text{bit/s} = 100\ \text{Bd}$$

位时间（每位宽）T_d = 波特率的倒数，即

$$T_d = (1/100)\ \text{s} = 10\ \text{ms}$$

当前通信领域中，对波特率的采用有一个统一的标准，国际上规定的标准波特率系列为110 bit/s、300 bit/s、600 bit/s、1 200 bit/s、1 800 bit/s、2 400 bit/s、4 800 bit/s、9 600 bit/s、19 200 bit/s等。在实际应用中可以从中选取其中一种作为设备的波特率。

7.1.4　单片机串行通信的标准

1. TTL电平

TTL是Transistor－Transistor Logic，即晶体管－晶体管逻辑的简称。它是计算机处理器控制的设备内部各部分之间通信的标准技术。TTL电平信号应用广泛，主要原因是计算机系统数据表示通常采用二进制规定，即+5 V等价于逻辑“1”，0 V等价于逻辑“0”。

数字电路中，由TTL电子元器件组成电路的电平是个电压范围，TTL的电平规定为

输出的高电平≥2.4 V，输出的低电平≤0.4 V；

输入的高电平≥2.0 V，输入的低电平≤0.8 V。

可以看出，TTL 的噪声容限是0.4 V。因通信时（有干扰）信号要衰减，TTL 电平直接传输距离一般不超过1.5 m。

2. RS－232－C 接口

1）RS－232－C 简介

RS－232 接口实际上是一种串行通信标准，是美国电子工业联盟（EIA）制定的通信协议，原始编号全称是 EIA－RS－232（简称232，RS－232）。RS－232－C 标准（协议）是 RS－232 的最新版本。它对信号线的功能、电气特性、连接器等都做了明确的规定，被广泛用于计算机串行接口外设的连接。

早期，该标准规定采用25 个引脚的 DB－25 连接器。后来 IBM 的 PC 将 RS－232 简化成了 DB－9 连接器，已经成为行业内企业通用的技术标准。因此，这里只介绍 DB－9 连接器。DB－9 连接器的信号及引脚如图7.5 所示。RS－232－C 除了通过 DB－9 连接器传送数据外，还可通过握手信号对双方的通信起协调作用。因此，DB－9 的9 根信号线可以分为基本的数据传送引脚和握手信号引脚两类。

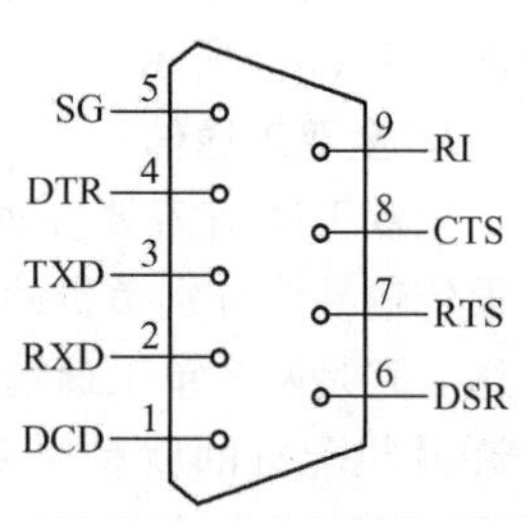

图7.5 DB－9 连接器的信号及引脚

（1）基本的数据传送引脚：

TXD（Transmitted Data）：数据发送脚。串行数据由该引脚发送。

RXD（Received Data）：数据接收脚。串行数据由该引脚接收。

GND（Ground）：信号地线。

工业控制的 RS－232－C 接口一般只使用 RXD、TXD、GND 三根线，也就是所谓的三线制。

（2）握手信号：

RTS（Request to Send）：请求发送信号，属于输出信号。

CTS（Clear to Send）：清除传送，是对 RTS 的响应信号，属于输入信号。

DCD（Data Carrier Detection）：数据载波检测，属于输入信号。

DSR（Data Set Ready）：数据通信准备就绪，属于输入信号。

DTR（Data Terminal Ready）：数据终端就绪，属于输出信号，表明计算机已经做好接收准备。

RI（Ring Indicator）：响铃指示器，属于输入信号，表示计算机有呼叫进来。

以上握手信号主要是在和 Modem 连接的时候使用，本节后续不做详细介绍。

2）电气特性

RS－232－C 采用 EIA 电平，对电气特性、逻辑电平和各种信号线的功能都做了规定。

在数据线 TXD 和 RXD 上：

逻辑1（MARK）＝－3～－15 V；

逻辑0（SPACE）＝3～15 V。

在 RTS、CTS、DSR、DTR 和 DCD 等控制线上：

信号有效（接通，ON 状态，正电压）＝3～15 V；

信号无效（断开，OFF 状态，负电压）＝3～－15 V。

从上面的定义可以看出：对于数据（信息码），逻辑“1”（传号）的电平低于－3 V，逻辑“0”（空号）的电平高于＋3 V；对于控制信号，接通状态（ON），即信号有效的电平高于＋3 V，断开状态（OFF），即信号无效的电平低于－3 V，也就是当传输电平的绝对值大于3 V 时，电路可以有效地检查出来，介于－3～＋3 V 之间的电压无意义，低于－15 V 或高于

+15 V的电压也无意义。因此，实际工作时，应保证电平在 -3 ～ -15 V 或3 ～ 15 V 之间。

3）RS-232-C 的 EIA 电平和 TTL 电平的转换

RS-232-C 的 EIA 电平是用正、负电压来表示逻辑状态的，与 TTL 以高低电平表示逻辑状态的规定不同。因此，为了能够同计算机接口或终端的 TTL 器件连接，必须在 RS-232-C 与 TTL 电路之间进行电平和逻辑关系的变换。实现这种变换的方法可用分立元件，也可用集成电路芯片。目前较为广泛地使用集成电路转换器件，如 MC1488、SN75150 芯片可完成 TTL 电平到 EIA 电平的转换，而 MC1489、SN75154 芯片可实现 EIA 电平到 TTL 电平的转换。MAX232 芯片可完成 TTL 电平到 EIA 电平的双向转换，且只需要单一的 +5 V 单电源供电，因此得到了广泛的应用。

3. 电平转换电路

MAX232 芯片是美信（MAXIM）公司专为 RS-232 标准接口设计的单电源电平转换芯片，使用 +5 V 单电源供电。该芯片可实现 TTL 电平与 EIA 电平的双向转换。

图 7.6 和图 7.7 分别是 MAX232 的引脚图和连线图。从图上可以看到，一个 MAX232 芯片具有两个收发转换通道。每个通道都具备将通信接口的 TXD 端的 TTL 电平（0 ～ 5V）转换成 RS-232 的电平（ -10 ～ +10 V）送到传输线上，以及将 EIA 电平转换成 TTL 电平输入到 RXD 端。

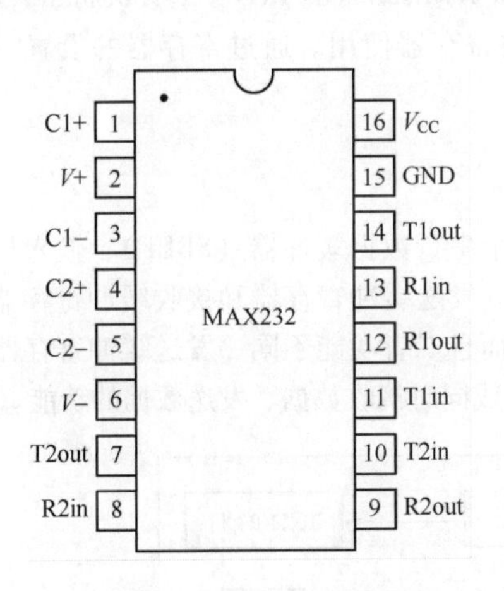

图 7.6 MAX232 的引脚图

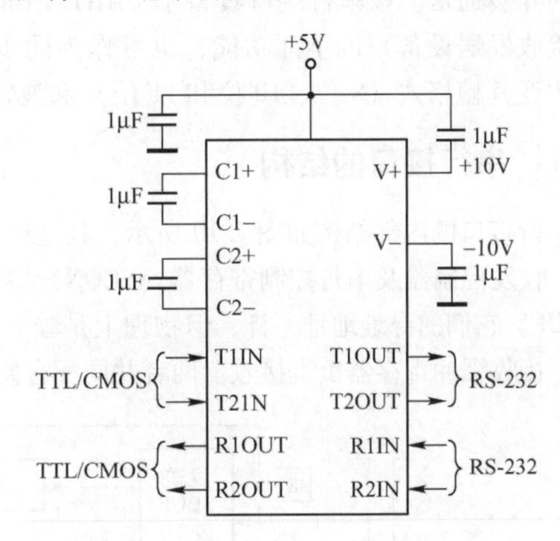

图 7.7 MAX232 的连线图

7.1.5 单片机串行通信线的连接

1. 单片机和单片机的连接

如果两个单片机系统相距在 1 m 之内，可以把它们的串行接口直接相连，从而实现了双机通信。具体的连线方式为甲机的发送端 TXD 接乙机的接收端 RXD，甲机的接收端 RXD 接乙机的发送端 TXD，两机的地线连接到一起，如图 7.8 所示。

2. 单片机和主机（PC）的连接

单片机和 PC 的串行通信接口电路如图 7.9 所示。由于单片机的串行发送和接收线 TXD 和 RXD 是 TTL 电平，而 PC 的 COM1 的 RS-232-C 连接器是 EIA 电平，因此单片机需要加接 MAX232 进行电平转换才能实现与 PC 的通信。图 7.9 中外接电解电容元件 C1、C2、C3、C4 用于电源电压变换，可提高抗干扰能力，它们可以取相同数值 1.0 μF/25 V。电容元件 C5 用于对 5 V 电源的噪声干扰进行滤波，其值一般为 0.1 μF。

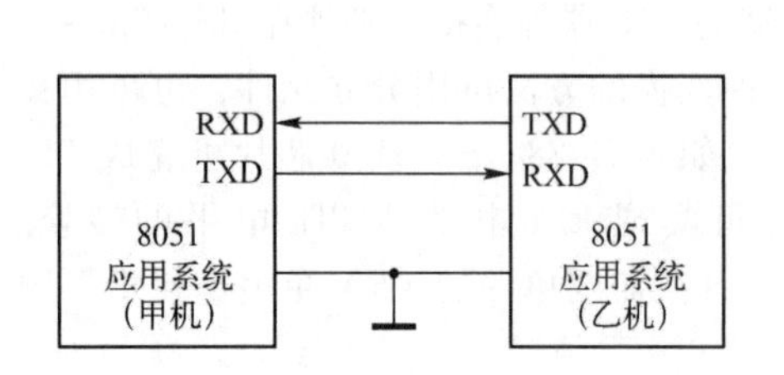

图 7.8　单片机和单片机的连接示意图

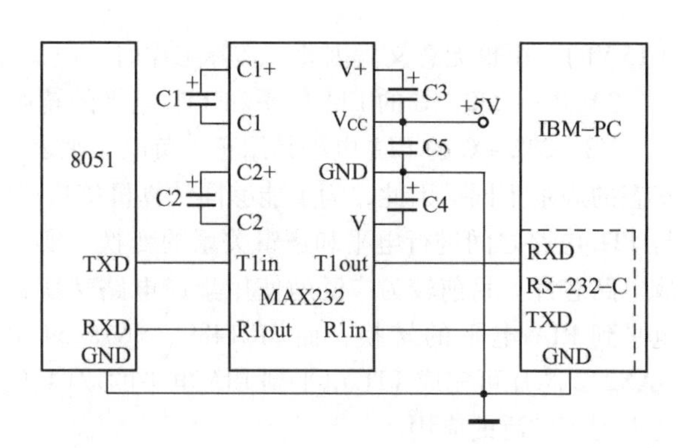

图 7.9　单片机和 PC 的串行通信接口电路

7.2　8051 单片机的串行接口

8051 单片机有一个串行接口，通过引脚 RXD（P3.0）和 TXD（P3.1）与外围设备进行全双工的异步通信。该串行接口具备了 UART（Universal Asynchronous Receiver Transmitter，通用异步接收发送设备）的全部功能，也可作为同步移位寄存器使用。通过寄存器的设置，可以灵活改变其帧格式（8 位、10 位和 11 位）和波特率。

7.2.1　串行接口的结构

串行接口的内部结构如图 7.10 所示，其主要由 2 个串行数据缓冲器（SBUF）、输入移位寄存器、收发控制器及串行控制寄存器（SCON）等组成。发送缓冲寄存器和接收缓冲寄存器都称为 SBUF。它们的寻址地址一样，但物理上是独立的，而且二者功能不同。发送缓冲寄存器负责发送，接收缓冲寄存器负责接收。两者共同配合便可完成同时接收数据、发送数据的功能。

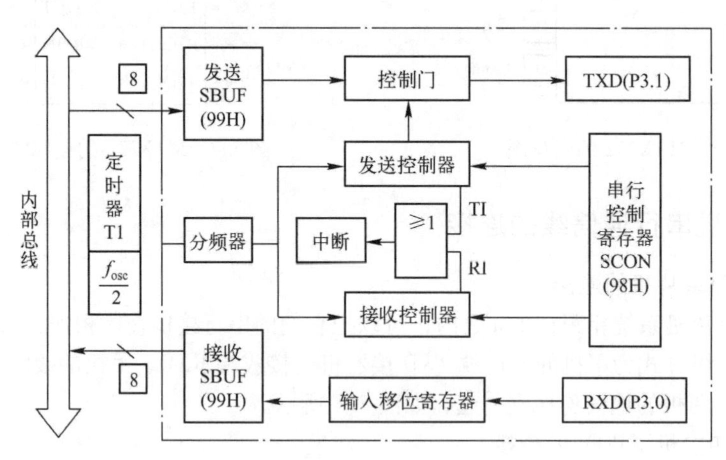

图 7.10　串行接口的内部结构

7.2.2　串行通信的控制寄存器

串行控制寄存器（SCON）主要用于设定串行接口的工作方式、接收/发送控制及设置状态标志等。电源控制寄存器（PCON）用于改变串行接口的通信波特率，波特率发生器可由定时器 T1 工作方式 2 构成（TMOD = 0x20）。

1. 串行控制寄存器（SCON）

SCON 主要字节地址为 98H，可以位寻址。SCON 的格式和内容如表 7.1 所示。

表 7.1　SCON 的格式和内容

D7	D6	D5	D4	D3	D2	D1	D0
SM0	SM1	SM2	REN	TB8	RB8	TI	RI
9FH	9EH	9DH	9CH	9BH	9AH	99H	98H

其中：

（1）SM0、SM1 作为串行接口工作方式选择位，可选择如下的 4 种工作方式（见表 7.2）。

表 7.2　可选择的工作方式

SM0	SM1	工 作 方 式	说　明	波特率
0	0	工作方式 0	8 位移位寄存器方式，用于 I/O 扩展	$f_{osc}/12$
0	1	工作方式 1	10 位 UART，波特率可以变化，由定时器 T1 的溢出率控制	由定时器 T1 的溢出率决定
1	0	工作方式 2	11 位 UART，波特率固定	$f_{osc}/32$ 或 $f_{osc}/64$
1	1	工作方式 3	11 位 UART，波特率可以变化，由定时器 T1 的溢出率控制	由定时器 T1 的溢出率决定

（2）SM2 为多机通信控制位，多机通信时，SM2 必须置 1；双机通信时，通常设置 SM2 = 0。

在工作方式 2 和工作方式 3 时：

若 SM2 = 1，当接收到第 9 位数据（RB8）为 1，才将接收到的前 8 位数据装入 SBUF，并置位 RI；否则将接收到的数据丢弃。

若 SM2 = 0，不论接收到第 9 位数据（RB8）是否为 1，都将接收到的前 8 位数据装入 SBUF，并置位 RI。

在工作方式 1 时：若 SM2 = 1，则只有接收到有效的停止位时，才置位 RI。

在工作方式 0 时：必须使 SM2 = 0。

（3）REN 为允许串行接收位。该位由软件置位或清 0。当 REN = 1 时，允许串行接口接收数据；当 REN = 0 时，禁止串行接口接收数据。

（4）TB8 在工作方式 2 或工作方式 3 时，该位为发送的第 9 位数据，可按需要由软件置位或清 0。在许多通信协议中，该位常作为奇偶检验位。在 51 系列单片机多机通信中，TB8 的状态用来表示发送的是地址帧还是数据帧，TB8 = 0 时，为地址帧；TB8 = 1 时，为数据帧。

（5）RB8 在工作方式 2 或工作方式 3 时，存放接收到的第 9 位数据，代表接收数据的某种特征。例如，可能是奇偶检验位，或为多机通信中的地址/数据标志位。

在工作方式 0 时，RB8 未用。

在工作方式 1 时，若 SM2 = 0，RB8 是已接收到的停止位。

（6）TI 为发送中断标志位。在工作方式 0 时，当串行发送的第 8 位数据结束时 TI 由硬件置 1；在其他工作方式时，当串行接口发送停止位的开始时由硬件置 1。

当 TI = 1 时，表示一帧数据发送结束，可以向 CPU 申请中断。如果允许串口中断，则 CPU 响应中断后，在中断服务子程序中向 SBUF 写入要发送的下一帧数据。如果数据已经发送完毕，在中断服务子程序中只需要用软件复位 TI 即可。写程序时，要注意的是 TI 不会自动复位，必须在中断服务程序中用软件清 0。

（7）RI 为接收中断标志位。在工作方式 0 时，接收完第 8 位数据时，RI 由硬件置 1；在其他工作方式时，当串行接口接收到停止位时由硬件置 1。

当 RI = 1 时，表示一帧数据接收完毕，可以向 CPU 申请中断，要求 CPU 从接收 SBUF 取走数据。如果允许串行接口中断，则 CPU 响应中断后，在中断服务子程序中从 SBUF 读取数据。同样 RI 不会自动复位，必须在中断服务程序中用软件清 0。

由于串行接口的发送中断和接收中断是同一个中断源，因此在向 CPU 提出中断申请时，必须要使用软件对 RI 和 TI 进行判断，以决定是进行接收功能还是发送功能。

2. 电源控制寄存器（PCON）

PCON 主要字节地址为 87H，不能进行位寻址，用来管理单片机的电源部分，仅有最高位与串行通信有关。其各位定义与功能如表 7.3 所示。

表 7.3　PCON 各位定义与功能

D7	D6	D5	D4	D3	D2	D1	D0
SMOD	—	—	—	GF1	GF0	PD	IDL

SMOD：串行接口波特率倍增位。当 SMOD = 1 时，串行接口波特率加倍；复位时，SMOD = 0。

7.2.3　单片机串行接口的工作方式

8051 单片机的串行接口有 4 种工作方式，通过 SCON 中的 SM1、SM0 位来确定，见表 7.2。

1. 工作方式 0

在工作方式 0 下，串行接口作为同步移位寄存器使用，其波特率固定为 $f_{osc}/12$。串行数据从 RXD（P3.0）端输入或输出，同步移位脉冲由 TXD（P3.1）输出。这种工作方式常用于扩展 I/O 接口。

（1）发送。当用户将数据写入串行接口发送缓冲器 SBUF 后，系统即将 8 位数据以 $f_{osc}/12$ 的波特率从 RXD 引脚输出（低位在前），发送完置 TI 为 1，请求中断。再次发送数据之前，必须由软件对 TI 清 0。

利用工作方式 0 可以将 8051 串行接口与 74LS164 组合成一个串转并的输出转换接口，具体电路如图 7.11 所示。其中，74LS164 为串入并出移位寄存器。

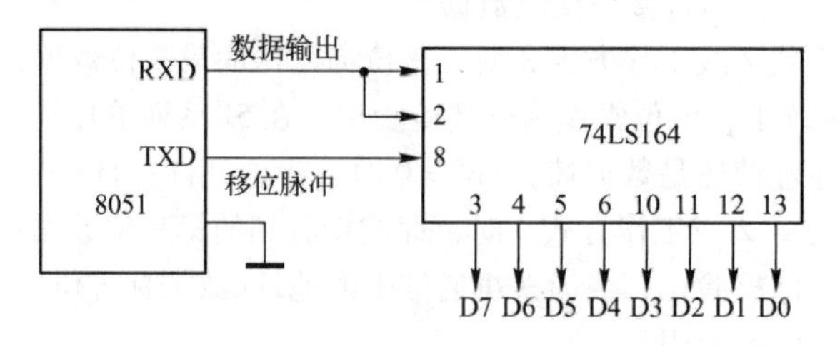

图 7.11　串转并的输出转换接口电路

（2）接收。在满足 REN = 1 且 RI = 0 的条件下，串行接口即开始从 RXD 端以 $f_{osc}/12$ 的波特率输入数据（低位在前），当接收完 8 位数据后，置 RI 为 1，请求中断。再次接收数据之前，必须由软件对 RI 清 0。

同样，利用工作方式 0 可以将 8051 串行接口与 74LS165 组合成一个并转串的输入转换接口，具体电路如图7.12所示。其中，74LS165为并入串出移位寄存器。

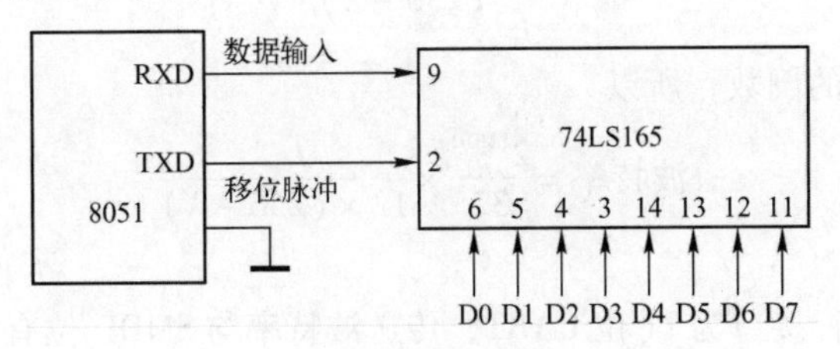

图7.12 并转串的输入转换接口电路

SCON中的TB8和RB8在工作方式0中未用。值得注意的是，每当发送或接收完8位数据后，硬件会自动置TI或RI为1，CPU响应TI或RI中断后，系统不会自动清除中断标志位，必须由用户用软件清0。另外，在工作方式0时，SM2必须置0。

（3）波特率。在工作方式0时，其波特率固定，即

$$\text{工作方式0的波特率}=\frac{f_{osc}}{12}$$

式中：f_{osc}——系统晶振频率。

2. 工作方式1

在工作方式1时，串行接口为波特率可调的10位通用异步接口UART。数据是以帧的形式进行传送的，一帧信息包括1位起始位0、8位数据位和1位停止位1，共10位，其帧格式如图7.13所示。

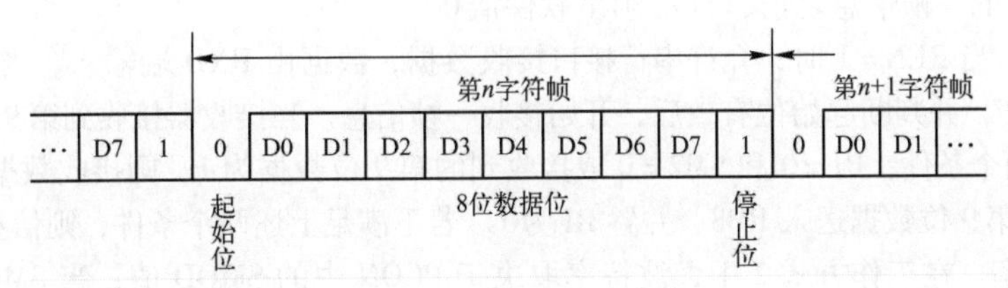

图7.13 10位的帧格式

（1）发送。发送时，数据从TXD（P3.1）输出，当数据写入SBUF后，启动发送器发送。当发送完一帧数据后，置TI为1。工作方式1所传送的波特率取决于定时器/计数器T1的溢出率和PCON中的SMOD位。

（2）接收。接收时，若REN=1，则允许接收，串行接口采样RXD（P3.0），当采样由1到0跳变时，确认是起始位0，开始接收一帧数据。当RI=0，且停止位为1或SM2=0时，停止位进入RB8位，同时置RI为1；否则信息将丢失。所以，工作方式1接收时，应先用软件对RI或SM2清0。

（3）波特率。在工作方式1时，其波特率是可变的，由定时器/计数器T1的溢出率决定，即

$$\text{工作方式1的波特率}=\frac{2^{SMOD}}{32}\times \text{T1的溢出率}$$

当定时器/计数器T1作为波特率发生器使用时，通常是工作在工作方式2，即自动重新装载的8位定时器，此时TL1作为计数使用，自动重新装载的值在TH1内。设计数的预置值（初始值）为X，那么每过$256-X$个机器周期，定时器溢出一次。为了避免因溢出而产生不必要的中断，此时应禁止T1中断。T1溢出周期为

$$\frac{12}{f_{osc}}(256-X)$$

溢出率为溢出周期的倒数，所以

$$波特率=\frac{2^{SMOD}}{32}\times\frac{f_{osc}}{12\times(256-X)}$$

3. 工作方式2

工作方式2下，串行接口为11位UART，传送波特率与SMOD位有关。发送或接收一帧数据包括1位起始位0，8位数据位，1位可编程位（用于奇偶检验）和1位停止位1。其帧格式如图7.14所示。

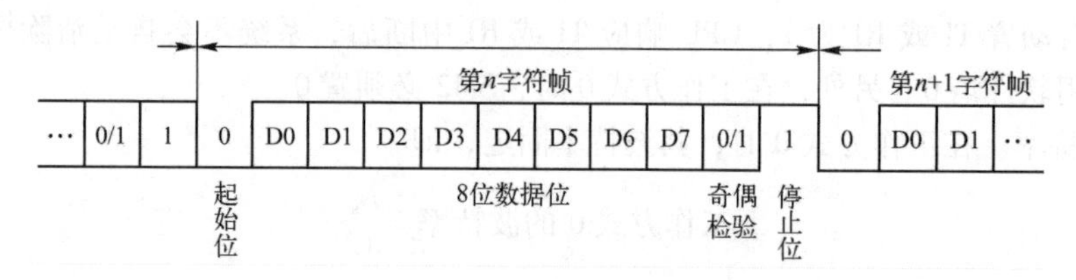

图7.14 11位的帧格式

（1）发送。发送时，先根据通信协议由软件设置TB8位，然后用指令将要发送的数据写入SBUF，启动发送器。写SBUF的指令，除了将8位数据送入SBUF外，同时还要将TB8装入发送移位寄存器的第9位，并启动发送过程。一帧信息即从TXD端发送，发送完毕，TI被自动置1，在发送下一帧信息之前，TI必须由软件清0。

（2）接收。当REN=1时，允许串行接口接收数据，数据由RXD端输入。当接收器采样到RXD端的负跳变，并判断起始位有效后，开始接收一帧信息。当接收器接收到第9位数据后，若同时满足以下两个条件：RI=0和SM2=0或接收到的第9位数据为1，则接收数据有效，8位数据送入SBUF，第9位数据送入RB8，并置RI为1。若不满足上述两个条件，则信息丢失。

（3）波特率。在工作方式2中，波特率取决于PCON中的SMOD值，当SMOD=0时，波特率为$f_{osc}/64$；当SMOD=1时，波特率为$f_{osc}/32$，即波特率$=\frac{2^{SMOD}}{64}f_{osc}$。

4. 工作方式3

工作方式3为波特率可变的11位UART通信方式，其波特率取决于定时器/计数器T1的溢出率和PCON中的SMOD位，除此之外，工作方式3与工作方式2功能完全相同。工作方式3的波特率与工作方式1相同，可直接参考工作方式1的计算公式。

5. 串行工作方式的比较

通过上面的介绍，4种串行工作方式的区别主要表现在帧格式及波特率两个方面，具体可参考表7.4。

表7.4 串行工作方式比较

串行工作方式	帧格式	波特率
工作方式0	8位全是数据位，没有起始位、停止位	固定，即每个机器周期传送1位数据
工作方式1	10位，其中1位起始位，8位数据位，1位停止位	不固定，取决于T1的溢出率和SMOD
工作方式2	11位，其中1位起始位，8位数据位，1位可编程位（用于奇偶检验），1位停止位	固定，即$2^{smod}\times f_{osc}/64$
工作方式3	同工作方式2	同工作方式1

6. 常用波特率及其产生条件

常用波特率通常按规范取1 200 Bd、2 400 Bd、4 800 Bd、9 600 Bd等，若采用晶振12 MHz和6 MHz，则计算得出的T1定时初值将不是一个整数。因此如果采用12 MHz或6 MHz的晶振，产生波特率将会存在误差从而影响串行通信的同步性能。

该问题可以通过调整单片机的时钟频率f_{osc}来解决，通常采用11.059 2 MHz晶振或者11.059 2 MHz整数倍的晶振。表7.5给出了串行工作方式1或工作方式3时常用波特率及其产生条件。

表7.5　串行工作方式1或工作方式3时常用波特率及其产生条件

	波特率/Bd	f_{osc}/MHz	SMOD	T1工作方式2定时初值
串行工作方式1或工作方式3	1 200	11.059 2	0	E8H
	2 400	11.059 2	0	F4H
	4 800	11.059 2	0	FAH
	9 600	11.059 2	0	FDH
	19 200	11.059 2	1	FDH

【例7.1】51单片机的串行接口设为工作方式1工作，若每分钟传送14 400个字符，求其波特率。

分析：51单片机串行接口的工作方式1，第一帧数据共有10位，包括1位起始位、8位数据位（最低有效位在前）、1位停止位。即串行接口工作在工作方式1下，一个字符要传送10位。

$$波特率=(14\,400/60)\times 10\ \text{Bd}=2\,400\ \text{Bd}$$

故其波特率为2 400 Bd。

【例7.2】51单片机的定时器T1工作在工作方式2，作为串行接口的波特率发生器，串行接口工作在工作方式1，波特率为4 800 Bd，PCON=0x00，系统的晶振频率为11.059 2 MHz，那么定时器T1应装入的初值为多少？

分析：因为串行接口处于工作方式1，由波特率$=\dfrac{2^{SMOD}}{32}\times\dfrac{f_{osc}}{12\times(256-X)}$，且PCON=0x00，可知SMOD=0。将题中已知的波特率、晶振频率和SMOD值代入上述的公式可得$X=250$，转换为十六进制为0XFA，即此定时器T1应当装入的初值为0XFA。

7.2.4　51单片机串行接口的编程流程

51单片机串行接口工作之前，需要对其进行初始化工作，主要是设置波特率发生器、串行接口控制及中断控制等。如果使用的是中断方式，还要进行相应的中断设置和中断服务器子程序的编写。其编程的主要步骤如下：

（1）设置T1的工作方式，一般工作在工作方式2，主要通过对TMOD寄存器的设定完成。

（2）根据波特率，计算出T1的计数初值，并加入到TH1、TL1中。

（3）确定串行接口的工作方式等，主要通过SCON寄存器来设定。

（4）如果串行接口工作于中断方式时，也要进行中断的设定，主要是通过IE、IP寄存器设定实现。注意T1的中断允许响应使能位要关闭。

（5）如果串行接口工作于中断方式时，还要进行中断服务子程序的编写。注意串行接口的中断号码为4。

【例7.3】功能要求：当按键K1按下时，通过串口发送0x18；当按键K2按下时，通过串口发送0x28。串口根据收到的内容，改变不同LED的状态。如果串口收到的数据是0x18，LED1的状态会改变一次；如果串口收到的数据是0x28，LED2的状态也会改变一次。其中，串行接口的工作要求为8位数据、无奇偶检验的异步传输；波特率为4 800 bit/s，振荡频率为11.059 2 MHz；定时器/计数器T1作为波特率发生器，发送过程使用查询方式，而接收过程用中断处理。该题的电路图如图7.15所示（Proteus绘制）。请写出初始化代码和响应的中断服务子程序。

分析：由图7.15可以看出，该题的串口使用自发自收的功能。T1作为波特率发生器工作在工作方式2，根据给定的波特率4 800 bit/s和振荡频率为11.059 2 MHz，可以计算出（也可以通过表7.5得到）TH1的值为FAH。根据题目要求，串行接口应工作在工作方式1，即10位的UART，应该通过对PCON和SCON寄存器的设定来设置串行接口的工作方式等。

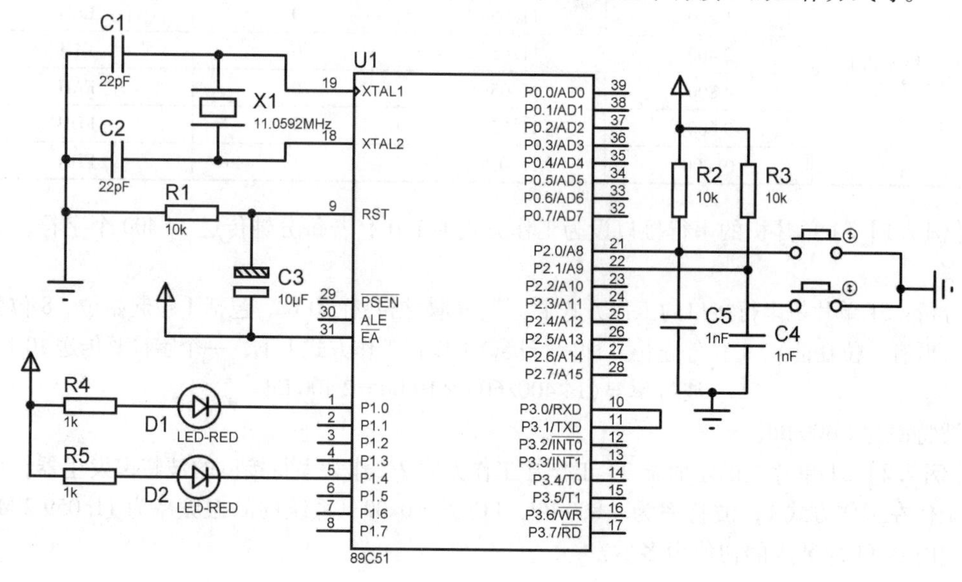

图7.15 自发自收电路图

程序代码如下：

```
#include <reg51.h>
#define uchar unsigned char
sbit K1 = P2^0;
sbit K2 = P2^1;                          //按键定义
sbit LED1 = P1^0;
sbit LED2 = P1^4;                        //LED灯定义
uchar flag1 = 0,flag2 = 0;               //K1和K2按键的标记
uchar temp;                              //临时变量
/************************************
函数名称:Uart_Init
函数功能:串口初始化
输入参数:无
输出参数:无
************************************/
void Uart_Init()
{
```

```
  TMOD|=0x20;                              //T1 工作在工作方式 2
  TH1 =0XFA;                               //T1 装入初值
  TL1 =0XFA;
  SCON =0X50;                              //设定串行接口为工作方式 1,REN =1
  ES =1;                                   //允许串行接口中断
  EA =1;                                   //允许系统响应中断
  TR1 =1;                                  //启动 T1
}
/**********************************
函数名称:Key_Scan
函数功能:键盘扫描与数据发送
输入参数:无
输出参数:无
**********************************/
void Key_Scan()
{
    if((K1 = =0)&&(flag1 = =0))          //K1 扫描
     {
       SBUF =0x18;
       flag1 =1;
       while(! TI);
       TI =0;
     }
    else  if((flag1 = =1)&&(K1 = =1)) //K1 按键松开
     {
       flag1 =0;
     }
   if((K2 = =0)&&(flag2 = =0))          //K2 扫描
    {
       SBUF =0x28;
       flag2 =1;
       while(! TI);
       TI =0;
    }
   else  if((flag2 = =1)&&(K2 = =1))    //K2 按键松开
    {
       flag2 =0;
    }
}
void main()
{
  Uart_Init();
  while(1)
```

```
    {
      Key_Scan();
    }
}
/************************************
函数名称:Serial_Int
函数功能:串口中断服务子程序
输入参数:无
输出参数:无
************************************/
void Serial_Int() interrupt  4          //中断服务子程序
{
  if(RI)
    {
      temp = SBUF;                       //读取缓存中的数据
      if(temp = =0x18)                   //根据不同的数据点亮不同的灯
      LED1 =~LED1;
      else if(temp = =0x28)
      LED2 =~LED2;
      RI =0;
    }
}
```

7.3 基于串行接口的有线通信

常见串行接口的有线通信方式有双机通信和单片机与PC通信。如果通信距离比较短，则一般采用TTL电平进行通信即可。单片机与PC通信由于PC端的串口是RS-232-C的EIA电平，因此单片机必须先把TTL电平经过电平转换芯片（比如MAX232）将电平转换为RS-232-C电平后才可以与PC进行通信

7.3.1 单片机双机通信

下面通过一个示例来说明两台单片机通过串口连接如何进行通信。

【例7.4】 设计一个基于串口的点对点双机通信应用电路。电路的要求如下：发送主机具有1个按键；接收主机具有一个LED数码管；当发送主机键盘上的按键被按下后，发送主机将0xAA通过串口发送给接收主机；接收主机收到0xAA后会进行计数，并把所计的数在数码上管进行显示，计数的范围是0～9；系统采用的晶振频率是11.059 2 MHz，通信波特率是9 600 bit/s。

分析：

电路设计方面：单片机双机通信一般可以采用TTL进行，通信双方的TXD和RXD交叉进行连接。另外，在进行LED数码管显示电路设计的时候要考虑数码管类型是属于共阴极还是共阳极，同时在和单片机引脚连接的时候还要考虑增加限流电阻，具体设计电路可参考图7.16（Proteus绘制）。

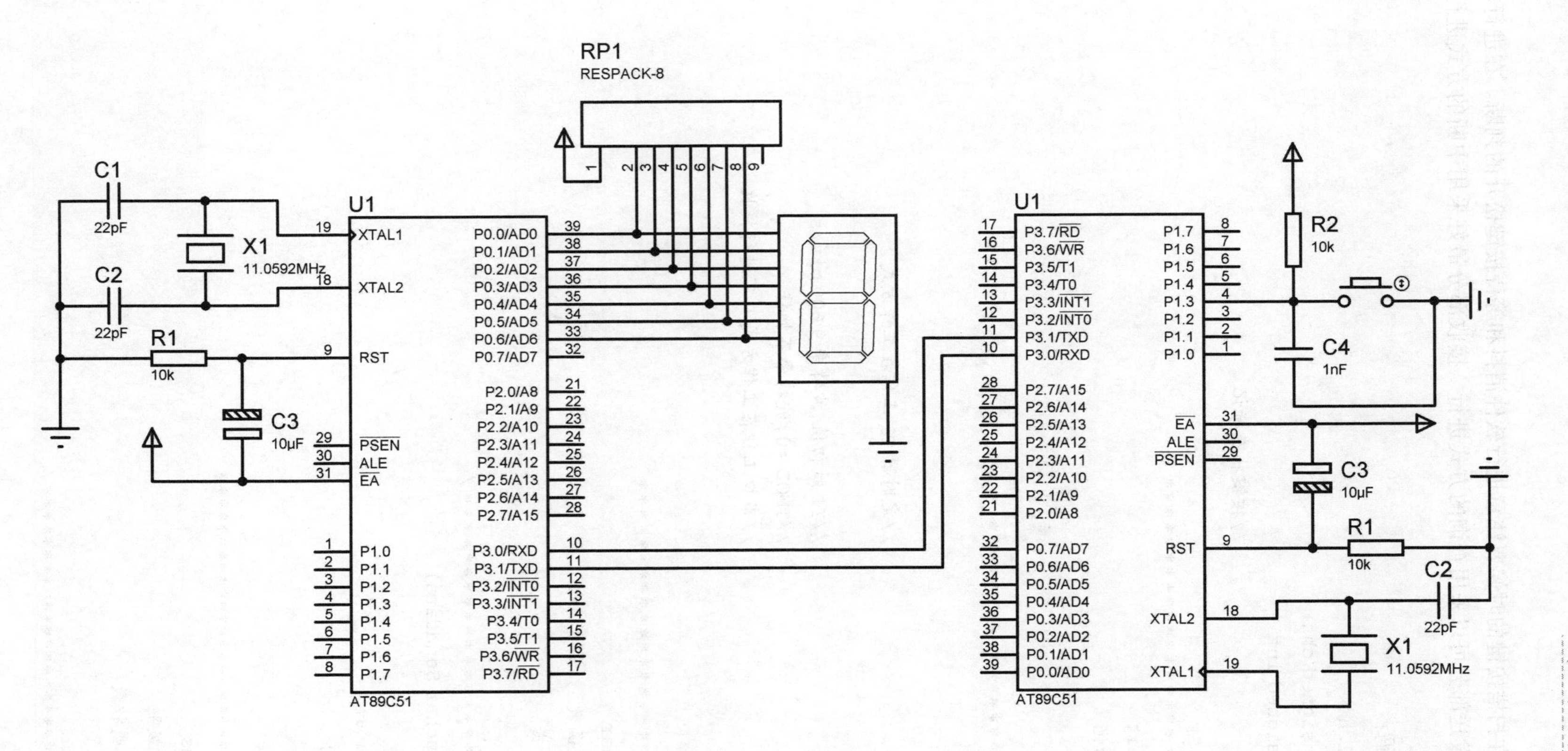

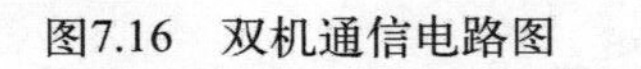
图7.16 双机通信电路图

软件设计方面：在扫描按键的时候要注意进行软件消抖和等待按键松开的判断。在进行串口的数据处理的时候发送部分可以采用查询的方式进行，接收部分最好采用中断的方式进行，程序代码如下：

（1）发送主机代码：

```
#include <reg51.h>
#define uchar unsigned char
#define uint unsigned int
uchar flag=0;                          //按键状态标记
sbit Key=P1^3;
/********************************
函数名称:Uart_Init
函数功能:串口初始化
输入参数:无
输出参数:无
********************************/
void Uart_Init()
{
    TMOD=0x20;                         //定时器T1 工作在工作方式2
    TH1 =0xFD;
    TL1 =0xFD;                         //T1 赋初值,波特率9 600 bit/s
    PCON=0x00;                         //TMOD=0,波特率不加倍
    SCON=0x40;                         //串口工作在工作方式1 不进行接收
    TR1 =1;
}
/********************************
函数名称:Send_char
函数功能:串口发送函数
输入参数:发送的数据
输出参数:无
********************************/
void Send_char(uchar Senddata)
{
    SBUF=Senddata;
    while(! TI);
    TI=0;
}
/*********************************
函数名称:Delay_Ms
函数功能:延时毫秒级别
输入参数:要延时的毫秒数
输出参数:无
*********************************/
```

```
void Delay_Ms(uint ms)
{
    uchar i;
    while(ms--)
    {
      for(i=0;i<120;i++);
    }
}

/************************************
函数名称:Key_Scan
函数功能:键盘扫描与数据发送
输入参数:无
输出参数:无
************************************/
void  Key_Scan()
{
  if((Key==0)&&(flag==0))
   {
        Delay_Ms(10);                      //延时消抖
        if((Key==0)&&(flag==0))
        {
           Send_char(0xAA);                //发送数据
           flag=1;
        }
        else if((Key==1)&&(flag==1))
       {
          flag=0;                          //恢复标记
       }
   }

}
void main()
{
  Uart_Init();
  while(1)
  {
    Key_Scan();
  }
}
```

(2) 接收主机代码:

```
#include <reg51.h>
```

```
#define uchar unsigned char
#define uint unsigned int
uchar code SmgCode[ ] = {0xc0,0xf9,0xa4,0xb0,0x99,0x92,0x82,0xf8,0x80,
0x90};
#define LED P0
uchar num=0;
/***********************************
函数名称:Uart_Init
函数功能:串口初始化
输入参数:无
输出参数:无
***********************************/
void Uart_Init()
{
    TMOD=0x20;              //定时器T1工作在工作方式2
    TH1=0xFD;
    TL1=0xFD;               //T1赋初值,波特率9600bit/s
    PCON=0x00;              //TMOD=0,波特率不加倍
    SCON=0x50;              //串口工作在工作方式1 允许接收
    TR1=1;
    EA=1;                   //允许中断
    ES=1;                   //允许串口中断
}
void main()
{
  Uart_Init();
  LED=SmgCode[0];           //数码管显示0
  while(1);
}
/***********************************
函数名称:Serial_Int
函数功能:串口中断服务子程序
输入参数:无
输出参数:无
***********************************/
void  Serial_Int()  interrupt  4    //中断服务子程序
{
  uchar temp;
  if(RI)
  {
  temp=SBUF;
   if(temp==0xAA)
    {
```

```
        num = (num +1) % 10;
        LED = SmgCode[num]; //显示数据
      }
    RI =0;
  }
  }
```

7.3.2　单片机与PC通信

单片机也可以与PC（计算机）通过串口连接进行通信。下面通过一个示例来说明单片机是如何与PC进行通信的。

【例7.5】设计一个基于串口的单片机和PC通信应用电路，电路要求如下：在PC上采用串口调试助手发送任意一个不大于6个字符的内容到单片机；单片机在收到这些内容后，会将这些数据原封不动地返回到PC；系统采用的晶振频率为11.059 2 MHz，通信波特率为9 600 bit/s。

分析：

电路设计方面：PC的串口电平是RS－232－C的EIA电平，所以要把单片机的TTL电平经过MAX232电平转换芯片转换后再传输给PC。同单片机双机通信一样，通信双方的TXD和RXD交叉进行连接，具体通信电路如图7.17所示（Proteus绘制）。

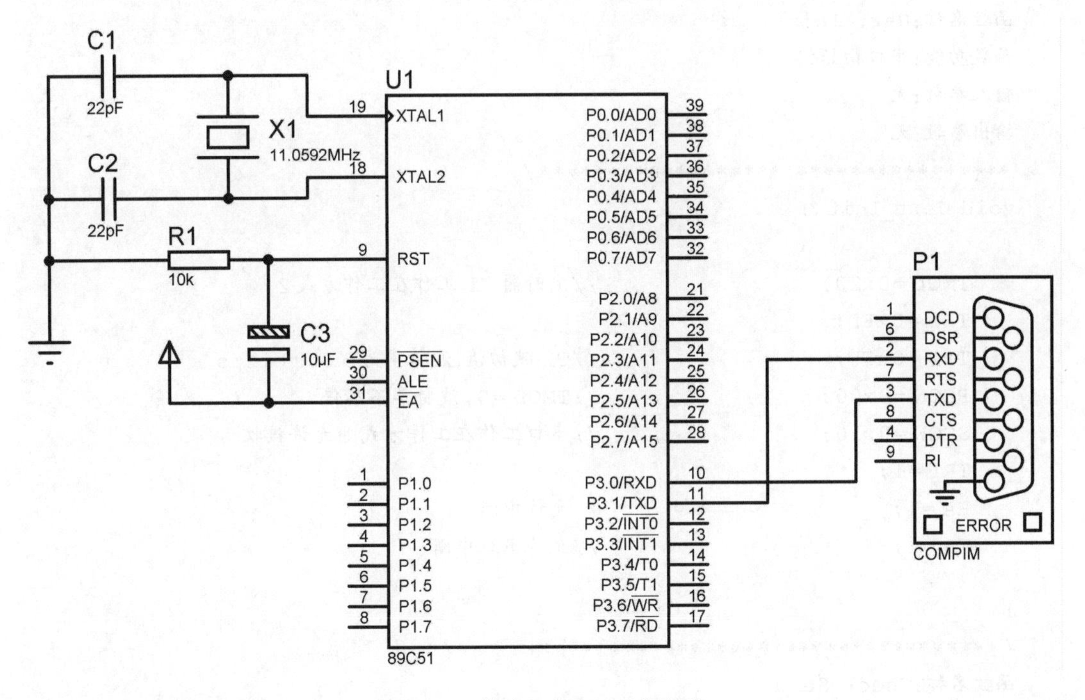

图7.17　单片机与PC通信电路

软件设计方面：为了提高数据传输的效率，串口的发送和接收应该都采用中断方式。PC串口发送界面如图7.18所示。测试过程中要注意串口调试助手的波特率应和单片机端的波特率保持一致。

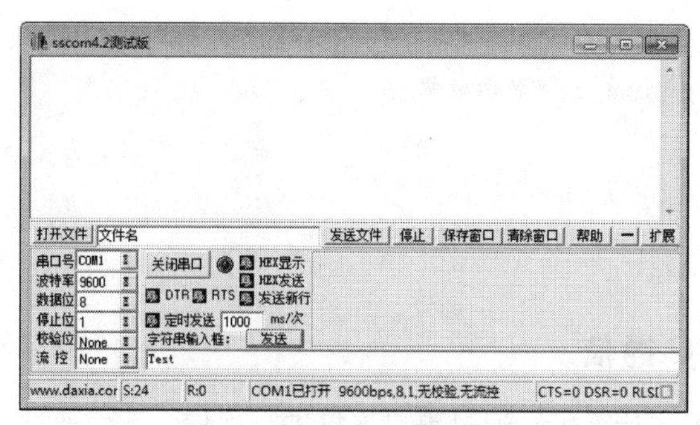

图 7.18 PC 串口发送界面

单片机端程序代码如下:

```
#include <reg51.h>
#define uchar unsigned char
#define uint unsigned int
uchar flag=0;
uchar Sendnum=0;                    //发送数据标记
uchar num=0;                        //接收数据标记
uchar Receivedata[6];               //接收数据缓存
/************************************
函数名称:Uart_Init
函数功能:串口初始化
输入参数:无
输出参数:无
************************************/
void Uart_Init()
{
    TMOD=0x20;                      //定时器 T1 工作在工作方式 2
    TH1=0xFD;
    TL1=0xFD;                       //T1 赋初值,波特率为 9 600 bit/s
    PCON=0x00;                      //TMOD=0,波特率不加倍
    SCON=0x50;                      //串口工作在工作方式 1 允许接收
    TR1=1;
    EA=1;                           //允许中断
    ES=1;                           //允许串口中断

}
/************************************
函数名称:Check_Send
函数功能:判断是否需要发送数据
输入参数:无
输出参数:无
************************************/
void Check_Send()
```

```
{
if((flag==0)&&(Sendnum! =num))
  {
    SBUF=Receivedata[Sendnum];                    //启动发送
    Sendnum=(Sendnum+1)%6;
    flag=1;
  }
}
void main()
{
  Uart_Init();
  while(1)
  {
    Check_Send();
  }
}
/***********************************
函数名称:Serial_Int
函数功能:串口中断服务子程序
输入参数:无
输出参数:无
***********************************/
void  Serial_Int()  interrupt  4              //中断服务子程序
{
  if(RI)
  {
    Receivedata[num]=SBUF;
    num=(num+1)%6;
    RI=0;
  }
  if(TI)
  {
    if(Sendnum==num)
     flag=0;
    else
   {
   SBUF=Receivedata[Sendnum];                   //继续发送
   Sendnum=(Sendnum+1)%6;
   }
  TI=0;
  }
}
```

7.4 基于串行接口的无线通信

目前很多无线通信模块都具有 TTL 串口，比如蓝牙模块、Wi-Fi 模块和 GPRS（通用分组无线业务）模块等。因此通过单片机的串口与该类模块进行三线制连接就可以让单片机应用系统快速具备无线通信的功能。单片机与此类模块进行通信往往采用的是 AT 指令的方式。AT 指令一般应用于终端设备与主控芯片之间的连接与通信。每种不同的模块会有不同的 AT 指令集，比如蓝牙模块有专用的蓝牙模块指令集。更多关于 AT 指令的内容请读者自行查找相关资料进行学习。

7.4.1 蓝牙通信

蓝牙（Bluetooth）是一种使用 UHF（特高频）无线电波的无线技术标准，可实现固定设备、移动设备和楼宇个人局域网之间的短距离数据交换。蓝牙采用自组式组网方式（Ad - hoc），一个蓝牙网络由一个主设备（Master）和一个或多个从属设备（Slave）组成，每个独立的同步蓝牙网络就被称为一个微微网（Piconet）。1 个主设备至多可和同一微微网中的 7 个从设备通信，所有设备共享主设备的时钟。

常用的蓝牙模块有 HC - 05、CC2541、iTOP - 4412 等。蓝牙模块外观图如图 7.19 所示。HC - 05 蓝牙模块的引脚包括 V_{CC}、GND、TXD、RXD、KEY、LED。其中，TXD 与 RXD 分别为使用 TTL 电平的模块串口发送引脚与接收引脚；KEY 为状态选择端，置高电平为 AT 指令状态，低电平或悬空为正常工作状态（从模式）。蓝牙模块正常工作后，可与具有蓝牙功能的手机、计算机等设备相连。配对后，即可通过无线实现数据的互传，而且此时蓝牙模块具有数据透传的功能。典型的 HC - 05 蓝牙模块与手机连接配对过程如图 7.20 所示。首先手机开启蓝牙功能后可以搜索到名称为 HC - 05 的蓝牙设备。此时就可以选择配对，配对码默认为“1234”。输入配对码后选择配对即可配对成功。

图 7.19 蓝牙模块外观图

1. 蓝牙模块与 PC 相连

蓝牙模块可通过与 USB 转 TTL 模块相连，实现与 PC 端之间的数据通信，通信双方的 TXD 和 RXD 交叉连接，连接示意图如图 7.21 所示。PC 端可通过串口调试助手发送 AT 指令，修改及查看蓝牙模块名、修改及查看通信波特率、设置及查看主从模式、设置密码等操作，经典的串口调试助手界面如图 7.18 所示。

由于蓝牙模块本身具有透传的功能，所以可以在手机（已经配对成功）上使用蓝牙串口与 PC 进行通信。为了快速构建 PC 与蓝牙串口的通信环境，可以在 PC 上使用串口调试助手 SSCOM。在进行通信之前，蓝牙串口需要先进行连接，连接的设备为 HC - 05，连接的过程如图 7.22 所示。

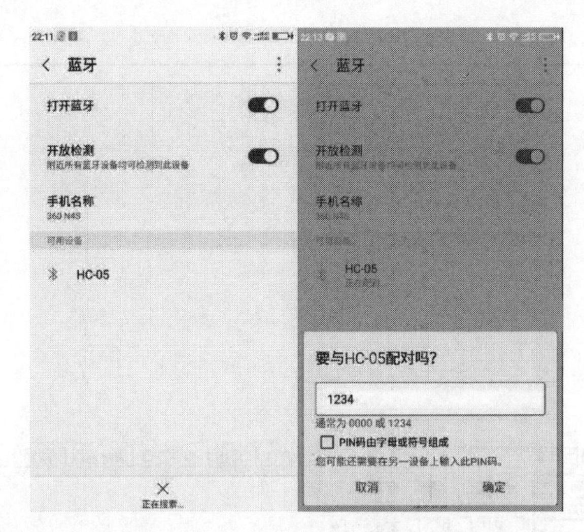

图 7.20　典型的 HC-05 蓝牙模块与手机连接配对过程

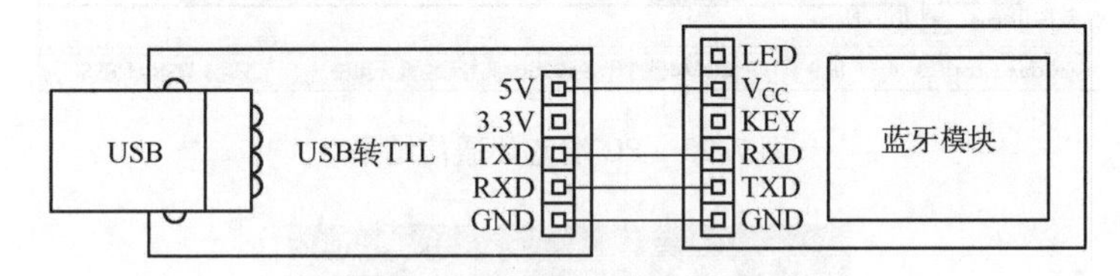

图 7.21　蓝牙模块与 PC 连接示意图

连接成功后就可以在 PC 上用串口调试助手和手机上的蓝牙串口进行通信。需要注意的是，默认 PC 端的串口助手波特率应该选择为 9 600。图 7.23 和图 7.24 表示的连接的双方进行通信的测试。从图 7.23 及图 7.24 中可以看出 PC 发给蓝牙串口的内容是 PCtoPhone，而蓝牙串口发给 PC 的是 PhonetoPc。

图 7.22　蓝牙串口连接的过程

2. 蓝牙模块与单片机相连

蓝牙模块可直接与单片机相连，双方的 TXD 和 RXD 交叉连接，连接示意图如图 7.25 所示。单片机主要用于通过蓝牙模块向已配对主机（比如手机）发送和接收数据。从前面的 PC 端的测试可知，手机端发送的内容将会直接通过串口发送到单片机，而且串口的波特率默认应该为 9 600。

【例 7.6】 利用 HC-05 蓝牙模块实现以下功能：通过已配对的手机端向蓝牙模块发送 0 ～ 9 的数值，将数值直接在与 P2.0 ～ P2.3 相连的 4 个 LED 上显示，并向手机返回接收到的内容。为了实现本题的功能，可以在手机上安装蓝牙串口进行数据的发送和接收。系统采用的晶振频率为 11.059 2 MHz，通信波特率为 9 600 bit/s。

分析：

电路设计方面：HC-05 蓝牙模块的接口是 TTL 电平，因此其引脚可以与单片机引脚直接进行相连，具体电路图如图 7.26 所示（Proteus 绘制）。

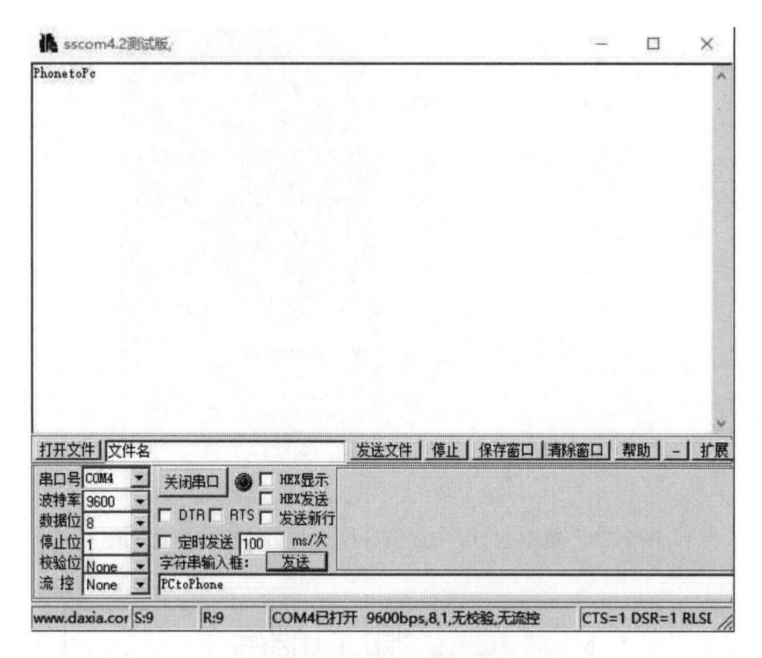

图 7.23　PC 端蓝牙通信结果

图 7.24　手机端蓝牙通信结果

软件设计方面：蓝牙串口的接收和发送都是字符，因此在单片机代码中应该将接收到的内容先转换为数字再进行显示。同时，单片机在把数据发送给蓝牙串口之前应该先把数字转换为字符。通信测试界面如图 7.27 所示。

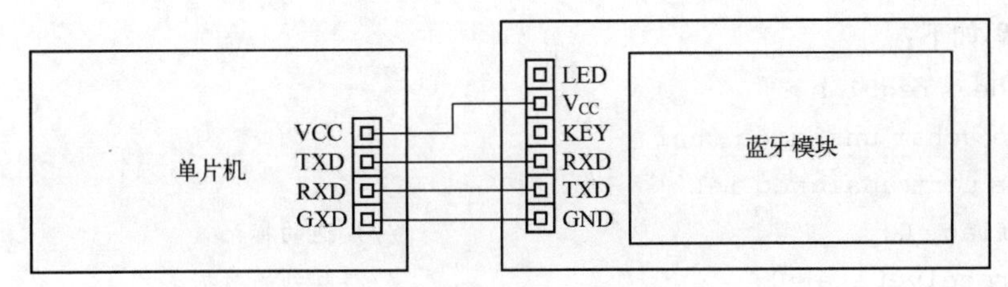

图7.25　蓝牙模块与单片机连接示意图

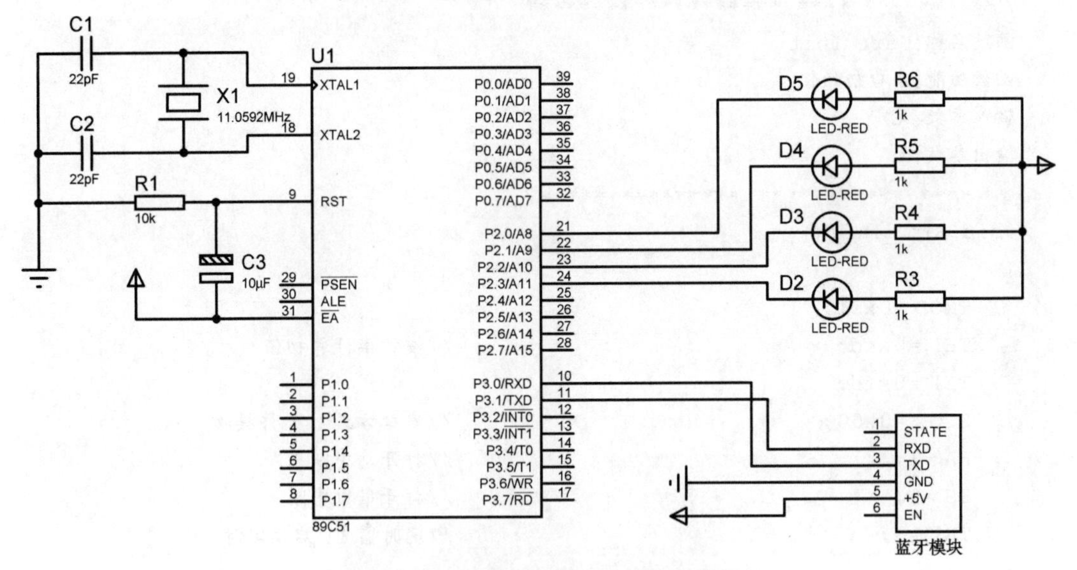

图7.26　蓝牙模块与单片机连接电路图

图7.27　通信测试界面

程序代码如下：

```
#include <reg51.h>
#define uchar unsigned char
#define uint unsigned int
uchar flag=0;                                   //发送的标记
uchar receiveData=0;                            //接收到的数据
/************************************
函数名称:Uart_Init
函数功能:串口初始化
输入参数:无
输出参数:无
************************************/
void Uart_Init()
{
    TMOD=0x21;
    TH1=0xfd;                                   //波特率计算初值
    TL1=0xfd;
    SCON=0x50;                                  //串口方式1 允许接收
    EA=1;                                       //打开总中断
    ES=1;                                       //打开串口中断
    TR1=1;                                      //定时器T1 启动定时
}
/************************************
函数名称:Write_Bluetooth
函数功能:蓝牙发送函数
输入参数:发送的数据
输出参数:无
************************************/
void Write_Bluetooth(uchar Senddata)
{
    SBUF=Senddata;
    while(! TI);
    TI=0;
}
/************************************
函数名称:Send_Data
函数功能:完成发送前的数据转换和发送
输入参数:发送的数据
输出参数:无
************************************/
void Send_Data(uint Senddata)
{
```

```
    uchar temp;
    temp = Senddata +0x30;
    Write_Bluetooth(temp);
}
/************************************
函数名称:Check_Send
函数功能:判断是否需要发送数据
输入参数:无
输出参数:无
************************************/
void Check_Send()
{
if(flag ==1)
  {
    Send_Data(receiveData);//发送数据
    flag =0;
  }
}
void main()
{
  Uart_Init();
  while(1)
   {
    Check_Send();
   }
}
/************************************
函数名称:Serial_Int
函数功能:串口中断服务子程序
输入参数:无
输出参数:无
************************************/
void  Serial_Int()  interrupt  4          //中断服务子程序
{
  if(RI)
  {
      receiveData = SBUF -0x30;           //读取数据,并将字符转换为数值
      P2 = receiveData;
      flag =1;
      RI =0;                              //手动清0
   }
}
```

7.4.2 Wi-Fi 通信

Wi-Fi 模块又称串口 Wi-Fi 模块，属于物联网传输层，是将串口或 TTL 电平转为符合 Wi-Fi 无线网络通信标准的嵌入式模块。Wi-Fi 模块一般内置无线网络协议 IEEE 802.11b.g.n 协议栈和 TCP/IP 协议栈，是实现无线智能家居、M2M（机器与机器）等物联网应用的重要组成部分，目前已被广泛运用于 Wi-Fi 监控、TCP/IP 和 Wi-Fi 协处理器、医疗仪器、数据采集、手持设备、仪器仪表、设备参数监测、现代农业、军事领域等其他无线相关的二次开发应用。

目前较为常用的 Wi-Fi 模块是 ESP8266，如图 7.28 所示。该模块支持无线 802.11b.g.n 协议栈、STA/AP/STA + AP 模式、TCP/IP 协议栈、多路 TCP Client 连接，并内置丰富的 Socket AT 指令，支持 UART/GPIO 数据通信接口、Smart Link 智能联网功能。其中，AP 是指无线接入点，即无线网络的创建者，是网络的中心节点。一般家庭或办公室使用的无线路由器就是一个 AP；而 STA 站点是指连接到无线网络中的终端，如笔记本式计算机、PDA（个人数字助理）及其他已联网的用户设备。

图 7.28　ESP8266 实物图

与蓝牙模块相似，Wi-Fi 模块也可以通过对接的方式与 USB 转 TTL 模块、单片机相连，实现设备之间的数据通信。Wi-Fi 模块的 PC 端实用工具是串口调试助手和网络调试助手，串口调试助手用于写入 AT 指令或读取模块返回的数据，网络调试助手用于建立服务器、接收发送到服务器的数据或向 Wi-Fi 模块发送数据。手机也有对应的网络调试助手。其中，该模块的工作模式有 STA 模式、AP 模式、STA 和 AP 模式。通过串口发送 AT + CWMODE = 1 或 2 或 3 即可选择相应的模式。比如发送“AT + CWMODE = 1”表示选择 STA 模式调试流程大致是先利用串口调试助手发送 AT 指令，设置模块的 Wi-Fi 模式、重启模块、路由连接、设备 IP 查询，再利用网络调试助手创建一个服务器，串口调试助手发送 AT 指令将 Wi-Fi 模块连接上服务器后，即可通过 Wi-Fi 模块向服务器发送数据或从服务器接收数据。该模块的具体使用可以参考模块的说明文档。

1. Wi-Fi 模块与 PC 相连

Wi-Fi 模块可通过与 USB 转 TTL 模块相连，实现与 PC 端之间进行数据通信，通信双方的 TXD 和 RXD 交叉连接，连接示意图如图 7.29 所示。PC 端可通过串口调试助手发送 AT 指令，修改及设置工作模式等操作。需要注意的是，ESP8266 的默认波特率为 115 200。在这里，通过让 ESP8266 工作在 AP 模式，手机连接到 ESP8266，然后就可以使用手机端的网络调试助手和PC端的串口调试助手进行通信。

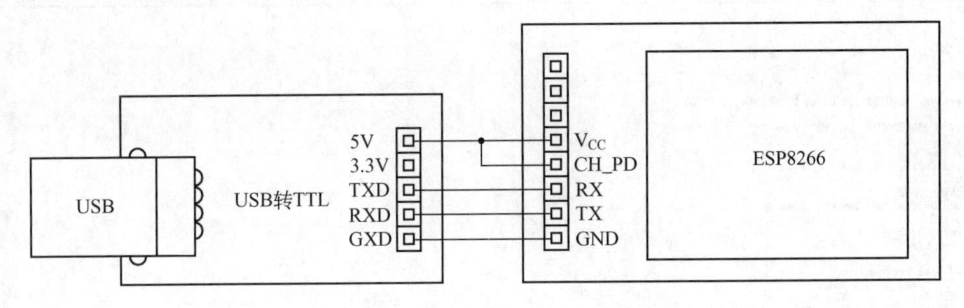

图7.29　ESP8266与PC连接示意图

通过串口调试助手进行ESP8266的工作流程设置使用的指令和返回的内容如下所述：

设置Wi-Fi模式：

AT + CWMODE = 2 //设置为softAP模式

响应：OK

重启生效

AT + RST

响应：OK

启动多连接

AT + CIPMUX = 1

响应：OK

建立server

AT + CIPSERVER = 1 //默认端口333

响应：OK

ESP8266初始化如图7.30所示。从7.30图中可以看出，ESP8266在启动时会输出一串乱码，最后输出ready表示初始化完成。

手机这时候就可以连接到ESP8266的热点，其默认名称为AI - THINKER_0D57CA，如图7.31所示。然后就可以打开网络调试助手（有人网络助手），建立tcp client，如图7.32所示。注意IP应填的是“192.168.4.1”，端口是333。

建立起连接后，可以通过手机网络助手发送数据到PC上的串口助手，通信过程如图7.33和图7.34所示。从图7.34中可以看到串口调试助手收到数据的格式为“ + IPD，0，3：123”。其中，“0”表示连接客户端的ID，“3”表示接收到的数据长度，“123”为数据内容。

2. Wi-Fi模块与单片机相连

Wi-Fi模块可直接与单片机相连，双方的TXD和RXD交叉连接，连接示意图如图7.35所示。单片机在配置和数据通信过程中需要发送的AT指令及收到的返回内容可以参考PC与Wi-Fi模块的通信。

【例7.7】利用ESP8266 Wi-Fi模块实现LED的开关控制。具体控制要求：解析从手机网络调试助手发送到Wi-Fi模块的消息，若为“ + 01”，则点亮LED，若为“ + 10”，则熄灭LED，并向手机端反馈LED状态。最后通过Wi-Fi模块向手机网络调试助手返回收到的数据。系统采用的晶振频率是22.118 4 MHz，通信波特率是115 200 bit/s。

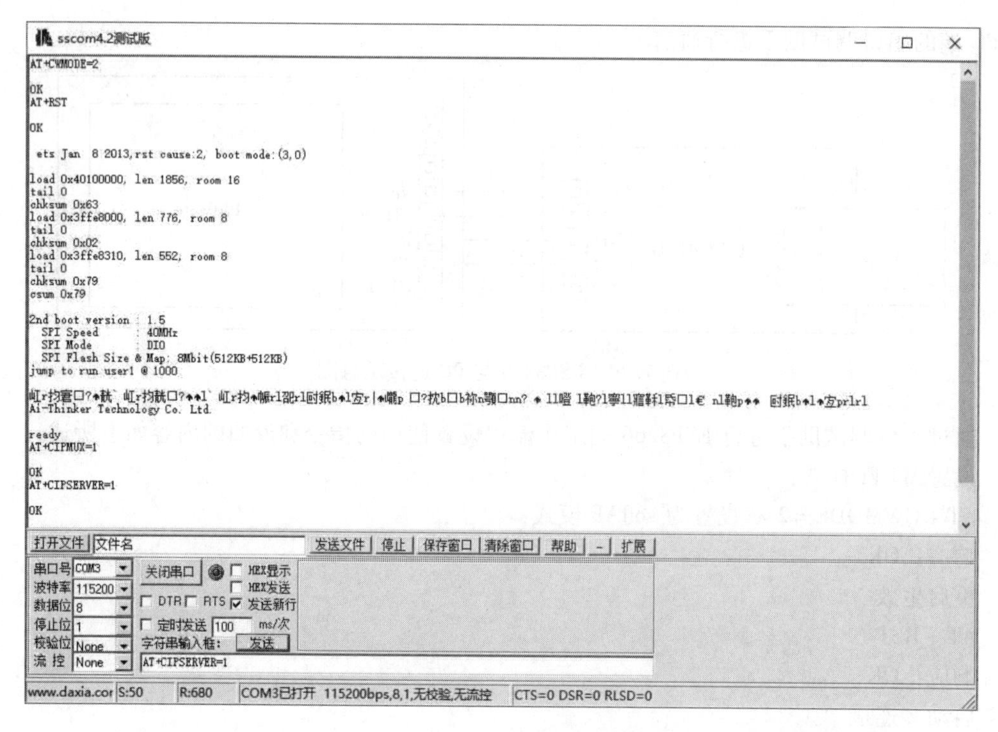

图 7.30 ESP8266 初始化

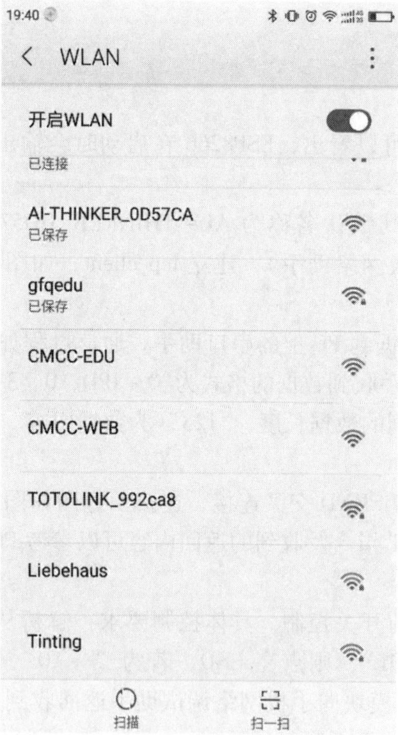

19:40
WLAN
开启WLAN
已连接
AI-THINKER_0D57CA
已保存
gfqedu
已保存
CMCC-EDU
CMCC-WEB
TOTOLINK_992ca8
Liebehaus
Tinting
扫描
扫一扫

图 7.31 ESP8266 热点名称

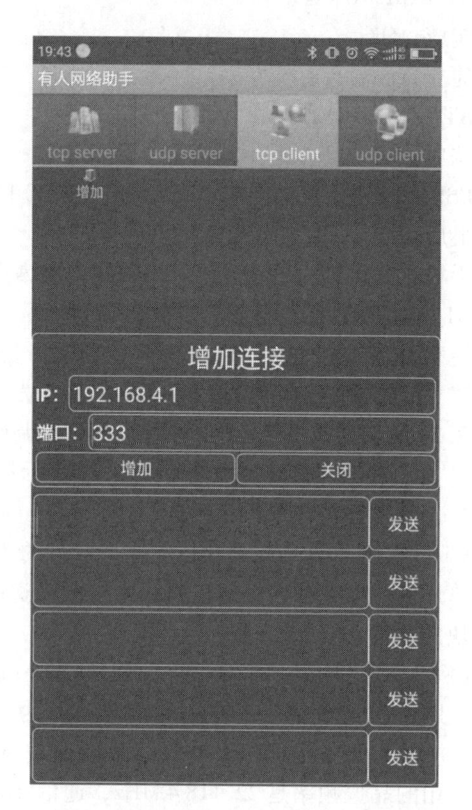

图 7.32 网络调试助手建立连接图

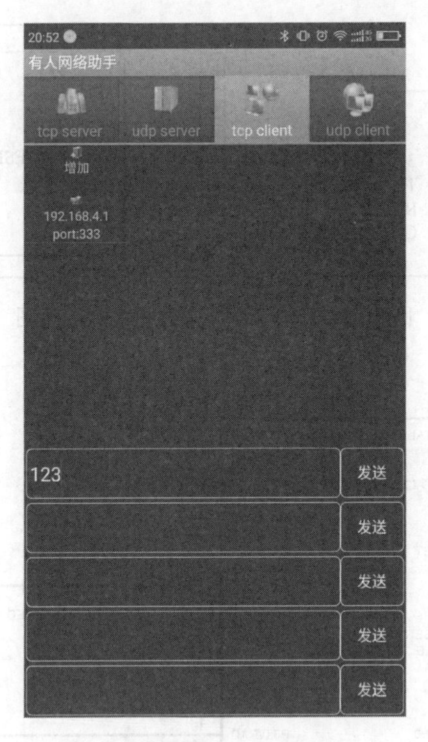

图 7.33　网络调试助手发送数据“123”

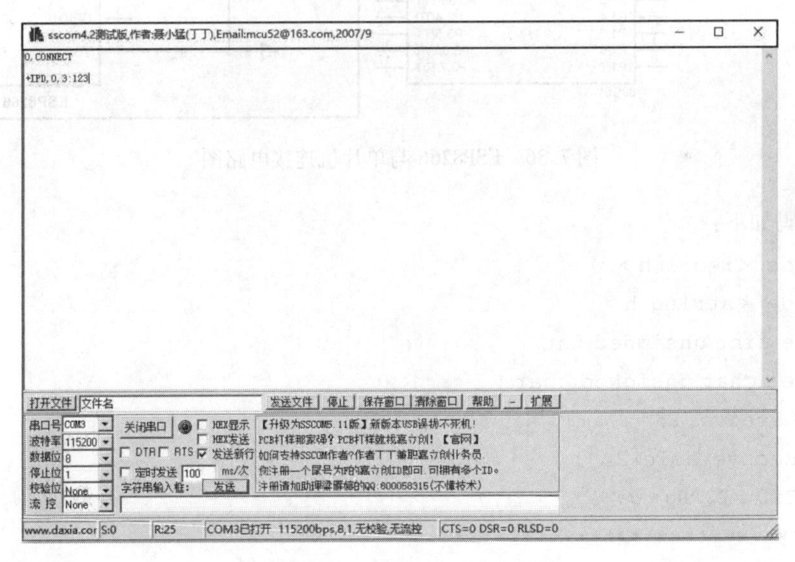

图 7.34　PC 端收到数据“123”

分析：

电路设计方面：ESP8266 Wi-Fi 模块的接口是 TTL 电平，因此其引脚可以与单片机引脚直接进行相连，具体电路如图 7.36 所示（Proteus 绘制）。

软件设计方面：Wi-Fi 串口的接收和发送都是字符，因此在单片机代码中应该将接收到的内容先转换为字符串并进行解析，根据解析的结果控制 LED 的亮灭。

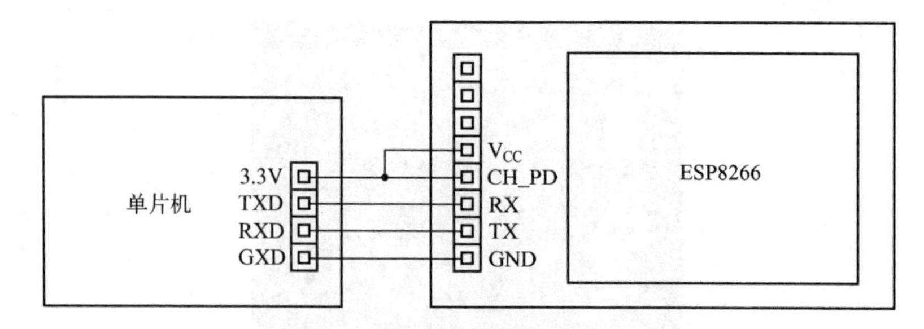

图 7.35　ESP8266 与单片机连接示意图

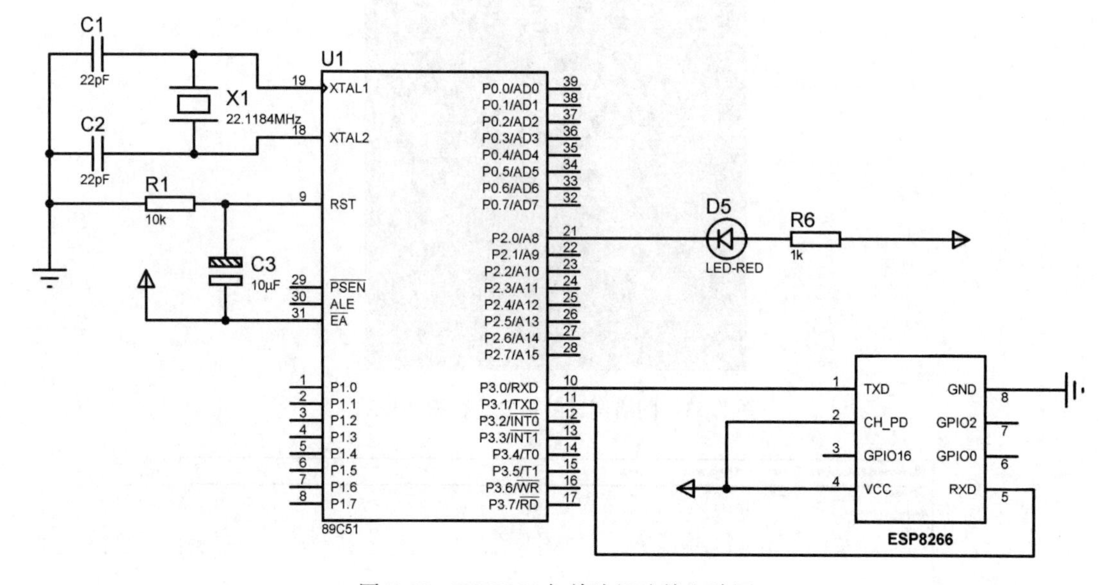

图 7.36　ESP8266 与单片机连接电路图

程序代码如下：

```
#include <reg51.h>
#include <string.h>
#define uint unsigned int
#define uchar unsigned char
uchar Receive,i;
uchar Recivetable[20];
sbit LED0 = P2^0;
/************************************
函数名称:Uart_Init
函数功能:串口初始化
输入参数:无
输出参数:无
************************************/
void Uart_Init()
{
```

```
    SCON = 0x50;        //设置串口以工作方式1工作,8位异步通信,允许接收中断
    PCON = 0x80;        //SMOD 波特率选择位为1,SMOD = 1
    TMOD = 0x21;        //设置定时器T1为波特率发生器,以工作方式2工作,8位自动装载
    TH1 = 0xFF;         //设置波特率为115200
    TL1 = TH1;
    EA = 1;             //总中断打开
    ES = 0;             //关闭串口中断
    TR1 = 1;            //启动定时器T1
}
/ ************************************
函数名称:Send_Char
函数功能:串口发送函数
输入参数:发送的数据
输出参数:无
************************************ /
void Send_Char(uchar Senddata)
{
    ES = 0;             //关闭串口中断
    TI = 0;             //清发送完毕中断请求标志位
    SBUF = Senddata;    //发送
    while(! TI);        //等待发送完毕
    TI = 0;             //清发送完毕中断请求标志位
    ES = 1;             //允许串口中断
}
/ ************************************
函数名称:Delay_Us
函数功能:延时微秒级别
输入参数:要延时的微秒数
输出参数:无
************************************ /
void Delay_Us(uint time)
{
while(time --);
}
/ ************************************
函数名称:Delay_Ms
函数功能:延时毫秒级别
输入参数:要延时的毫秒数
输出参数:无
************************************ /
void Delay_Ms(uint ms)
{
    uchar i;
```

```
    while(ms--)
    {
        for(i=0;i<120;i++);
    }
}
/************************************
函数名称:ESP8266_Set
函数功能:ESP8266 的设置函数
输入参数:字符串的首地址
输出参数:无
************************************/
void ESP8266_Set(uchar *puf)
{
    while(*puf! ='\0')
    {
        Send_Char(*puf);  //向 Wi-Fi 模块发送控制指令
        Delay_Us(5);
        puf++;
    }
    Delay_Us(5);
    Send_Char('\r');          //回车
    Delay_Us(5);
    Send_Char('\n');          //换行
    Delay_Ms(1000);
}
/************************************
函数名称:ESP8266_Send
函数功能:ESP8266 的发送函数
输入参数:发送字符串的首地址
输出参数:无
************************************/
void ESP8266_Send(uchar *puf)
{
    ESP8266_Set("AT+CIPSEND=0,3");     //0 表示客户端 ID,3 表示数据长度
    while(*puf! ='\0')
    {
        Send_Char(*puf);
        Delay_Us(5);
        puf++;
    }
    Delay_Us(5);
    Send_char('\n');
    Delay_Ms(10);
```

```
}
/***********************************
函数名称:ESP8266_APinit
函数功能:ESP8266 初始化函数
输入参数:无
输出参数:无
***********************************/
void ESP8266_APinit()
{
ESP8266_Set("AT+CWMODE=2");                  //设置路由器模式为 AP 模式
ESP8266_Set("AT+RST");                       //重新启动 Wi-Fi 模块
ESP8266_Set("AT+CIPMUX=1");                  //开启多连接模式,允许多个各客户端接入
ESP8266_Set("AT+CIPSERVER=1");               //建立 Server
}
/***********************************
函数名称:Check_Data
函数功能:处理接收到的数据
输入参数:无
输出参数:无
***********************************/
void  Check_Data()
{
  if(strstr(Recivetable,"+01")!=NULL)          //表示数据中收到"+01"
  {
    LED0=0;                                    //开启 LED
    ESP8266_Send("+01");
  }
  else if(strstr(Recivetable,"+10")!=NULL)     //表示数据中收到"+10"
  {
    LED0=1;                                    //关闭 LED
    ESP8266_Send("+10");
  }
}
void main()
{
  LED0=01;                                     //关闭 LED
  Uart_Init();
  ESP8266_APinit();
  ES=1;                                        //打开串口中断
  while(1)
  {
    Check_Data();
  }
```

```
}
/ ***********************************
函数名称:Serial_Int
函数功能:串口中断服务子程序
输入参数:无
输出参数:无
*********************************** /
void  Serial_Int()  interrupt 4         //中断服务子程序
{
   static uchar i =0;
   if(RI)
   {
      RI =0;
      Receive =SBUF;                     //MCU 接收 Wi-Fi 模块反馈回来的数据
      Recivetable[i] =Receive;
      i ++;
      if((Recivetable[i -1] =='\n'))i =0;  //遇到换行,重新装值
   }
   else TI =0;
}
```

手机端首先要连接上 ESP8266 Wi-Fi 模块，即通过网络调试助手建立 tcp client。建立起通信连接后，通过发送对应指令“+01”和“+10”即可实现 LED 的开启和关闭，网络调试发送控制指令示意图界面如图 7.37 所示。

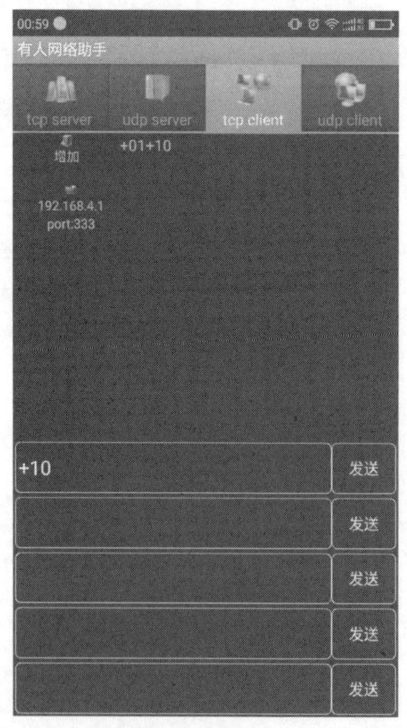

图 7.37 网络调试发送控制指令示意图界面

小　结

本章首先介绍了串行通信的基本概念，即异步通信、同步通信、波特率和电平等。在上述概念的基础上，重点介绍了51单片机中串行口的相关寄存器和程序编写的流程。最后，介绍了基于串行接口的应用实例，包括单片机双机通信、单片机与PC通信、蓝牙通信和Wi-Fi通信。

习　题

1. 并行数据通信与串行数据通信各有什么特点？分别适用于什么场合？

2. 简述同步通信和异步通信的概念，并进行比较。

3. 简述单工、半双工和全双工的区别。

4. 如果51单片机的串行接口工作在工作方式1，波特率为9 600 Bd，系统的晶振频率为11.059 2 MHz，那么定时器T1应装入的初值为多少？

5. 51单片机的P1口接有8个LED，要求通过串口接收PC发送的指令。如果PC发送的是“L”，则控制流水灯向左流水；如果PC发送的是“R”，则控制流水灯向右流水。试编写相关程序。

第8章 串行总线技术

串行接口的引脚少，扩展方便，所以采用串行总线技术可以使系统设计大大简化，如系统的电路面积大大减小、系统的稳定性和可靠性增强。同时，对于系统的更改和扩充更加方便和可行。由于51单片机的系统资源比较有限，经常采用串行总线技术来进行外部扩展。目前，常用的串行扩展接口有I^2C、SPI和单总线等。本章主要对这3种接口进行理论介绍并辅以简单的案例，使读者能够初步掌握通过串行接口来对单片机进行外围扩展的方法。

8.1 I^2C总线技术

8.1.1 I^2C总线简介

I^2C即Inter－Integrated Circuit（集成电路总线），它是由Philips半导体公司在20世纪80年代初设计出来的一种简单、双向、二线制、同步串行总线，即它只有两根双向的信号线，一根是时钟线SCL，另一根是数据线SDA。同时，它也具备多主机系统所需的包括总线裁决和高低速器件同步功能的高性能串行总线。

由于I^2C总线接口是开漏或开集电极输出，所以在电路设计中，需要加上拉电阻，如图8.1所示。当总线空闲时，由于接上拉电阻，SDA和SCL两根线均为高电平。如果连到总线上的任一器件输出低电平，都将使总线的信号变低，即各器件的SDA及SCL都是线“与”的关系。

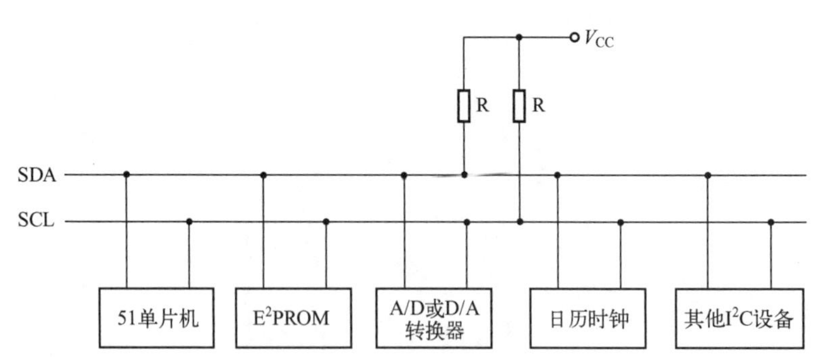

图8.1　I^2C总线加上拉电阻

I^2C总线上挂载的每一个I^2C设备都具有唯一的地址，主机与其他设备间的数据传送可以由主机发送数据到其他设备，这时主机就作为发送器，从总线上接收数据的设备就作为接收器。在多主机系统中，可能同时有几个主机企图启动总线传送数据。为了避免混乱，I^2C总线要通过总线仲裁，以决定由哪一台主机控制总线。在51单片机的扩展中，经常是采用51单片机为主机，其他设备为从机的单主机系统。

8.1.2　I^2C 总线的通信规程

1. I^2C 总线数据位有效性规定

I^2C 总线数据位有效性的时序，如图 8.2 所示。I^2C 总线进行数据传送时，时钟信号 SCL 为高电平期间，数据线 SDA 上的数据必须保持稳定，当时钟信号线 SCL 为低电平期间，数据线 SDA 上的数据才允许变化。

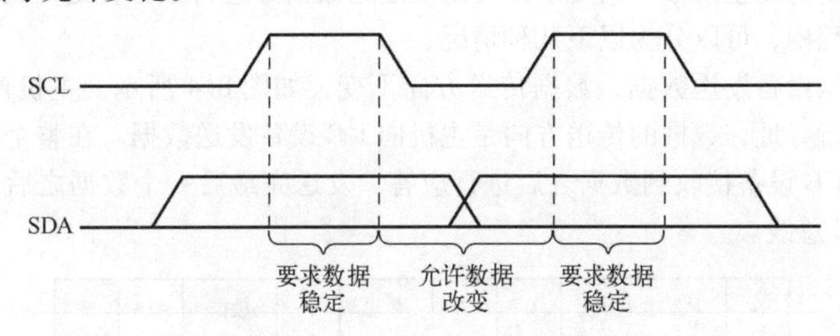

图 8.2　I^2C 总线数据位有效性的时序

2. I^2C 总线的起始信号和终止信号

I^2C 总线起始信号和终止信号的时序，如图 8.3 所示。时钟信号线 SCL 为高电平期间，数据线 SDA 由高电平向低电平的变化表示起始信号 S，启动 I^2C 总线工作；时钟信号线 SCL 为高电平期间，数据线 SDA 由低电平向高电平的变化表示终止信号 P，终止 I^2C 总线的数据传送。

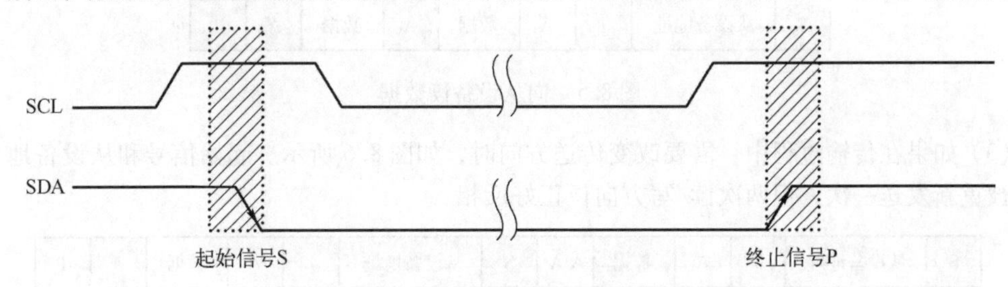

图 8.3　I^2C 总线起始信号和终止信号的时序

I^2C 总线上的起始和终止信号都是由主机发出的，如果产生起始信号后，则表明总线就处于被占用的状态；如果产生终止信号后，则表明总线处于空闲状态。每一个连接到 I^2C 总线上的设备，若其具有 I^2C 总线的硬件接口，那么很容易检测到起始和终止信号。有时候一个 I^2C 设备接收到主机的一个完整字节数据后，有可能需要完成一些其他工作（如处理自身内部的中断服务），可能无法立刻接收下一字节，这时候该 I^2C 设备可以将 SCL 线拉成低电平，从而使主机处于等待状态。

3. I^2C 总线字节的传送和应答

I^2C 总线在进行数据传送时，先传送最高位（MSB），每一个被传送的字节后面都必须跟随一位应答位（即 1 帧共有 9 位）。如果是因为某种原因造成从设备不对主机寻址信号应答（比如从机处理中断服务），那么它必须将数据线置于高电平，让主机产生一个终止信号以释放总线。或者如果从设备对主机进行了应答，但从设备不想再接收数据，那么从设备可以通过“非应答”来通知主机，同样让主机发出终止信号以结束数据的传送。当主机接收从设备的数据时，收到最后一个数据字节后，主机必须向从设备发出一个“非应答”信号，使从设备释放SDA线，以允许主机产生终止信号。

4. I^2C 总线传送的数据帧格式

I^2C 总线上传送的信号可以是地址信号，也可以是数据信号。在起始信号S后，主机发送一字节的数据信号给从设备，这个字节的高7位是设备的地址，最低位是数据的传送方向，0表示主机发送数据，1表示主机接收从设备的数据。如果主机希望占用总线，连续进行数据的传送，那么无须产生终止信号，只要立即再次发送起始信号进行数据传送即可。在 I^2C 总线的一次数据传送过程中，可以分为以下几种情况：

（1）主机向从设备发送数据，数据传送方向不变，如图8.4所示。主机产生起始信号S，开始对从设备进行寻址，数据的传送方向是主机向 I^2C 设备发送数据。在整个过程中，数据的传输方向不变，I^2C 设备接收到数据之后进行应答。发送完最后一个数据之后，主机发出终止信号P，释放 I^2C 总线。

图8.4 数据传送方向不变

（2）主机在第一个字节后，立即向从设备读数据，如图8.5所示。主机产生起始信号S后，对设备进行寻址，从设备返回应答之后，主机向从设备读取数据，读完最后一个字节的数据之后，主机发出终止信号，释放 I^2C 总线。

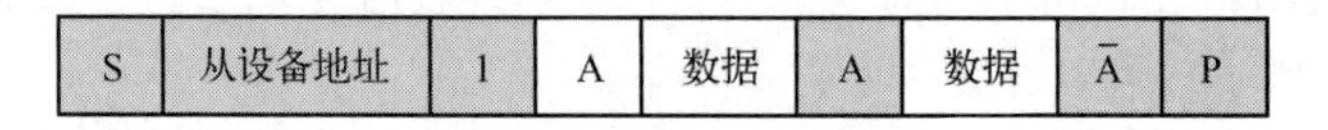

图8.5 向从设备读数据

（3）如果在传输过程中，需要改变传送方向时，如图8.6所示。起始信号和从设备地址都需要被重新发送一次，但两次读/写方向位正好反相。

S	从设备地址	0	A	数据	A/$\overline{A}$	S	从设备地址	1	A	数据	$\overline{A}$	P

图8.6 传输过程改变传输方向

注：有阴影部分表示数据由主机向从设备传输数据，无阴影部分则表示数据由从设备向主机传输。A表示应答，$\overline{A}$ 表示非应答；S表示起始信号，P表示终止信号。

5. I^2C 总线的寻址

在 I^2C 总线协议中，明确规定采用7位的寻址字节，即寻址字节是起始信号后的第一个字节，当起始信号产生后，主机开始寻址，总线上的每个从设备都将这7位的地址码与自己的地址进行比较，如果相同，则认为自己正被主机寻址，那么该从设备将根据寻址字节的最低位来确定自己是为发送器还是接收器。

在上述所介绍的 I^2C 总线的通信规程中，对于内部具有 I^2C 接口的单片机，只要通过配置相应的寄存器就可以实现 I^2C 的总线通信。对于内部没有 I^2C 接口的单片机，通过模拟 I^2C 总线的通信时序也可以完成 I^2C 的总线通信。本章以内部无 I^2C 接口的51单片机外扩 I^2C 接口的EEPROM AT2402为例，介绍51单片机模拟 I^2C 接口的软件设计流程。

8.1.3　AT24C02 的使用

AT24C××是由美国 Atmel 公司生产的 EEPROM 存储器，该系列存储器具有低功耗、工作电压范围宽和单电源供电等优点，所以在低电压及低功耗的工业领域中得到了广泛的应用。

AT24C01/02/04/08/16 的具体参数，如表 8.1 所示，本章主要介绍 AT24C02 的使用。

表 8.1　AT24C01/02/04/08/16 的具体参数

型　号	字节数/KB	位数/bit
AT24C01	128	128×8
AT24C02	256	256×8
AT24C04	512	512×8
AT24C08	1 000	1 000×8
AT24C16	2 000	2 000×8

1. AT24C02 的引脚介绍

AT24C02 芯片引脚如图 8.7 所示。AT24C02 引脚功能说明如表 8.2 所示。

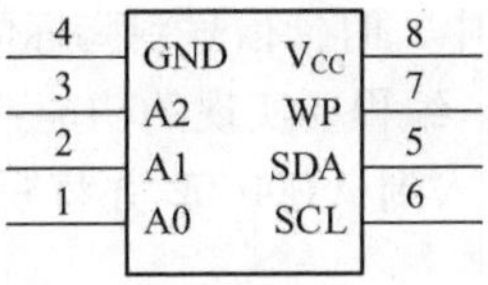

4 GND　V_{CC} 8
3 A2　WP 7
2 A1　SDA 5
1 A0　SCL 6

图 8.7　AT24C02 芯片引脚

表 8.2　AT24C02 引脚功能说明

引脚名称	描述说明
SCL	串行时钟输入端
SDA	双向串行数据/地址引脚，用于器件所有数据的发送或接收
WP	写保护，该引脚接高电平，只能读；该引脚接地，允许器件进行读/写
A0、A1、A2	器件地址输入端，设置该器件的地址
GND	电源地
V_{CC}	电源电压（5 V）

2. 写入过程

AT24C 系列 EEPROM 的芯片地址总共 7 位，分为固定部分和可编程部分。高 4 位为固定部分，其值为 1010，可编程部分为低 3 位的 A2、A1、A0。单片机在进行写操作时，先发送该芯片的 7 位地址码和写方向位“0”（即 1 字节），然后释放 SDA 线并在 SCL 线上产生第 9 个时钟信号，被选中的芯片在 SDA 线上产生一个应答信号，单片机收到应答后就可以传输数据给该芯片。往该芯片写入数据之前，单片机要先给该存储芯片发送 1 字节的数据写入地址（即数据要存储在该芯片的哪个位置）。AT24C 系列的存储器，在连续写入数据的时候，只需要一开始写入首地址，接着将数据存进去即可。写入 n 字节的数据格式，如图 8.8 所示。

S	从设备地址+0	A	写入首地址	A	数据1	A	数据2	A	……	数据*n*	A	P

图 8.8 写入 *n* 字节的数据格式

3. 读取过程

单片机先发送该器件的7位地址码和写方向位“0”（“伪写”），然后释放SDA线并在SCL线上产生第9个时钟信号，被选中的存储器件在SDA线上产生一个应答信号。接着单片机再发送1 B的读取数据地址（即从哪个位置读取该芯片的数据），单片机收到应答之后，需要重新产生起始信号并寻址改变数据传送方向位，收到器件的应答之后，就可以从该芯片读取相应的内容了。读取 *n* 字节的数据格式，如图 8.9 所示。

S	从设备地址+0	A	读取首地址	A	S	从设备地址+1	A	数据1	A	……	数据*n*	$\bar{A}$	P

图 8.9 读取 *n* 字节的数据格式

8.1.4 编程实现对 AT24C02 的读/写

【例 8.1】 单片机与AT24C02的接线，如图8.10所示（Proteus绘制）。将AT24C02的SDA和SCL先分别接单片机的P1.0和P1.1（SCL与SCK都表示时钟信号引脚。有的元器件中，时钟信号引脚标的是SCL；有的元器件中，时钟信号引脚标的是SCK），其余引脚接地；P3.4和P3.5分别接两个按键，P2口接LED。编程要实现的功能：通过按键1将要写入的数据从0开始自增，通过按键2的动作将数据写入到AT24C02并将写入的值从AT24C02读取，结果通过LED显示出来。

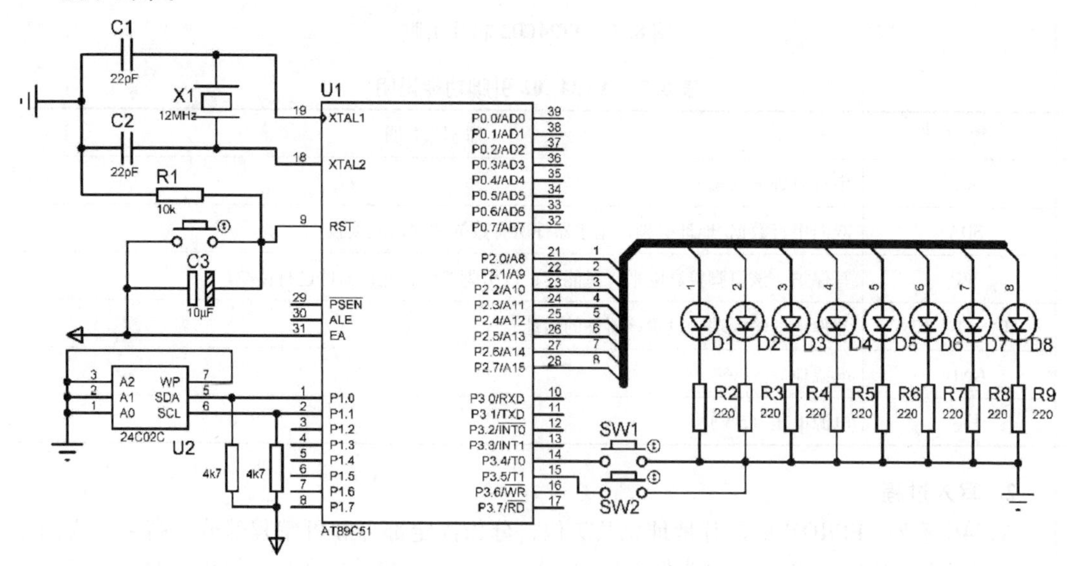

图 8.10 51 单片机控制 AT24C02 原理图

注：在 Proteus 仿真中用 24C02C 代替 AT24C02 进行仿真。

（1）起始信号和终止信号：

根据起始信号的时序，如图8.11所示。在SCL时钟信号高电平期间，SDA信号产生一个下降沿。

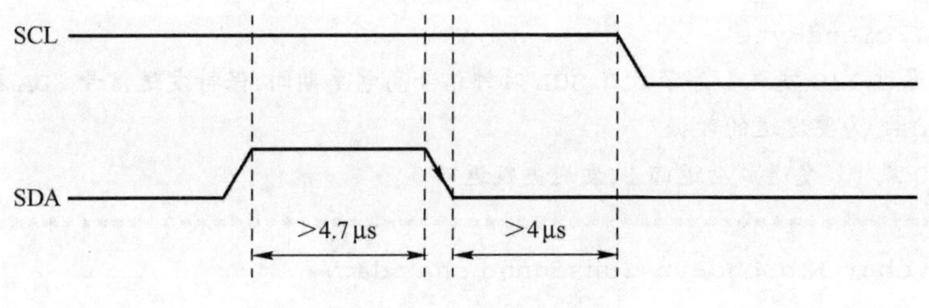

图8.11　起始信号时序

```
void I2cStart()
{
    SDA =1;
    Delay10us();
    SCL =1;
    Delay10us();            //建立时间是 SDA 保持时间 >4.7 μs
    SDA =0;
    Delay10us();            //保持时间 >4 μs
    SCL =0;
    Delay10us();
}
```

根据终止信号的时序，如图8.12所示。在SCL时钟信号高电平期间，SDA信号产生一个上升沿。

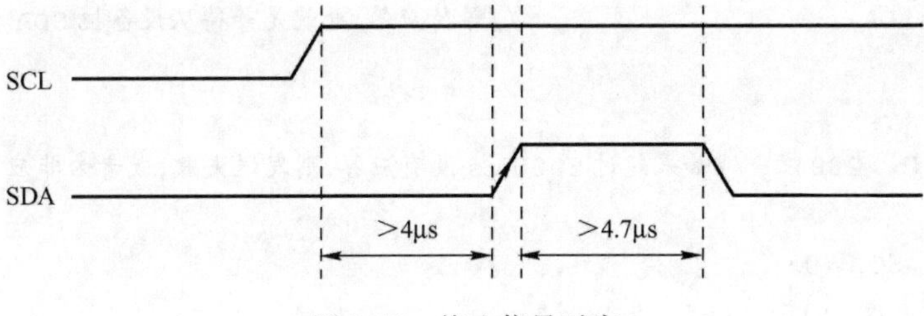

图8.12　终止信号时序

```
void I2cStop()
{
    SDA =0;
    Delay10us();
    SCL =1;
    Delay10us();                //建立时间大于 4.7 μs
    SDA =1;
    Delay10us();
}
```

(2) 发送1字节。程序代码如下：

```
/ ************************************************************************
```

```
函数名称:I2cSendByte
函数功能:通过 I2C 发送 1 字节。在 SCL 时钟信号高电平期间,保持发送信号 SDA 稳定
输入参数:dat 为要发送的数据
输出参数:0 或 1。发送成功返回 1,发送失败返回 0
*******************************************************************/
unsigned char I2cSendByte(unsigned char dat)
{
    unsigned char a=0,b=0;         //最大 255,一个机器周期为 1 μs,最大延时 255 μs。

    for(a=0;a<8;a++)               //要发送 8 位,从最高位开始
    {
        SDA=dat>>7;                //起始信号之后 SCL=0,所以可以直接改变 SDA 信号
        dat=dat<<1;
        Delay10us();
        SCL=1;
        Delay10us();               //建立时间>4.7 μs
        SCL=0;
        Delay10us();               //时间大于 4 μs
    }
    SDA=1;
    Delay10us();
    SCL=1;
    while(SDA)                     //等待应答,也就是等待从设备把 SDA 拉低
    {
        b++;
        if(b>200)   //如果超过 2000 μs 没有应答,则发送失败,或者为非应答,表示接收结束
        {
            SCL=0;
            Delay10us();
            return 0;
        }
    }
    SCL=0;
    Delay10us();
    return 1;
}
```

(3) 读取 1 字节。程序代码如下:

```
/****************************************
函数名称:I2cReadByte()
函数功能:使用 I2c 读取 1 字节
输入参数:无
输出参数:接收到的 1 字节数据
```

```
*****************************************/
unsigned char I2cReadByte()
{
    unsigned char a=0,dat=0;
    SDA=1;                 //起始和发送1字节之后SCL都是0
    Delay10us();
    for(a=0;a<8;a++)  //接收8个位
    {
        SCL=1;
        Delay10us();
        dat<<=1;
        dat|=SDA;
        Delay10us();
        SCL=0;
        Delay10us();
    }
    return dat;
}
```

(4) 往AT24C02写入一个数据。程序代码如下：

```
/**************************************************************
函数名称:At24c02Write
函数功能:往AT24c02的指定地址写入一个数据
输入参数:addr为要写入的地址;dat要写入的数据
输出参数:无
**************************************************************/
void At24c02Write(unsigned char addr,unsigned char dat)
{
    I2cStart();
    I2cSendByte(0xa0);          //发送写器件地址
    I2cSendByte(addr);          //发送要写入内存的地址
    I2cSendByte(dat);           //发送数据
    I2cStop();
}
```

(5) 从AT24C02读取1字节。程序代码如下：

```
/**************************************************************
函数名称:At24c02Read
函数功能:读取AT24c02的指定地址的一个数据
输入参数:addr为要读取数据的地址
输出参数:返回读取的数据
**************************************************************/
unsigned char At24c02Read(unsigned char addr)
{
```

```
    unsigned char num;
    I2cStart();
    I2cSendByte(0xa0);              //发送写器件地址
    I2cSendByte(addr);              //发送要读取的地址
    I2cStart();
    I2cSendByte(0xa1);              //发送读器件地址
    num=I2cReadByte();              //读取数据
    I2cStop();
    return num;
}
```

(6) 按键读取。程序代码如下:

```
/*******************************
函数名称:Keypros()
函数功能:按键处理函数
输入参数:无
输出参数:无
*******************************/
void Key_Pros()
{
    if(key1==0)                     //如果按键1按下,则对WriteDat++
    {
        Delay10us();                //消抖处理
        if(key1==0)
        {
            WriteDat++;
        }
        while(!key1);
    }
    if(key2==0)                     //如果按键2按下,对AT24C02进行读写操作
    {
        Delay10us();                //消抖处理
        if(key2==0)
        {
            At24c02Write(1,WriteDat);      //在地址1内写入数据WriteDat
        }
        while(!key2);
        ReadDat=At24c02Read(1);     //读取EEPROM地址1内的数据保存在ReadDat中
        P2=ReadDat;                 //从AT24C02读取的数据通过LED等反应出来
    }

}
```

8.2　SPI总线技术

8.2.1　SPI总线简介

SPI即Serial Peripheral Interface（串行外围接口），是由Motorola公司提出来的一种高速的、全双工的、同步的串行总线标准。由于SPI串行总线所使用的线比较少，所以SPI接口在EEPROM、FLASH、实时时钟、A/D转换器，还有数字信号处理器和数字信号解码器之间得到了广泛的应用。SPI接口在CPU和外围低速器件之间进行同步串行数据传输，在主器件的移位脉冲下，数据按位传输，高位在前，低位在后，为全双工通信，数据传输速率总体来说比I^2C总线要快，数据传输速率可达到几兆比特每秒。

SPI接口一般使用4根线，以主从的方式工作。通常有一个主器件和一个或多个从器件，如图8.13所示。其接口包括以下4种信号：

（1）MOSI：主器件数据输出，从器件数据输入。

（2）MISO：主器件数据输入，从器件数据输出。

（3）SCLK：时钟信号，由主器件产生。

（4）$\overline{CS}$：从器件使能信号，由主器件控制。

在SPI主从系统中，需要注意的是只能有一个主设备，但可以接若干个SPI从设备，从设备的数据传输格式是高位在前，低位在后。接下来以X5045芯片为例来介绍SPI芯片（SPI从设备）与单片机（SPI主设备）的连接与应用。

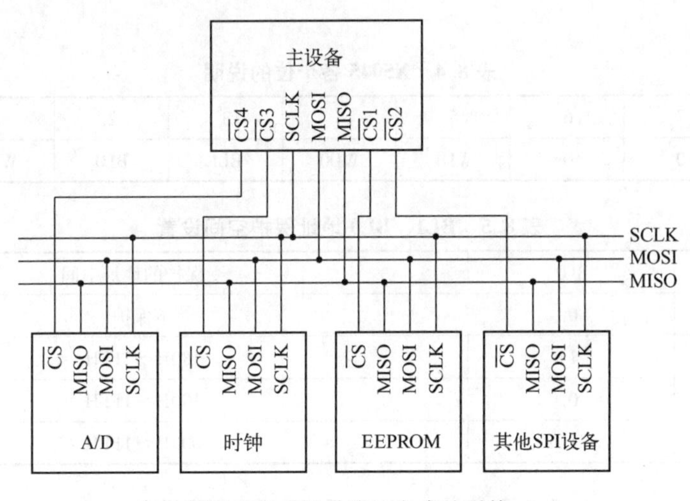

图8.13　SPI总线一主多从系统

8.2.2　SPI芯片X5045的使用

1. 芯片X5045简介

X5045是由Xicor公司推出的带SPI接口的EEPROM芯片，它的主要优点是具有加电复位、串行接口、看门狗和电压监控等功能，在单片机系统中具有广泛的应用。

X5045芯片的引脚如图8.14所示。X5045各个引脚功能说明，如表8.3所示。

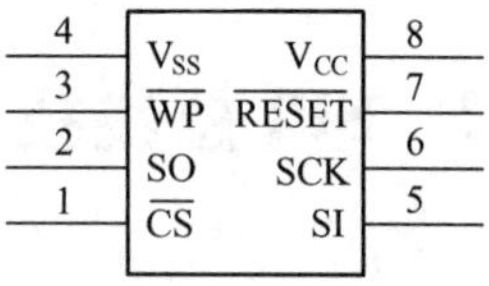

图 8.14　X5045 芯片的引脚

表 8.3　X5045 各个引脚功能说明

引脚名称	描　述
$\overline{CS}$	片选信号端，低电平有效
SO	串行输出端，在 SCK 时钟信号的下降沿，数据输出
$\overline{WP}$	写保护输入端，低电平有效
SI	串行输入端，在 SCK 时钟信号的上升沿，数据写入
SCK	时钟信号端
$\overline{RESET}$	复位输出端
V_{SS}	电源地
V_{CC}	电源电压（5 V）

2. 对 X5045 的操作说明

X5045 芯片内部有一个状态寄存器，读者通过软件编程设置相应的位，可以设置该芯片的写保护功能和看门狗复位时间等，X5045 各个位的说明，如表 8.4 所示。BL1、BL0 设置芯片的地址保护空间，如表 8.5 所示；WD1、WD0 看门狗溢出时间设定，如表 8.6 所示；WEL 写使能状态位：1 表示允许写，0 表示禁止写；WIP 忙标志位，1 表示芯片忙碌，0 表示芯片空闲。

表 8.4　X5045 各个位的说明

位	7	6	5	4	3	2	1	0
说明	0	0	WD1	WD0	BL1	BL0	WEL	WIP

表 8.5　BL1、BL0 地址保护空间设置

BL1	BL0	受保护的地址空间
0	0	不保护
0	1	180H～1FFH
1	0	100H～1FFH
1	1	000H～1FFH

表 8.6　WD1、WD0 看门狗溢出时间设定

WD1	WD0	看门狗溢出时间/s
0	0	1.4
0	1	0.6
1	0	0.2
1	1	禁止

X5045内部有一个指令寄存器，通过该寄存器来控制芯片的读/写操作，相应的指令说明如表8.7所示。写入数据操作：先拉低CS引脚→写入指令WREN→拉高CS→拉低CS→写入WRITE指令→写入要写入数据的地址→写入数据→拉高CS。读取数据操作：拉低CS→写入READ指令→写入要读取数据的地址→读取数据→拉高CS。

表8.7 X5045指令说明

指令名称	指令值	说明
WREN	0000 0110（0x06）	写使能锁存器允许写
WRDI	0000 0100（0x04）	写使能锁存器禁止写
RDSR	0000 0101（0x05）	读状态寄存器
WRSR	0000 0001（0x01）	写状态寄存器
READ	0000 $A_8$011	读出，位3（A_8）来确定存储器的上半区还是下半区
WRITE	0000 $A_8$010	写入，位3（A_8）来确定存储器的上半区还是下半区

8.2.3 编程实现对X5045的读/写

【例8.2】 由于51单片机内部也没有集成相应的SPI接口，所以51单片机要操作具有SPI接口的X5045芯片需要模拟SPI时序来对它进行操作。实验原理，如图8.15所示。P1.0接CS引脚，P1.1接SO引脚，P1.2接SI引脚，P1.3接SCK引脚，P2口接8个LED，P3.4和P3.5各接一个独立按键。编程要实现的功能：设置一个全局变量WriteDat = 0，按键1按下将WriteDat ++，按键2按下将WriteDat变量的值写入X5045中，再从X5045中读取出来，通过LED显示出来。

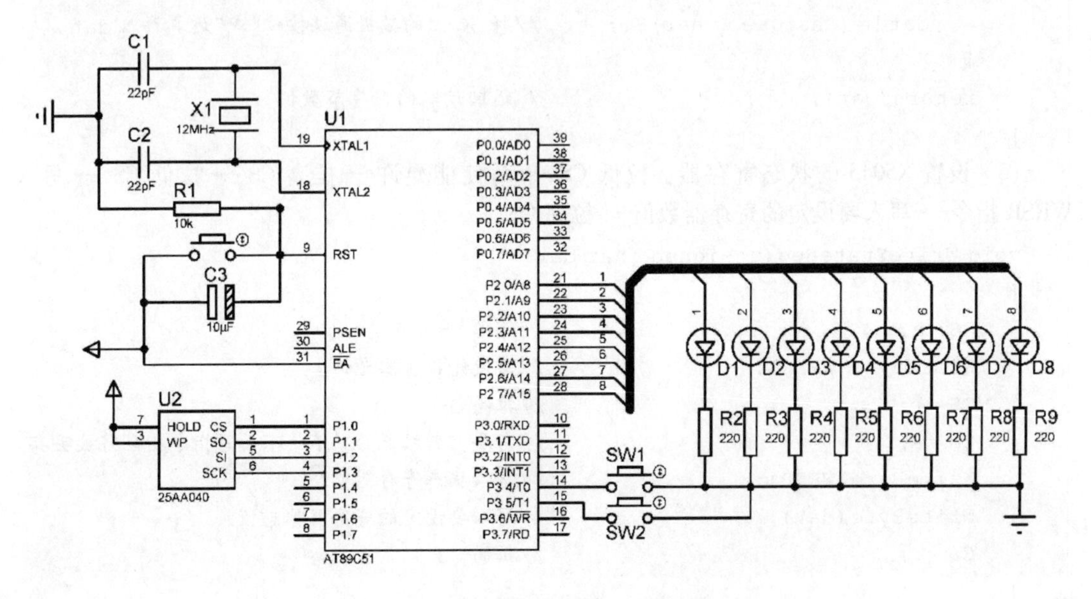

图8.15 51单片机控制X5045原理图

注：在Proteus仿真中用25AA040代替X5045。

（1）向 X5045 写入 1 字节的数据：数据从高位开始，在 SCK 上升沿的时候写入 SI。

```
void WriteByte(unsigned char dat)
{
    unsigned char i;
    SCK=0;
    for(i=0;i <8;i++)               //循环移入 8 个位
    {
        SI=(bit)(dat&0x80);         //按位与得到 1 位数据,从高位开始
        SCK=0;
        SCK=1;                      //在 SCK 上升沿写入数据
        dat<<=1;                    //将 dat 向左移 1 位
    }
}
```

（2）从 X5045 读取 1 字节的数据：数据从高位开始，在 SCK 下降沿的时候从 SO 读取到。

```
unsigned char ReadByte(void)
{
    unsigned char i;
    unsigned char dat=0x00;
    SCK=1;
    for(i=0;i <8;i++)
    {
        SCK=1;                      //拉高 SCK
        SCK=0;                      //在 SCK 的下降沿输出数据
        dat<<=1;                    //因为数据从高位开始读到,所以将 dat 左移 1 位
        dat|=(unsigned char)SO;     //将 SO 上的数据通过按位"或"运算存入 dat
    }
    return(dat);                    //返回读取的 1 字节数据
}
```

（3）设置 X5045 的状态寄存器：拉低 CS →写使能允许→拉高 CS →拉低 CS →写入 WRSR 指令→写入要设定的寄存器数值→拉高 CS。

```
void WriteStateReg(unsigned char dat)
{
    CS=0;                           //选中 X5045
    WriteByte(WREN);                //写使能锁存器允许
    CS=1;                           //拉高 CS
    CS=0;                           //需要重新拉低 CS,不然下面写指令指令将被丢弃
    WriteByte(WRSR);                //写入状态寄存器指令
    WriteByte(dat);                 //写入要设定的寄存器状态值
    CS=1;                           //拉高 CS
}
```

（4）存储 1 字节的数据到指定的 X5045 的地址中：拉低 CS →写入写使能指令→拉高 CS →拉低 CS →写入写指令→写入要存储数据的地址→写入要存储的数据→拉高 CS。

```
void WriteData(unsigned char dat,unsigned char addr)
{
    SCK =0;                         //将 SCK 置于已知状态
    CS =0;                          //拉低 CS,选中 X5045
    WriteByte(WREN);                //写使能锁存器允许
    CS =1;                          //拉高 CS
    CS =0;                          //需要重新拉低 CS,不然下面写指令指令将被丢弃
    WriteByte(WRITE);               //写入写指令
    WriteByte(addr);                //写入要存储数据的地址
    WriteByte(dat);                 //写入数据
    CS =1;                          //拉高 CS
    SCK =0;                         //将 SCK 置于已知状态
}
```

(5) 从 X5045 中指定的地址中读取 1 字节的数据：拉低 CS→写入读指令→写入要读取的地址→读取 1 字节的数据→拉高 CS。

```
unsigned char ReadData(unsigned char addr)
{
    unsigned char dat;
    SCK =0;
    CS =0;                          //选中 X5045
    WriteByte(READ);                //写入读指令
    WriteByte(addr);                //写入要读取的地址
    dat =ReadByte();                //读出数据
    CS =1;                          //拉高 CS
    SCK =0;                         //将 SCK 置于已知状态
    return dat;                     //返回读出的数据
}
```

(6) 按键 1 实现对 WriteDat ++，按键 2 实现将 WriteDat 写入 X5045 中，并且从 X5045 再读取出来，显示在 LED 上。

```
void Key_Pros()
{
    if(key1 ==0)                    //如果按键 1 按下,则对 WriteDat ++
    {
        Delay_MS(1);                //消抖处理
        if(key1 ==0)
        {
            WriteDat ++;
        }
        while(! key1);
    }
    if(key2 ==0)                    //如果按键 2 按下,则对 X5045 进行读/写操作
    {
```

```
            Delay_MS(1);                    //消抖处理
            if(key2 ==0)
            {
                WriteData(WriteDat,0x10);           //在地址 0x10 内写入数据 WriteDat
            }
            while(! key2);
            ReadDat =ReadData(0x10);  //读取 X5045 地址 0x10 内的数据保存在 ReadDat 中
            P2 =ReadDat;                    //从 X5045 读取的数据通过 LED 显示出来
        }
    }
```

8.3 单总线技术

8.3.1 单总线技术简介

前面介绍的串行总线，如 I^2C、SPI，至少需要两根或者两根以上的信号线，接下来再介绍一种单片机中比较常用的总线——单总线。顾名思义，单总线采用单条信号线，这条信号线既可以作为时钟信号又可以传输数据，而且数据的传输方向是双向的。由于只需要用到一根信号线，具有电路设计简单、成本低的优点，在工业中具有广泛的应用。

单总线比较适用于单主机系统，主机由微控制器充当（如 51 单片机），从机由单总线器件构成，它们之间的通信通过一条信号线即可完成，单总线设备的通信线通常要求外接一个 4.7 kΩ 的上拉电阻。接下来通过介绍单总线器件 DS18B20（温度传感器）的使用让读者了解如何使用单片机控制单总线接口设备。

8.3.2 单总线芯片 DS18B20 的使用

1. DS18B20 简介

DS18B20 是美国 DALLAS 公司出品的支持单总线协议的温度传感器，与传统的热敏电阻温度传感器不同，它能够直接读出被测温度。并且可根据实际要求通过编程实现 9 ～ 12 位的数字值读数方式，并能在 93.75 ～ 750 ms 内将温度值转化为 9 ～ 12 位的数字量。因而使用 DS18B20 可使系统结构更简单、可靠性更高。该芯片为单总线设备，自身耗电量很小，从总线上“偷”一点电存储在片内的电容器中就可正常工作，一般无须另加电源。更难得的是，该芯片在检测完成后会把检测值数字化，因而无须再进行模 - 数转换工作，不仅效率提高了，而且由于在单总线上传送的是数字信号，使得系统的抗干扰性好、可靠性高、传输距离远。

2. DS18B20 引脚介绍

DS18B20 总共 3 根引脚：一根电源线、一根地线和一根数据信号输入/输出线，如图 8.16 所示。

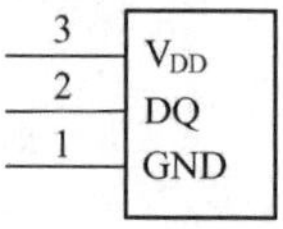

3 V_{DD}
2 DQ
1 GND

图 8.16 DS18B20 引脚

3. DS18B20 的使用说明

DS18B20 的内部包括一个 64 位 ROM、温度敏感元件、非易失性温度报警触发器 TH 和 TL、配置寄存器、高速数据暂存器等。

（1）64 位 ROM（只读存储器）。该 ROM 中存放 DS18B20 的地址序列码，使每个 DS18B20

的地址都不相同，这样就可以在1根总线上挂接多个DS18B20。

(2) RAM（数据暂存器）。RAM中各个字节的作用说明，如表8.8所示。配置寄存器中的R0位和R1位决定了DS18B20的分辨率，当R1R0的值分别为00、01、10和11时，与之对应的分辨率分别为9（0.5℃）、10（0.25℃）、11（0.125℃）和12（0.0625℃）位，默认情况下R1R0位的值为11（即分辨率为12位）。温度值高位字节的前5位都是符号位S。

表8.8　DS18B20的数据暂存器

字节编号	寄存器名称	寄存器各位的功能及含义							
0	温度值低位字节	2^3	2^2	2^1	2^0	2^{-1}	2^{-2}	2^{-3}	2^{-4}
1	温度值高位字节	S	S	S	S	S	2^6	2^5	2^4
2	报警TH寄存器	EEPROM中TH的副本，在复位时会被刷新							
3	报警TL寄存器	EEPROM中TL的副本，在复位时会被刷新							
4	配置寄存器	0	R1	R0	1	1	1	1	1
5	保留字节								
6	保留字节								
7	保留字节								
8	CRC冗余校验字节	上述8字节的CRC检验值							

(3) DS18B20功能指令说明，如表8.9所示。

表8.9　DS18B20功能指令说明

指　令	指令值	说　明
读ROM	33H	读器件的地址（即64位只读ROM中存放的地址序列码）
跳过ROM	CCH	忽略64位ROM地址，直接向DS18B20发送温度转换命令
温度变换	44H	启动温度变换，12位转换时间最长（750 ms）
读暂存器	BEH	读取RAM中的9字节内容

8.3.3　编程实现对DB18B20的读/写

【例8.3】 单片机与DS18B20的接线，如图8.17所示。P3.4接DS18B20引脚且P3.4接上拉电阻，在总线空闲的时候为高电平，本部分编程只介绍单片机如何读取DS18B20中的温度值。

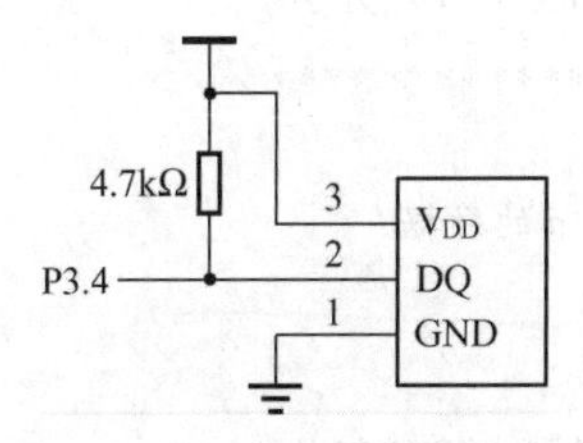

图8.17　单片机与DS18B20的接线

(1) DS18B20初始化。首先拉高DQ→拉低DQ（延时大于480 μs）→拉高DQ（延时大于 480 μs，期间 DS18B20 会输出一个低电平）→拉高 DQ →初始化成功。初始化时序，如图 8.18 所示。

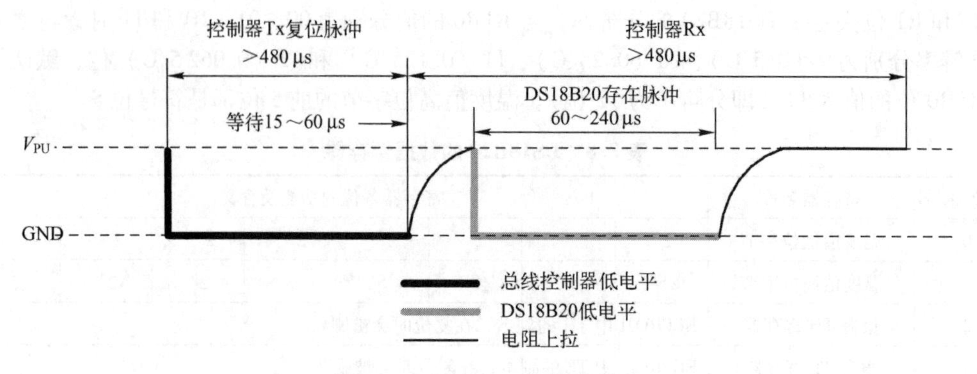

图 8.18　DS18B20 初始化时序

```
/ ***********************************
函数名称:DS18B20_Init
函数功能:初始化 DS18B20
输入参数:无
输出参数:无
*********************************** /
void DS18B20_Init(void)
{
    uchar x =0;
    DQ =1;                //DQ 复位
    Delay_10us(5);        //稍延时
    DQ =0;                //拉低 DQ
    Delay_10us(49);       //延时大于 480 μs
    DQ =1;                //拉高 DQ
    Delay_10us(49);       //延时大于 480 μs
    DQ =1;                //拉高 DQ
}
```

（2）从 DS18B20 读取 1 字节的数据。拉低 DQ →拉高 DQ（延时一会儿，等待数据稳定）→读取数据。DS18B20 读时序，如图 8.19 所示。

```
/ ***********************************
函数名称:Read_Byte
函数功能:从 DS18B20 读取 1 字节的数据
输入参数:无
输出参数:返回读取的 1 字节数据
*********************************** /
uchar Read_Byte(void)
{
    uchar i =0,bi;
```

```
    uchar dat =0;
    for (i =8;i >0;i --)
    {
        DQ =0;              //拉低 DQ
        Delay_10us(1);
        DQ =1;              //拉高 DQ
        Delay_10us(1);      //延时一会儿,等待数据稳定
        bi = DQ;
        dat = (dat  >>1) | (bi  << 7);
        Delay_10us(3);
    }
    return dat;
}
```

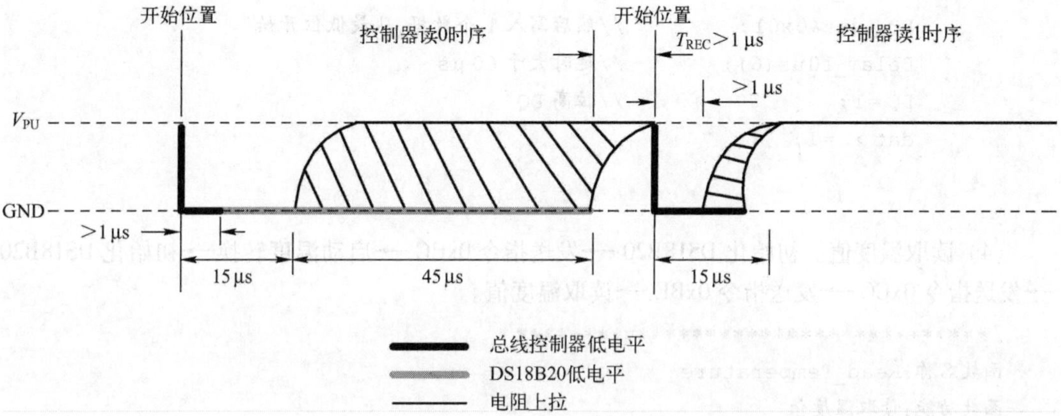

开始位置
控制器读0时序
开始位置
T_{REC}>1 μs
控制器读1时序
>1 μs
V_{PU}
GND
>1 μs
15 μs
45 μs
15 μs
总线控制器低电平
DS18B20低电平
电阻上拉

图 8.19　DS18B20 读时序

(3) 写 1 字节的数据到 DS18B20。拉低 DQ →写入数据→拉高 DQ（延时大于 60 μs）。DS18B20 写时序，如图 8.20 所示。

开始位置
控制器读0时序
60 μs<T_x<120 μs
开始位置
T_{REC}>1 μs
控制器读1时序
>1 μs
V_{PU}
GND
DS18B20采样
MIN
TYP
MAX
DS18B20采样
MIN
TYP
MAX
15 μs
15 μs
30 μs
15 μs
15 μs
30 μs
总线控制器低电平
DS18B20低电平
电阻上拉

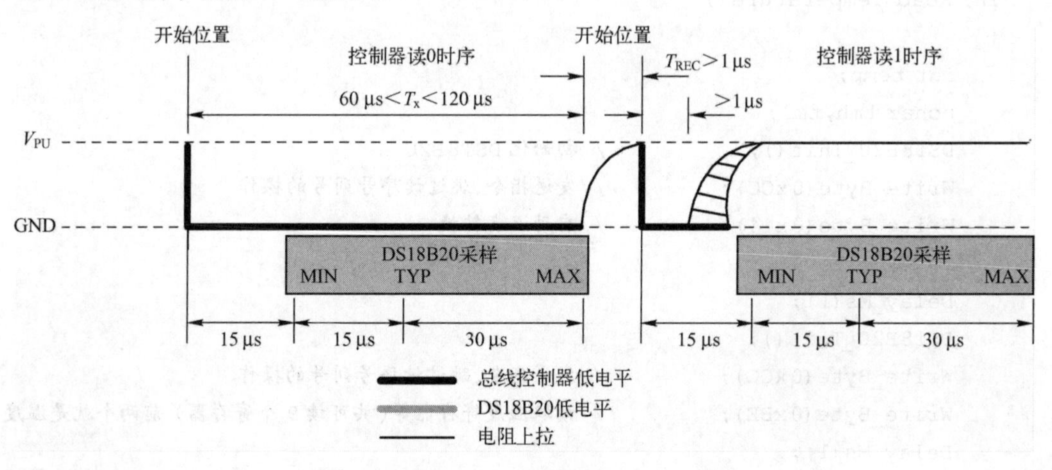

图 8.20　DS18B20 写时序

```
/***********************************
函数名称:Write_Byte
函数功能:写1字节的数据到DS18B20
输入参数:dat为要写入的数据
输出参数:无
***********************************/
void Write_Byte(uchar dat)
{
    uchar i=0;
    for (i=8;i>0;i--)
    {
        DQ=0;                    //拉低DQ
        Delay_10us(1);
        DQ=dat&0x01;             //然后写入1个数据,从最低位开始
        Delay_10us(6);           //延时大于60 μs
        DQ=1;                    //拉高DQ
        dat>>=1;
    }
}
```

(4) 读取温度值。初始化DS18B20→发送指令0xCC→启动温度转换→初始化DS18B20→发送指令0xCC→发送指令0xBE→读取温度值。

```
/***********************************
函数名称:Read_Temperature
函数功能:读取温度值
输入参数:无
输出参数:返回一个int类型的数据
***********************************/
int Read_Temperature()
{
    int temp;
    uchar tmh,tml;
    DS18B20_Init();              //初始化DS18B20
    Write_Byte(0xCC);            //发送指令,跳过读序号列号的操作
    Write_Byte(0x44);            //启动温度转换

    Delay_Ms(1);
    DS18B20_Init();
    Write_Byte(0xCC);            //发送指令,跳过读序号列号的操作
    Write_Byte(0xBE);            //读取温度寄存器等(共可读9个寄存器)前两个就是温度
    Delay_Ms(1);

    tml=Read_Byte();             //读取温度值共16位,先读低字节
```

```
    tmh = Read_Byte();            //再读高字节
    temp = tmh;
    temp <<= 8;
    temp |= tml;
    return temp;
}
```

小　　结

本章主要介绍了串行总线技术，如I^2C总线技术、SPI总线技术和单总线技术。串行总线技术的优点在于接口引脚少，但是增加了软件编写的复杂性，特别对于没有该相应总线接口的控制器要控制串行设备就需要模拟相应的总线工作时序。读者在学习完本章内容后，应重点掌握以下知识：

（1）掌握单片机模拟I^2C总线时序控制相应的I^2C设备。

（2）掌握单片机模拟SPI总线时序控制相应的SPI设备。

（3）掌握单片机模拟单总线时序控制相应的单总线设备。

习　　题

1. 在单片机上扩展3片AT24C02。
2. 完成将数据10～20写入AT24C02地址单元10～20中。
3. 在单片机上扩展2片X5045。
4. 完成将数据10～20写入X5045地址单元10～20中
5. 设计一个温度报警系统，如温度超过30℃，启动蜂鸣器报警。

第9章 单片机应用系统设计

通过前面各章的学习，读者已经掌握了单片机的硬件结构、工作原理、程序设计方法、模拟量输入/输出通道、串行通信接口技术及系统扩展方法等。在掌握单片机最小系统和基本应用模块的基础上，可以进行单片机应用系统的设计与开发。

9.1 单片机应用系统构成

单片机应用系统主要由单片机基本部分、输入部分和输出部分构成，典型的单片机应用系统框图如图9.1所示。

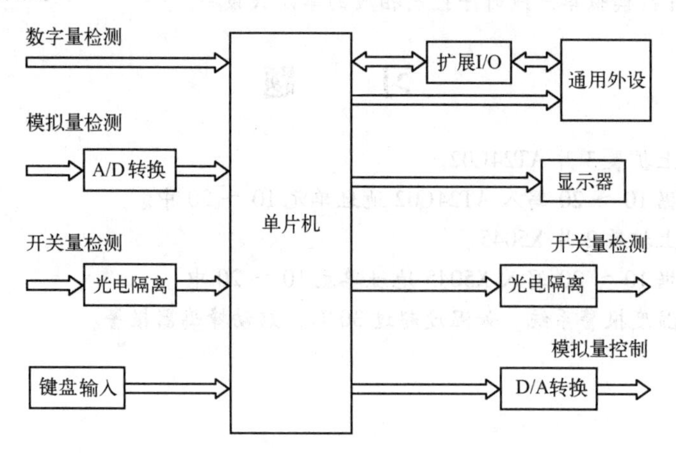

图9.1 典型的单片机应用系统框图

1. 单片机基本部分

单片机基本部分由单片机及其扩展的外设及芯片，如键盘、显示器、打印机、数据存储器、程序存储器、I/O等组成。

2. 输入部分

如图9.1所示，除了“键盘输入”外，其余均为“测”的部分，被“测”的信号类型有：数字量、模拟量、开关量。模拟量检测主要包括信号调理电路及A/D转换器。A/D转换器中又包括多路切换、采样-保持、A/D转换电路，目前都集成在A/D转换器芯片中，或直接集成在单片机内。连接传感器与A/D转换器的桥梁是信号调理电路，传感器输出的模拟信号要经过信号调理电路对信号进行放大、滤波、隔离、量程调整等，变换成适合A/D转换的电压信号。

3. 输出部分

输出部分是单片机应用系统“控”的部分，包括数字量、开关量控制信号的输出和模拟量控制信号的输出。

9.2　设计步骤

单片机不同应用系统的开发过程基本相似，其一般步骤可以分为需求分析、总体方案设计、硬件设计与调试、软件设计与调试、系统功能调试与性能测试等。

1. 需求分析

需求分析就是要明确所设计的单片机应用系统要“做什么”和“做的结果怎样”。需求分析包括的主要内容如下：输入信号、输出信号、系统结构、控制精度、系统接口、扩充设计及可靠性设计等方面。

2. 总体方案设计

总体方案设计就是要从宏观上解决“怎样做”的问题。按照由简到繁的原则，一般先进行总体设计。系统的总体设计方案要解决系统采用何种方法、以怎样的结构组成，以及功能模块的具体划分、彼此间的关系、指标的分解等问题。其主要内容包括：技术路线或设计途径、采用的关键技术、系统的体系结构、主要硬件的选型和加工技术、软件平台和开发语言、测试条件和测试方法、验收标准和条文等。

3. 硬件设计与调试

一个单片机应用系统的硬件设计包含两部分内容：一是系统扩展，即当单片机内部的功能单元不能满足应用系统的要求时必须进行片外扩展，可选择适当的芯片，设计相应的电路；二是系统的配置，即按照系统功能要求配置外围设备，如通信接口、键盘、显示器、打印机、A/D 转换器、D/A 转换器等，要设计合理的接口电路。

4. 软件设计与调试

软件设计随单片机应用系统的不同而不同，软件设计的流程图如图 9. 2 所示。

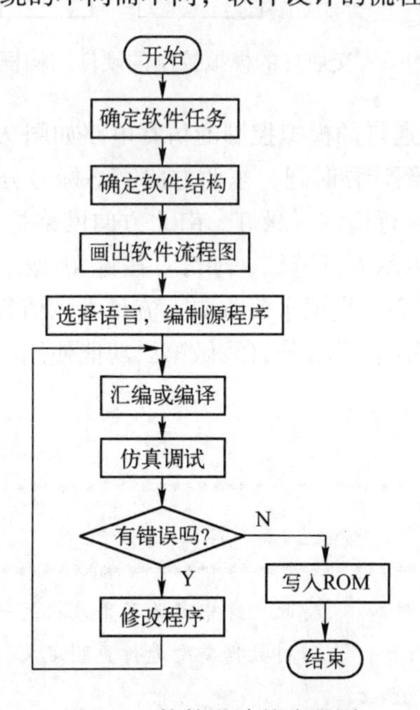

图 9. 2　软件设计的流程图

软件所要完成的任务已在总体设计时规定，在具体软件设计时，要结合硬件结构，进一步明确软件所承担的一个个任务细节，确定具体实施的方法，合理分配资源。

合理的软件结构是设计一个性能优良的单片机应用系统软件的基础。在程序设计中，应培养结构化程序设计风格，各功能程序实行模块化、子程序化。编写程序时，应注意系统硬件资源的合理分配与使用，子程序的入/出口参数的设置与传递。

各程序模块编辑之后，需进行汇编或编译、调试，当满足设计要求后，将各程序模块按照软件结构设计的要求连接起来，即软件装配，从而完成软件设计。

9.3 应用设计举例

9.3.1 交通灯的模拟控制

利用51单片机模拟交通灯的控制，实现某路口东西方向和南北方向各30 s倒计时的绿灯通行，然后5 s黄灯闪烁，再切换至30 s的红灯等待。另外，用两个按键模拟路口人流量情况，当有其一按键按下时，模拟该方向的人流指示灯亮，表示该方向人流量大，则该方向延时30 s的绿灯通行。

1. 硬件电路设计

（1）硬件功能结构框图。交通灯的模拟控制的硬件结构框图如图9.3所示。

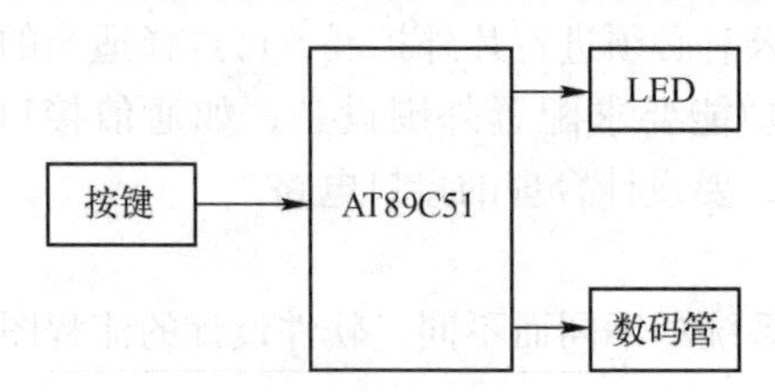

图9.3　交通灯的模拟控制的硬件结构框图

（2）电路仿真设计图。交通灯的模拟控制的仿真电路如图9.4所示（Proteus绘制）。

仿真电路中，数码管显示倒计秒时间，东西方向网络标号分别是dx1，dx2，dx3表示车辆红、黄、绿灯；rx3，rx4表示人行道红、绿灯。南北方向网络标号分别是nb1，nb2，nb3表示车辆红、黄、绿灯；rx1，rx2表示人行道红、绿灯。按键a1按下，D21灯亮，模拟南北方向人流量大，按键a2按下，D22灯亮，模拟东西方向人流量大。值得一提的是，此交通灯设计中，用74LS138扩展外接I/O，为后续P3部分口线做第二功能使用时提供保证。

2. 软件设计

参考程序代码如下：

```
/ ******************************************************************************
模拟交通灯控制
****************************************************************************** /
#include "reg52.h"              //此文件中定义了单片机的一些特殊功能寄存器
#define uint unsigned int       //对数据类型进行声明定义
#define uchar unsigned char
sbit LSA = P2^2;
```

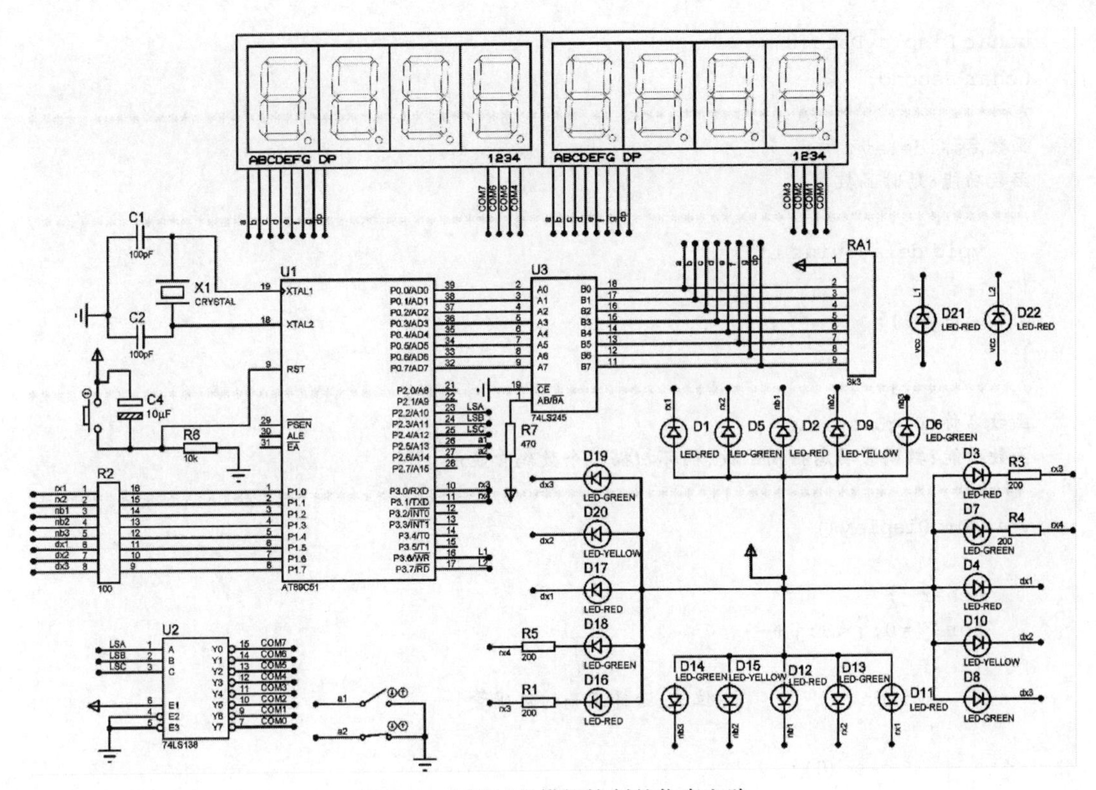

图9.4　交通灯的模拟控制的仿真电路

```
sbit LSB = P2^3;
sbit LSC = P2^4;
//--定义使用的 IO 口--//
sbit RED10 = P1^0;              //上人行道红灯
sbit GREEN10 = P1^1;            //上人行道绿灯
sbit RED11 = P1^2;
sbit YELLOW11 = P1^3;
sbit GREEN11 = P1^4;
sbit RED00 = P3^0;              //右人行道红灯
sbit GREEN00 = P3^1;            //右人行道绿灯
sbit RED01 = P1^5;
sbit YELLOW01 = P1^6;
sbit GREEN01 = P1^7;
sbit up = P2^5;                 //上人流量多的时候
sbit right = P2^6;              //右人流量多的时候
unsigned int k = 0;
unsigned int l = 0;
sbit north = P3^6;
sbit east = P3^7;
uchar code smgduan[17] = {0x3f,0x06,0x5b,0x4f,0x66,0x6d,0x7d,0x07,
                0x7f,0x6f,0x77,0x7c,0x39,0x5e,0x79,0x71};//显示0~F的值
```

```
uchar DisplayData[8];
uchar Second;
/*************************************************************************
函数名称:delay
函数功能:延时函数
*************************************************************************/
    void delay(uint t)
{
while(t--);
}
/*************************************************************************
函数名称:DigDisplay
函数功能:数码管动态扫描函数,循环扫描8个数码管显示
*************************************************************************/
void DigDisplay()
{
    uchar j;
    for(j=0;j<8;j++)
    {
        switch(j)         //位选,选择点亮的数码管
        {
            case(0):
                LSA=0;LSB=0;LSC=0;break;//显示第0位
            case(1):
                LSA=1;LSB=0;LSC=0;break;//显示第1位
            case(2):
                LSA=0;LSB=1;LSC=0;break;//显示第2位
            case(3):
                LSA=1;LSB=1;LSC=0;break;//显示第3位
            case(4):
                LSA=0;LSB=0;LSC=1;break;//显示第4位
            case(5):
                LSA=1;LSB=0;LSC=1;break;//显示第5位
            case(6):
                LSA=0;LSB=1;LSC=1;break;//显示第6位
            case(7):
                LSA=1;LSB=1;LSC=1;break;//显示第7位
        }
        P0=DisplayData[j];        //发送段码
        delay(100);               //间隔一段时间扫描
        P0=0x00;                  //消隐
    }
}
/*************************************************************************
函数名称:Timer1Init
函数功能:定时器T1初始化
```

```
输入参数:无
输出参数:无
*******************************************************************************/
void Timer1Init()
{
    TMOD|=0X10;                    //选择为定时器T1模式,工作方式1,仅用TR1打开启动

    TH1=(65536-50000)/256;         //给定时器赋初值,定时50ms
    TL1=(65536-50000)%256;
    ET1=1;                         //打开定时器T1中断允许
    EA=1;                          //打开总中断
    TR1=1;                         //打开定时器
}
/*******************************************************************************
函数名称:zsd
函数功能:判断模拟人流量的按键及标志LED
*******************************************************************************/
void zsd()
{
    if(up==1)
      {north=1;}
    if(up==0)
      {north=0;}
    if(right==1)
      {east=1;}
    if(right==0)
      {east=0;}
}
/*******************************************************************************
函数名称:main
函数功能:主函数
输入参数:无
输出参数:无
*******************************************************************************/
void main()
{
    uchar we=1,pd=1;
    Second=1;
    Timer1Init();
    while(1)
    {
        zsd();
        if(Second==71)
        {Second=1;}
        //--南北方向通行,30 s--//
        if(Second<31)
```

```
{
    DisplayData[0]=0x00;
    DisplayData[1]=0x00;
    DisplayData[2]=smgduan[(30-Second)%100/10];
    DisplayData[3]=smgduan[(30-Second)%10];
    DisplayData[4]=0x00;
    DisplayData[5]=0x00;
    DisplayData[6]=DisplayData[2];
    DisplayData[7]=DisplayData[3];
    DigDisplay();
    P1=0xFF;            //将所有的灯熄灭
    RED00=1;
    GREEN00=1;
    GREEN11=0;          //南北绿灯亮
    GREEN10=0;          //上人行道绿灯亮
    RED01=0;            //东西红灯亮
    RED00=0;            //右人行道红灯亮
    if(up==1)
    {k=1;pd=1;}
    else k=0;
    if(Second>30)       //如果人流量多,再次倒计时30 s
    {
      if(k==0&&pd)
    {Second=1;k=1;pd=0;}
      else
    {Second=31;pd=1;}
    }
}

//--黄灯等待切换状态,5 s--//
else if(Second<36)
{
    DisplayData[0]=0x00;
    DisplayData[1]=0x00;
    DisplayData[2]=smgduan[(35-Second)%100/10];
    DisplayData[3]=smgduan[(35-Second)%10];
    DisplayData[4]=0x00;
    DisplayData[5]=0x00;
    DisplayData[6]=DisplayData[2];
    DisplayData[7]=DisplayData[3];
    DigDisplay();
    //--黄灯阶段--//
    P1=0xFF;            //将所有的灯熄灭
    RED00=1;
    GREEN00=1;
    YELLOW11=0;         //南北黄灯亮
```

```
    RED10 = 0;          //上人行道红灯亮
    YELLOW01 = 0;       //东西红灯亮
    RED00 = 0;          //右人行道红灯亮
}
//--东西方向通行--//
else if(Second < 66)
{
    DisplayData[0] = 0x00;
    DisplayData[1] = 0x00;
    DisplayData[2] = smgduan[(65 - Second) % 100/10];
    DisplayData[3] = smgduan[(65 - Second) % 10];
    DisplayData[4] = 0x00;
    DisplayData[5] = 0x00;
    DisplayData[6] = DisplayData[2];
    DisplayData[7] = DisplayData[3];
    DigDisplay();
    //--黄灯阶段--//
    P1 = 0xFF;          //将所有的灯熄灭
    RED00 = 1;
    GREEN00 = 1;
    RED11 = 0;          //南北红灯亮
    RED10 = 0;          //上人行道红灯亮
    GREEN01 = 0;        //东西绿灯亮
    GREEN00 = 0;        //右人行道绿灯亮
    if(right == 1)
    {l = 1;we = 1;}
    else l = 0;
    if(Second > 65)     //如果人流量多,再次倒计时30 s
    {
    if(l == 0&&we)
    {Second = 36;l = 1;we = 0;}
    else {Second = 66;we = 1;}
    }
}
//--黄灯等待切换状态,5 s--//
else
{
    DisplayData[0] = 0x00;
    DisplayData[1] = 0x00;
    DisplayData[2] = smgduan[(70 - Second) % 100/10];
    DisplayData[3] = smgduan[(70 - Second) % 10];
    DisplayData[4] = 0x00;
    DisplayData[5] = 0x00;
    DisplayData[6] = DisplayData[2];
    DisplayData[7] = DisplayData[3];
    DigDisplay();
```

```
                //--黄灯阶段--//
                P1 =0xFF;           //将所有的灯熄灭
                RED00 =1;
                GREEN00 =1;
                YELLOW11 =0;        //南北黄灯亮
                RED10 =0;           //上人行道红灯亮
                YELLOW01 =0;        //东西红灯亮
                RED00 =0;           //右人行道红灯亮
            }
        }
    }

    /*************************************************************************
    函数名称:void Timer1() interrupt 3
    函数功能:定时器 T1 中断函数
    输入参数:无
    输出参数:无
    *************************************************************************/
    void Timer1()interrupt 3
    {
        static uchar i;
        TH1 = (65536 -50000)/256;  //给定时器赋初值,定时 50 ms
        TL1 = (65536 -50000)% 256;
        i ++;
        if(i ==20)
        {
          i =0;
          Second ++;
        }
    }
```

9.3.2 简易波形发生器

利用51单片机设计一个简易波形发生器，生成4种波形（正弦波、方波、锯齿波、三角波）并可用不同按键切换，4种波形能用按键实现幅度的调节，且方波用按键可实现占空比的调节。

1. 硬件电路设计

（1）硬件功能结构框图。简易波形发生器的硬件功能结构框图如图9.5所示。

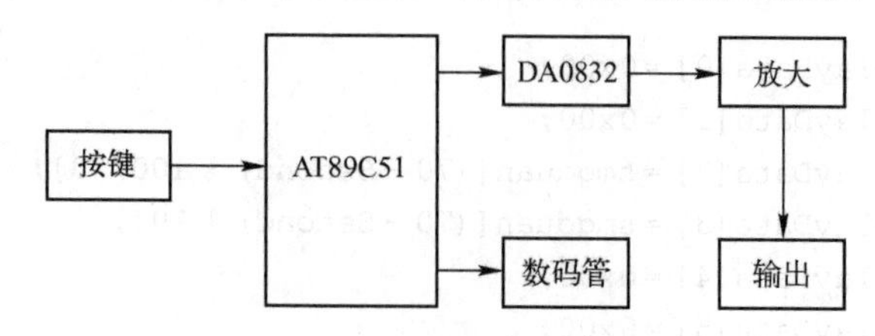

图9.5 简易波形发生器硬件功能结构框图

（2）电路仿真设计图。简易波形发生器的仿真电路如图9.6所示（Proteus绘制）。

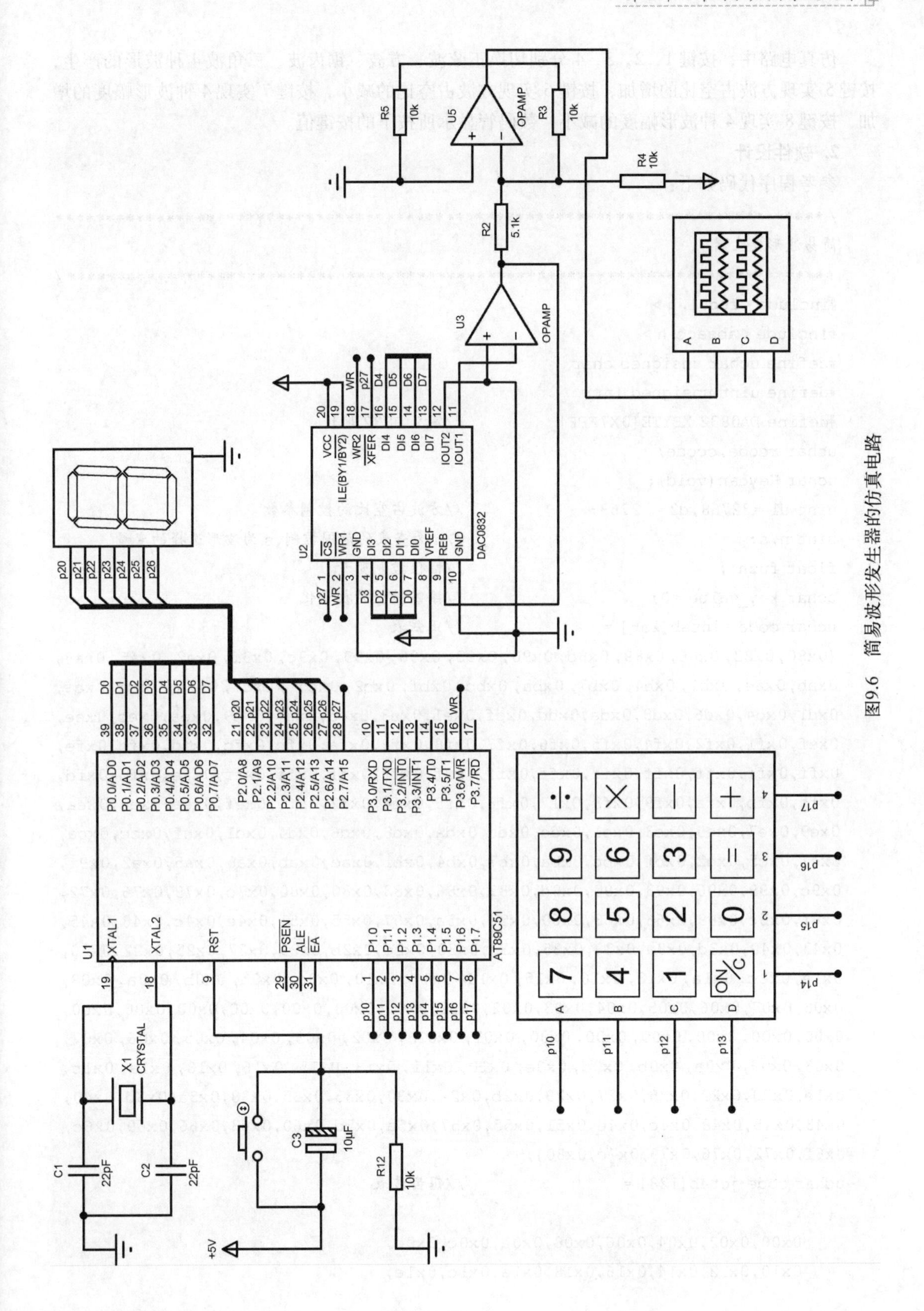

图9.6 简易波形发生器的仿真电路

仿真电路中，按键1，2，3，4分别切换正弦波、方波、锯齿波、三角波4种波形的产生，按键5实现方波占空比的增加，按键6实现方波占空比的减小，按键7实现4种波形幅度的增加，按键8实现4种波形幅度的减小，数码管显示所按下的按键值。

2. 软件设计

参考程序代码如下：

```
/******************************************************************************
简易波形发生器
******************************************************************************/
#include <reg51.h>
#include <absacc.h>
#define uchar unsigned char
#define uint unsigned int
#define DA0832 XBYTE[0X7FFF]              //定义 0832 地址
uchar rcode,ccode;
uchar Keycan(void);
uint d1 =32768,d2 =32768;                 //方波占空比的控制参数
uint n,s;                                 //n 为查表的范围控制,s 为波形选择的变量
float fuzhi;                              //幅值控制变量
uchar key_value =0;                       //按键键值的初始化
uchar code sintab[256] =                  //正弦表
{0x80,0x83,0x86,0x89,0x8d,0x90,0x93,0x96,0x99,0x9c,0x9f,0xa2,0xa5,0xa8,
0xab,0xae,0xb1,0xb4,0xb7,0xba,0xbc,0xbf,0xc2,0xc5 ,0xc7,0xca,0xcc,0xcf,
0xd1,0xd4,0xd6,0xd8,0xda,0xdd,0xdf,0xe1,0xe3,0xe5,0xe7,0xe9,0xea,0xec,0xee,
0xef,0xf1,0xf2,0xf4,0xf5,0xf6,0xf7,0xf8,0xf9,0xfa,0xfb,0xfc,0xfd,0xfd,0xfe,
0xff,0xff,0xff,0xff,0xff,0xff,0xff,0xff,0xff,0xff,0xff,0xff,0xfe,0xfd,0xfd,
0xfc,0xfb,0xfa,0xf9,0xf8,0xf7,0xf6,0xf5,0xf4,0xf2,0xf1,0xef,0xee,0xec,0xea,
0xe9,0xe7,0xe5,0xe3,0xe1,0xde,0xdd,0xda,0xd8,0xd6,0xd4,0xd1,0xcf,0xcc,0xca,
0xc7,0xc5,0xc2,0xbf,0xbc,0xba,0xb7,0xb4,0xb1,0xae,0xab,0xa8,0xa5,0xa2,0x9f,
0x9c,0x99,0x96,0x93,0x90,0x8d,0x89,0x86,0x83,0x80,0x80,0x7c,0x79,0x76,0x72,
0x6f,0x6c,0x69,0x66,0x63,0x60,0x5d,0x5a,0x57,0x55,0x51,0x4e,0x4c,0x48,0x45,
0x43,0x40,0x3d,0x3a,0x38,0x35,0x33,0x30,0x2e,0x2b,0x29,0x27,0x25,0x22,0x20,
0x1e,0x1c,0x1a,0x18,0x16,0x15,0x13,0x11,0x10,0x0e,0x0d,0x0b,0x0a,0x09,
0x08,0x07,0x06,0x05,0x04,0x03,0x02,0x02,0x01,0x00,0x00,0x00,0x00,0x00,0x00,
0x00,0x00,0x00,0x00,0x00,0x00,0x01,0x02 ,0x02,0x03,0x04,0x05,0x06,0x07,
0x08,0x09,0x0a,0x0b,0x0d,0x0e,0x10,0x11,0x13,0x15,0x16,0x18,0x1a,0x1c,
0x1e,0x20,0x22,0x25,0x27,0x29,0x2b,0x2e,0x30,0x33,0x35,0x38,0x3a,0x3d,0x40,
0x43,0x45,0x48,0x4c,0x4e,0x51,0x55,0x57,0x5a,0x5d,0x60,0x63,0x66,0x69,0x6c,
0x6f,0x72,0x76,0x79,0x7c,0x80};
uchar code jctab[128] =                   //锯齿波表
{
    0x00,0x02,0x04,0x06,0x08,0x0a,0x0c,0x0e,
    0x10,0x12,0x14,0x16,0x18,0x1a,0x1c,0x1e,
```

```
    0x20,0x22,0x24,0x26,0x28,0x2a,0x2c,0x2e,
    0x30,0x32,0x34,0x36,0x38,0x3a,0x3c,0x3e,
    0x40,0x42,0x44,0x46,0x48,0x4a,0x4c,0x4e,
    0x50,0x52,0x54,0x56,0x58,0x5a,0x5c,0x5e,
    0x60,0x62,0x64,0x66,0x68,0x6a,0x6c,0x6e,
    0x70,0x72,0x74,0x76,0x78,0x7a,0x7c,0x7e,
    0x80,0x82,0x84,0x86,0x88,0x8a,0x8c,0x8e,
    0x90,0x92,0x94,0x96,0x98,0x9a,0x9c,0x9e,
    0xa0,0xa2,0xa4,0xa6,0xa8,0xaa,0xac,0xae,
    0xb0,0xb2,0xb4,0xb6,0xb8,0xba,0xbc,0xbe,
    0xc0,0xc2,0xc4,0xc6,0xc8,0xca,0xcc,0xce,
    0xd0,0xd2,0xd4,0xd6,0xd8,0xda,0xdc,0xde,
    0xe0,0xe2,0xe4,0xe6,0xe8,0xea,0xec,0xee,
    0xf0,0xf2,0xf4,0xf6,0xf8,0xfa,0xfc,0xfe,
};
uchar code sjtab[256] =                     //三角波表
{
    0x00,0x02,0x04,0x06,0x08,0x0a,0x0c,0x0e,
    0x10,0x12,0x14,0x16,0x18,0x1a,0x1c,0x1e,
    0x20,0x22,0x24,0x26,0x28,0x2a,0x2c,0x2e,
    0x30,0x32,0x34,0x36,0x38,0x3a,0x3c,0x3e,
    0x40,0x42,0x44,0x46,0x48,0x4a,0x4c,0x4e,
    0x50,0x52,0x54,0x56,0x58,0x5a,0x5c,0x5e,
    0x60,0x62,0x64,0x66,0x68,0x6a,0x6c,0x6e,
    0x70,0x72,0x74,0x76,0x78,0x7a,0x7c,0x7e,
    0x80,0x82,0x84,0x86,0x88,0x8a,0x8c,0x8e,
    0x90,0x92,0x94,0x96,0x98,0x9a,0x9c,0x9e,
    0xa0,0xa2,0xa4,0xa6,0xa8,0xaa,0xac,0xae,
    0xb0,0xb2,0xb4,0xb6,0xb8,0xba,0xbc,0xbe,
    0xc0,0xc2,0xc4,0xc6,0xc8,0xca,0xcc,0xce,
    0xd0,0xd2,0xd4,0xd6,0xd8,0xda,0xdc,0xde,
    0xe0,0xe2,0xe4,0xe6,0xe8,0xea,0xec,0xee,
    0xf0,0xf2,0xf4,0xf6,0xf8,0xfa,0xfc,0xfe,
    0xfe,0xfc,0xfa,0xf8,0xf6,0xf4,0xf2,0xf0,
    0xee,0xec,0xea,0xe8,0xe6,0xe4,0xe2,0xe0,
    0xde,0xdc,0xda,0xd8,0xd6,0xd4,0xd2,0xd0,
    0xce,0xcc,0xca,0xc8,0xc6,0xc4,0xc2,0xc0,
    0xbe,0xbc,0xba,0xb8,0xb6,0xb4,0xb2,0xb0,
    0xae,0xac,0xaa,0xa8,0xa6,0xa4,0xa2,0xa0,
    0x9e,0x9c,0x9a,0x98,0x96,0x94,0x92,0x90,
    0x8e,0x8c,0x8a,0x88,0x86,0x84,0x82,0x80,
    0x7e,0x7c,0x7a,0x78,0x76,0x74,0x72,0x70,
    0x6e,0x6c,0x6a,0x68,0x66,0x64,0x62,0x60,
```

```
    0x5e,0x5c,0x5a,0x58,0x56,0x54,0x52,0x50,
    0x4e,0x4c,0x4a,0x48,0x46,0x44,0x42,0x40,
    0x3e,0x3c,0x3a,0x38,0x36,0x34,0x32,0x30,
    0x2e,0x2c,0x2a,0x28,0x26,0x24,0x22,0x20,
    0x1e,0x1c,0x1a,0x18,0x16,0x14,0x12,0x10,
    0x0e,0x0c,0x0a,0x08,0x06,0x04,0x02,0x00,
};
/****************************************************************************
函数名称:delay
函数功能:延时
****************************************************************************/
void delay(unsigned int time)
{
    while(time--);
}
/****************************************************************************
函数名称:zhengxian
函数功能:生成正弦波
****************************************************************************/
void zhengxian()
{   DA0832 = sintab[n]* fuzhi/10;          //对正弦波的幅值控制
    n++;
    if(n>=256)n=0;                         //对查表的范围控制
}
/****************************************************************************
函数名称:fangbo
函数功能:生成方波
****************************************************************************/
void fangbo()
{   DA0832 =0xff* fuzhi/10;                //方波高电平幅值控制
    delay(d1);                             //方波占空比控制(高电平)
    DA0832 =0;                             //方波低电平输出
    delay(d2);                             //方波占空比控制(低电平)
}
/****************************************************************************
函数名称:juchi
函数功能:生成锯齿波
****************************************************************************/
void juchi()
{
    DA0832 =jctab[n]* fuzhi/10;            //幅值控制
    n++;
    if(n>=127)n=0;                         //查表范围控制
```

```
}
/***********************************************************************
函数名称:sanjiao
函数功能:生成三角波
***********************************************************************/
void sanjiao()
{
    DA0832 = sjtab[n]* fuzhi/10;          //幅值控制
    n++;
    if(n>=255)n=0;                        //查表范围控制
}
/***********************************************************************
函数名称:boxingkey
函数功能:按键控制
输入参数:无
输出参数:无
***********************************************************************/
void boxingkey()
{
    key_value = Keycan();
    switch(key_value)
    {case 0x14:P2 =0x06;fuzhi =5;s =1;n =0;break;   //按下按键1时,生成正弦波
    case 0x24:P2 =0x5B;fuzhi =5;s =2;n =0;break;    //按下按键2时,生成方波
    case 0x44:P2 =0x4F;fuzhi =5;s =3;n =0;break;    //按下按键3时,生成锯齿波
    case 0x12:P2 =0x66;fuzhi =5;s =4;n =0;break;    //按下按键4时,生成三角波
    case 0x22:P2 =0x6D;d1 +=5000;d2 -=5000;if(d1 >=65535&&d2 <=0) {d1 =65535;
d2 =0;}
            break;                                  //按下按键5时,方波占空比增加
    case 0x42:P2 =0x7D;d1 -=5000;d2 +=5000;if(d2 >=65535&&d1 <=0) {d2 =65535;
d1 =0;}
            break;                                  //按下按键6时,方波占空比减小
    case 0x11:P2 =0x07;fuzhi =fuzhi +1;if(fuzhi >=10) fuzhi =10;
            break;                                  //按下按键7时,波形幅度增加
    case 0x21:P2 =0x7F;fuzhi =fuzhi -1;if(fuzhi <=0) fuzhi =0;
            break;                                  //按下按键8时,波形幅度减小
    }
}
/***********************************************************************
函数名称:keycan
函数功能:按键扫描
输入参数:无
输出参数:按键编码
***********************************************************************/
```

```
uchar Keycan(void)                              //按键扫描程序 P1.0～P1.3 为行线 P1.4～
                                                //P1.7 为列线
{
    P1 =0xF0;                                   //发全 0 行扫描码,列线输入
    if((P1&0xF0)! =0xF0)                        //若有键按下
    {
        delay(100);                             //延时去抖
        if((P1&0xF0)! =0xF0)
        {   rcode =0xFE;                        //逐行扫描初值
            while((rcode&0x10)! =0)             //4 行未扫描完,循环
        {
            P1 =rcode;                          //输出行扫描码
            if((P1&0xF0)! =0xF0)                //本行有键按下
            {
              ccode =(P1&0xF0)|0x0F;
              while((P1&0xF0)! =0xF0);          //等待键释放
              return ((~rcode) +(~ccode)); //返回键编码
            }
        else
        rcode =(rcode<<1)|0x01;                 //行扫描码左移 1 位
        }
        }
    }
return 0;                                       //无键按下,返回值为 0
}
/*******************************************************************************
函数名称:main
函数功能:主函数
输入参数:无
输出参数:无
*******************************************************************************/
void main()
{
    n =0;                               //波形表数值初始化
    P1 =0xf0;                           //键盘扫描初始化
    P2 =0x00;                           //数码管显示初始化
    while(1)
    {
    boxingkey();                        //按键的控制
    switch(s)                           //波形的选择
    {
        case 1:zhengxian();break;       //正弦
        case 2:fangbo();break;          //方波
```

```
            case 3:juchi();break;  //锯齿波
            case 4:sanjiao();break;//三角波
        }
    }
}
```

9.3.3 温度的测量与报警

利用51单片机和单总线温度传感器DS18B20实现对温度的实时采集与测量，并通过LCD1602把温度显示出来，当温度大于26℃或者小于-26℃时，将产生声光报警（LED闪烁，蜂鸣器响）。

1. 硬件电路设计

（1）硬件功能结构框图。温度的测量与报警的硬件功能结构框图如图9.7所示。

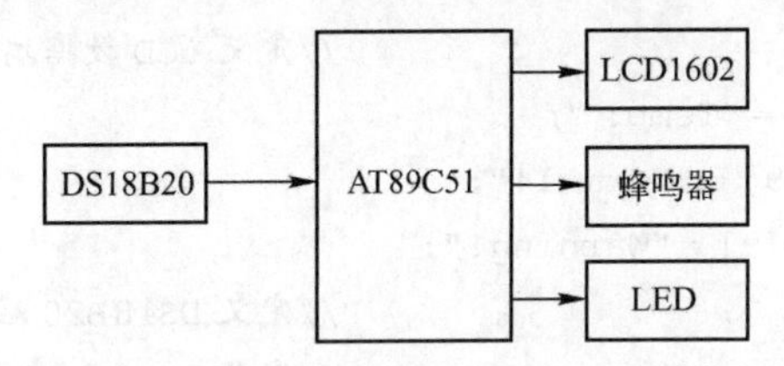

图9.7 温度的测量与报警的硬件功能结构框图

（2）电路仿真设计图。温度的测量与报警的仿真电路如图9.8所示。

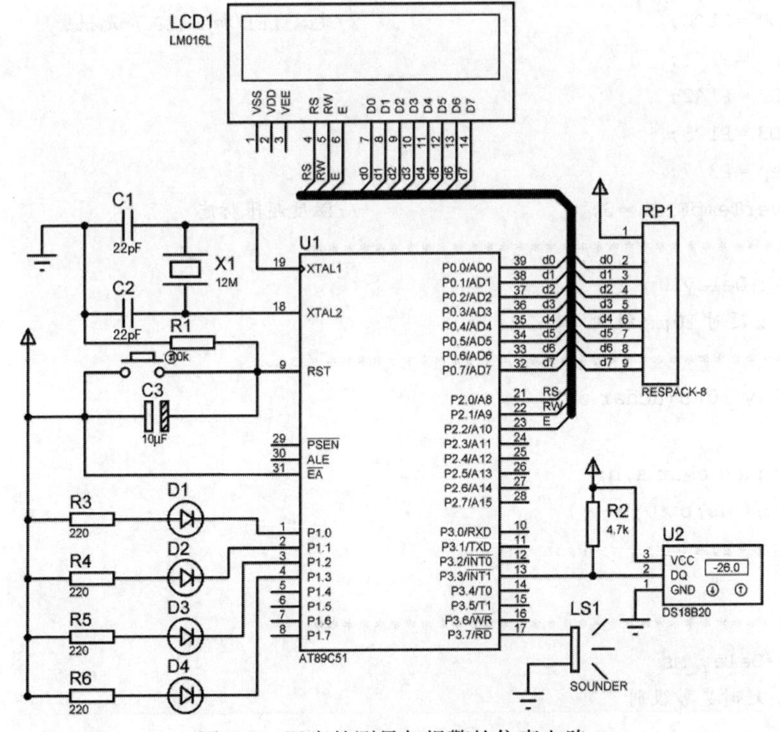

图9.8 温度的测量与报警的仿真电路

仿真电路中，单总线温度传感器DS18B20（其工作原理见第8章）采集到温度通过P3.3

送给单片机，再利用LCD1602将温度显示出来，当温度高于26 ℃或低于 -26 ℃时，单片机P3.7控制蜂鸣器鸣响报警，P1.0 ~ P1.3控制LED闪烁报警。

2. 软件设计

参考程序代码如下：

```
/**************************************************************************
读取 DS18B20 上的值,将温度值显示在 LCD1602 上,如果温度超限,将产生声光报警(LED 闪烁,蜂
鸣器响)
**************************************************************************/
#include <reg52.h>
#include <intrins.h>
#define uint unsigned int
#define uchar unsigned char
#define DATA_PORT P0                                //定义 LCD 数据端口
char code noteBuf[8] = "Temp: ";
char code normalTip[9] = "Normal!";
char code warningTip[9] = "Warning!";
sbit DQ = P3^3;                                     //定义 DS18B20 数据端口
sbit RS = P2^0;                                     //定义 RS,RW,EN 分别为 LCD1602 的控制端口
sbit RW = P2^1;
sbit EN = P2^2;
sbit LED0 = P1^0;                                   //定义 LED 和 BEEP 声光报警
sbit LED1 = P1^1;
sbit LED2 = P1^2;
sbit LED3 = P1^3;
sbit Beep = P3^7;
uchar overTempFlag = 0;                             //温度超限标志
/*************************************
函数名称 : Delay10us()
函数功能 : 延时 10μs 级别
*************************************/
void Delay_10us(uchar us)
{
    unsigned char a,b;
    for(b = us;b > 0;b --)
    for(a = 2;a > 0;a --);
}
/*************************************
函数名称:Delay_Ms
函数功能:延时毫秒级别
*************************************/
void Delay_Ms(uint ms)
{
```

```
    unsigned char i;
    while(ms--)
    {
    for(i=0;i<120;i++);
    }
}
/***********************************
函数名称:Busy_Check
函数功能:LCD1602 忙检测
输入参数:无
输出参数:返回检测结果
***********************************/
unsigned char Busy_Check()
{
    unsigned char LCD1602_Status;
    RS=0;
    RW=1;
    EN=1;
    Delay_Ms(5);
    LCD1602_Status=DATA_PORT;          //读取 LCD1602 的状态
    EN=0;
    return LCD1602_Status;
}
/***********************************
函数名称:Write_LCD_Command
函数功能:往 LCD1602 中写入命令
输入参数:cmd 为命令数据
输出参数:无
***********************************/
void Write_LCD_Command(unsigned char cmd)
{
    while((Busy_Check()&0x80)==0x80);  //检测 BF 为 1,当前忙,等待
    RS=0;
    RW=0;
    EN=0;
    DATA_PORT=cmd;
    Delay_Ms(5);
    EN=1;
    Delay_Ms(5);
    EN=0;                              //产生负跳变,执行命令
}
/***********************************
函数名称:Write_LCD_Data
```

```
函数功能:往 LCD1602 中写入数据
输入参数:dat 为要显示的数据
输出参数:无
***********************************/
void Write_LCD_Data(unsigned char dat)
{
    while((Busy_Check()&0x80)==0x80);  //检测 BF 为 1,当前忙,等待
    RS=1;
    RW=0;
    EN=0;
    DATA_PORT=dat;
    Delay_Ms(5);
    EN=1;
    Delay_Ms(5);
    EN=0;
}
/***********************************
函数名称:Init_LCD
函数功能:初始化 LCD1602
***********************************/
void Init_LCD()
{
    EN=0;
    Write_LCD_Command(0x38);  //初始化功能设置
    Delay_Ms(1);
    Write_LCD_Command(0x0C);  //显示开关控制,开显示、关光标、关闪烁
    Delay_Ms(1);
    Write_LCD_Command(0x06);  //输入方式选择,数据读写后 AC+1,输出显示保持不变
    Delay_Ms(1);
    Write_LCD_Command(0x01);  //清屏
    Delay_Ms(1);
}
/***********************************
函数名称:Show_String
函数功能:设定 LCD1602 的显示起始位置及内容
输入参数:x 为横坐标,y 为纵坐标,srt 为内容 len 为长度
输出参数:无
***********************************/
void Show_String(unsigned char x,unsigned char y,unsigned char * str,unsigned
char len)
{
    unsigned char i=0;
    if(y==0)    Write_LCD_Command(0x80|x);  //第 1 行,指针初始化
```

```
    if(y==1)  Write_LCD_Command(0xC0 |x);   //第2行
    for(i=0;i<len;i++)
    {
        Write_LCD_Data(str[i]);
    }
}
/************************************
函数名称:DS18B20_Init
函数功能:初始化DS18B20
************************************/
void DS18B20_Init(void)
{
    uchar x=0;
    DQ=1;                    //DQ复位
    Delay_10us(5);           //稍做延时
    DQ=0;                    //拉低DQ
    Delay_10us(49);          //延时大于480μs
    DQ=1;                    //拉高DQ
    Delay_10us(49);          //延时大于480μs
    DQ=1;                    //拉高DQ
}
/************************************
函数名称:Read_Byte
函数功能:从DS18B20读取1字节的数据
输入参数:无
输出参数:返回读取的1字节数据
************************************/
uchar Read_Byte(void)
{
    uchar i=0,bi;
    uchar dat=0;
    for (i=8;i>0;i--)
    {
        DQ=0;                //拉低DQ
        DQ=1;                //拉高DQ
        Delay_10us(1);       //延时一会儿,等待数据稳定
        bi=DQ;
        dat=(dat>>1)|(bi<<7);
        Delay_10us(3);
    }
    return dat;
}
```

```
/************************************
函数名称:Write_Byte
函数功能:写1字节的数据到DS18B20
输入参数:dat为要写入的数据
输出参数:无
************************************/
void Write_Byte(uchar dat)
{
    uchar i=0;
    for (i=8;i>0;i--)
    {
        DQ=0;                   //拉低DQ
        DQ=dat&0x01;            //然后写入一个数据,从最低位开始
        Delay_10us(6);          //延时大于60μs
        DQ=1;                   //拉高DQ
        dat>>=1;
    }
}
/************************************
函数名称:Read_Temperature
函数功能:读取温度值
输入参数:无
输出参数:返回一个int类型的数据
************************************/
int Read_Temperature()
{
    int temp;
    uchar tmh,tml;
    DS18B20_Init();             //初始化DS18B20
    Write_Byte(0xCC);           //发送指令,跳过读序号列号的操作
    Write_Byte(0x44);           //启动温度转换

    Delay_Ms(1);
    DS18B20_Init();
    Write_Byte(0xCC);          //发送指令,跳过读序号列号的操作
    Write_Byte(0xBE);          //读取温度寄存器等(共可读9个寄存器) 前两个就是温度
    Delay_Ms(1);

    tml=Read_Byte();           //读取温度值共16位,先读低字节
    tmh=Read_Byte();           //再读高字节
    temp=tmh;
    temp<<=8;
```

```
    temp |=tml;
    return temp;
}
/************************************
函数名称:Dis_Temp
函数功能:将温度值显示在 LCD1602 上
输入参数:temp 为从 DS18B20 中的采样值
输出参数:无
************************************/
void Dis_Temp(int temp)
{
    char tBuf[8];
    float tp;
    if(temp<0)              //温度转换
    {
        temp=~temp;
        temp=temp+1;
        tp=temp;
        temp=tp* 0.0625* 100+0.5;
        if(temp/1000!=0)
        {
            tBuf[0]='-';
            tBuf[1]=temp/1000+'0';
            tBuf[2]=temp% 1000/100+'0';
            tBuf[3]='.';
            tBuf[4]=temp% 100/10+'0';
            tBuf[5]=temp% 10+'0';
            tBuf[6]='';
            tBuf[7]='C';
        }
        else
        {
            tBuf[0]='';
            tBuf[1]='-';
            tBuf[2]=temp/100+'0';
            tBuf[3]='.';
            tBuf[4]=temp% 100/10+'0';
            tBuf[5]=temp% 10+'0';
            tBuf[6]='';
            tBuf[7]='C';
        }
    }
    else
```

```
    {
        tp = temp;
        temp = tp* 0.0625* 100 +0.5;
        tBuf[0] ='';
        tBuf[1] =temp/1000 +'0';
        tBuf[2] =temp% 1000/100 +'0';
        tBuf[3] ='.';
        tBuf[4] =temp% 100/10 +'0';
        tBuf[5] =temp% 10 +'0';
        tBuf[6] ='';
        tBuf[7] ='C';
    }
    Show_String(0,0,noteBuf,6);
    Show_String(8,0,tBuf,8);
    if(overTempFlag ==0)                //温度没有超限,LCD 显示 Normal!
    {
        Show_String(4,1,normalTip,8);
    }
    else                                //温度超限,LCD 显示 Warning!
    {
        Show_String(4,1,warningTip,8);
    }

}
/*********************************************
函数名称:Temp_Alarm
函数功能:温度大于 26℃或者小于 -26℃,将产生声光报警(LED 闪烁,蜂鸣器响)
输入参数:temp 为从 DS18B20 中的采样值
输出参数:无
*********************************************/
void Temp_Alarm(int temp)
{
    if(temp >416 ||temp < -416)         //温度大于 26℃或者小于 -26℃
    {
        overTempFlag =1;
        LED0 =~LED0;
        LED1 =~LED1;
        LED2 =~LED2;
        LED3 =~LED3;
        Beep =~Beep;
    }
    else
    {
```

```
        overTempFlag = 0;
        Beep = 0;
        LED0 = 1;
        LED1 = 1;
        LED2 = 1;
        LED3 = 1;
    }
}
/*************************************
函数名称:main()
函数功能:主函数
输入参数:无
输出参数:无
*************************************/
void main()
{
    int temp;
    Init_LCD();                         //LCD1602 初始化
    while(1)
    {
        temp = Read_Temperature();      //温度采集
        Dis_Temp(temp);                 //温度显示在 LCD1602 上
        Temp_Alarm(temp);               //温度超限,声光报警
        Delay_Ms(100);
    }
}
```

小　结

本章主要就单片机应用系统的构成、设计步骤、设计方法进行简要阐述，并列举了几个详尽的设计实例。读者在学习完本章内容后，应注意以下几点：

(1) 初步掌握根据项目要求编写系统总体设计方案的方法；

(2) 能按照总体设计方案，将任务分解成硬件设计和软件设计；

(3) 能根据项目设计目标，灵活选择合适的芯片和器件，有效缩短项目开发周期。

习　题

1. 在本章交通灯模拟控制例程基础上，加外部中断，模拟紧急突发情况，例如有小孩或盲人不按交通规则横穿马路，此时南北方向和东西方向全部亮红灯禁止车辆通行。

2. 在本章简易波形发生器例程基础上，加两个按键，用定时器实现波形的频率可调。

3. 有一个温控电动机调速系统，当温度大于或等于45℃时，电动机加速正转，小于或等于10℃时，电动机加速反转，温度回到10～45℃之间时，电动机逐渐停止，其仿真电路图如图9.9所示（Proteus 绘制），请编出实现上述要求的完整程序。

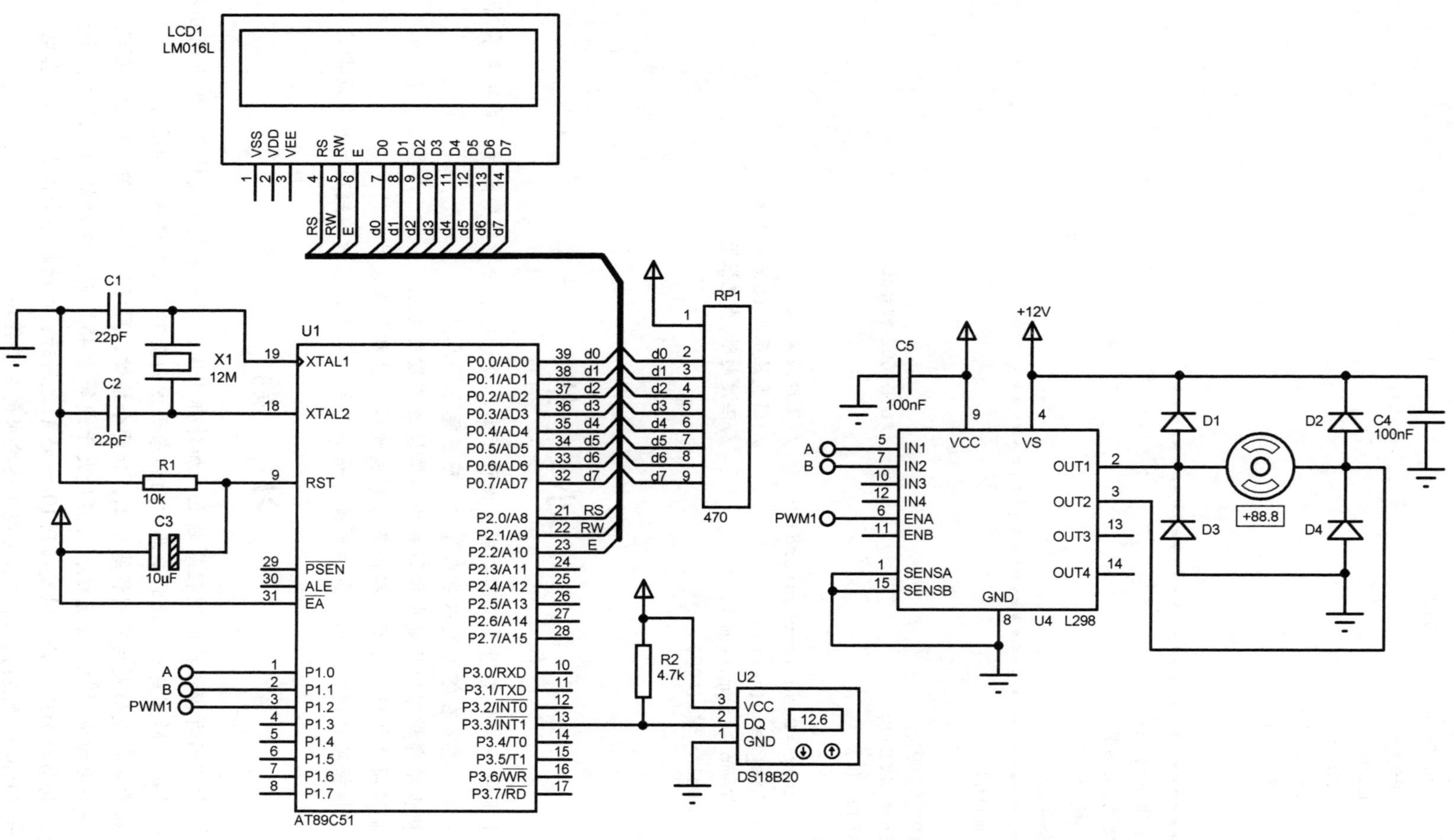

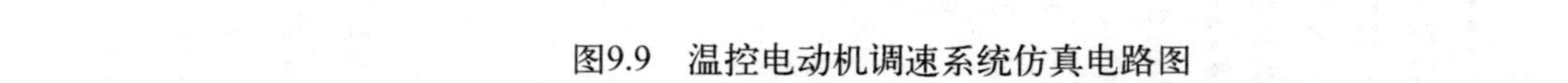
图9.9 温控电动机调速系统仿真电路图

附录A 图形符号对照表

图形符号对照表见表A.1。

表A.1 图形符号对照表

序　　号	名　　称	国家标准的画法	软件中的画法
1	电解电容器		
2	晶振		
3	按钮开关		
4	发光二极管		
5	二极管		
6	三极管		
7	与非门	&	